KB213437

SITESCAPE

도시·건축·사람을 위한 사이트 디자인

SITESCAPE

도시·건축·사람을 위한 사이트 디자인

정재희 저

목차 CONTENTS

머리말 PROLOGUE

본 서는 통섭consilience의 관점을 전제로 건축, 단지, 조경계획에 있어 기반을 제공하는 땅의 조성landforming에 관한 기술적, 인문적 양차원의 균형있는 이해를 모색한다. 인문지리학적 사고에서 출발하여 설계 단계에서 땅과 사람, 그리고 그 위에 만들어지는 공간 또는 장소와의 관계를 발굴하고 적용하여 결과물을 도출함으로써 건축과 대지의 관계성 강조, 자연과 조화된 건축, 경관 속의 건축을 주안점으로 한다. 또한 여러 환경요소의 분석을 통해, 인간이 원활히 사회 활동을 영위할 수 있는 조화로운 공간구조를 조직, 구성하기 위한 이론 및 기본 구상과 계획 작성 방법을 습득하고 사이트 디자인 시 고려해야 할 자연적, 인위적, 지역적 환경요소와 인간 활동의 요구조건, 시각적 인지성에 대한 분석과 장소가 갖는 아이덴티티의 부각 등에 대해 학습한다.

기본적으로 도시·건축·사람을 위한, 통합적인 디자인integrated design을 위해, 개념을 우선 설명하고 방법론을 통해 결과물을 보여주는 프로세스로 서술되어 있다. 먼저 1장에서 사이트 디자인이란 무엇인가에 대해 설명한 후 2장부터 프로그래밍과 사이트 인벤토리site inventory를 통해 도출된 사이트 분석site analysis을 기반으로 배치구상 및 개념설계, 계획설계, 기본설계, 실시설계, 그리고 실행단계에 걸쳐 사이트 디자인site design에 있어 기본이 되는 시스템들 - 토지이용, 동선, 오픈스페이스, 경관계획으로 구성되어 있다.
그 다음 6장 사이트 그레이딩site grading에서는 근본적인 면에 집중하여 절성토 훼손을 최소화하고 기존 수목을 건드리지 않으면서 물의 흐름을 이해하여 배수계획을 하도록 유도한다. 그리고 실제 건축사시험에도 도움되는 실습문제에 대한 해설과 답안 설명을 통해 심도깊은 이해를 도모한다. 이러한 점이 본 교재가 시중에 나온 기존 교재와 차별화된, 특화 요소이다.

마지막 7장은 선행수업자료 샘플을 보여주고, 땅과의 관계성을 강조한 실제 프로젝트를 소개함으로써 창의적이고 통찰적인 해법을 제시하고 있다.

이렇게 도시, 건축뿐 아니라 토목, 조경까지 아우르는 통합디자인 관점에서의 사이트 디자인을 다루고, 경관과 원지형에 대한 초기 단계부터의 고려를 통해 토공량을 줄이고 지속가능한 개발sustainable development과 친환경 건축을 실현하기 위한 방법론을 모색한다.

01 들어가며
Introduction

땅은 더이상 내려갈 수 없을 만큼
모든 것 아래에 있습니다.
세상의 모든 사람은 땅을 딛고 살지만
땅의 고마움을 모릅니다…
…그러나 땅은 자신을 열고 모든 것을 받아들입니다.
땅의 이 겸손을 배우세요…

- 고 김수환 추기경 잠언집 중에서

■ 사이트 디자인이란 무엇인가 Definition of Site Design

건축은 인간과 자연, 도시와 건축의 관계를 아우르고 사회와 관계를 맺으며,
형태와 공간이 조화를 이루면서 소통한다.
고요한 자연과 마주하여 공간의 경험을 불어넣어
경계를 흐리고 자연스럽게 하나 되는……
이렇게 시간의 흔적과 장소의 기억이 내려앉은 땅 위에 건축으로 관계를 맺고
새로운 이야기를 만들어 갑니다.

이러한 관계 맺기의 첫 번째 단계인 사이트 디자인은 사이트, 즉 대지에 대한 이해에서 출발하여 자연, 사람, 그 위에 만들어지는 공간 또는 장소와의 관계를 이해하고, 쾌적하고 가치있는 삶을 누릴 수 있는, 건강한 생활환경을 창조하고자 하는 것이 핵심 목표이다.

▌사이트 디자인의 비전

• Vision : Designing Better Communities

좋은 계획이란 각각의 문제점이나 개별 대상지 차원에서 이루어지는 것이 아니라 영감에서 얻어진 비전vision으로부터 나온다. 각 문제점을 부분이 아니라 전체 개념에 따라 해결할 때 좋은 계획이 도출된다.
계획이라는 것이 인간을 위한 생활환경을 만드는 것이라면, 우리를 둘러싼 자연, 생태, 지구경관, 즉 태양의 궤적, 대기의 흐름, 지형의 기복, 토양과 지질 구조, 식생, 물의 순환 등을 충분히 이해해야 한다.
사이트 디자인의 목표와 기본 원리를 명심하면서 최대한 이상적인 환경을 조성하기 위해 노력하는 것이 중요하다.

▮ 사이트 디자인의 기본방향

| 지속가능한 건축과 도시

건축과 도시의 문화적, 역사적, 환경적 맥락에 대한 연구와 설계행위의 관계를 이해하고 환경의 재생가능성을 이해하여 지속가능한 사이트 디자인방법을 모색한다.

| 대지의 문화적, 역사적 맥락

대지의 물리적인 상황과 역사적 맥락, 문화적 정체성에 대한 이해를 바탕으로 건물배치와 형태에 대한 적절한 설계개념이 도출되어 설계가 진행되도록 한다.

| 대지조성

대지의 자연적, 환경적, 기후적, 인공적 조건 등의 특성과 주어진 설계조건을 파악하고 외부경관을 고려한 건물배치와 형태를 구성한다.

■ 사이트 디자인 방법론 Site Design Methodology

▮ 사이트 디자인의 기본원리

| 지속가능하면서 Sustainable**, 지역적 맥락을 고려하는** Context-Sensitive **디자인**

| 자연을 고려하고 Design with Nature
문화와 함께 하며 Design with Culture
인간을 위한 장소를 제공하는 디자인 Design Places For People

| 창의적 문제 해결 Creative Problem-Solving

- 프로그래밍과 사이트 인벤토리site inventory를 통해 사실을 파악한다fact-finding
- 사이트 분석site analysis을 통해 문제, 즉 제약조건constraints을 극복하고,

기회요소opportunities를 살리는 아이디어를 도출한다.

• 해결방안을 모색하고 적용한다.

▌사이트의 구성

사이트site는 대지, 부지, 건설용지를 뜻한다.
사이트의 위계는 작은 단위부터 필지lot, 블록block, 단지complex, 지구district로 구성되어 있다.

| 필지 Lot

• 필지는 지적법에 따른 최소단위로서 지번이 주어진다.
• 필지는 개인 레벨에서 소유하고 개발하며, 필지의 합병이나 분할은 법적 절차에 따른다.
• 필지 규모는 용도를 함축한다.

| 블록 Block

• 시가지의 구획 단위이며 보통 개인소유 필지를 몇 개 합친 일정한 구획이다.
• 일반적으로 골목 또는 그보다 약간 더 넓은 도로로 건물이 나뉘어진 구획으로 구분된다.
• 일반적으로 보행이 가능한 블록의 사이즈는 약 50×100m, 슈퍼블록의 사이즈는 약 400×400m이다. 참고로 맨해튼의 표준블록은 약 80×274m, 시카고의 표준블록은 약 100×200m이다.

| 단지 Complex

• 단지는 블록, 필지, 도로망으로 조직화되며, 신도시 개발이나 농촌마을 개발의 핵심적 주제이다.
• 필지 구획이 있는 단지는 추후 수정이 매우 곤란한데, 대표적인 예로 공동주택단지, 공공청사단지, 업무단지, 출판단지 등이 있다.
• 필지 구획이 없는 단지는 추후 수정이 용이하며, 대학 캠퍼스, 박람회 단지,

골프장, 유원지 등이 해당된다.

| 지구 District

- 지구는 대규모 부지를 특정 용도의 단지, 블록, 필지, 도로망으로 조직화한 일종의 도시이다. 공공기관이나 지자체에 의한 공영개발 대상으로 신도시 택지 개발지구 등이 있다.
- 도시계획상의 용도지역지구제에 따른 지역과 지구는 주거, 상업, 공업, 녹지 지역 등이 있다.

그림 1-1
양주신도시(옥정·회천) 개발계획평면도 _ 필지, 블록, 단지, 지구 종합도
출처: LH 한국토지주택공사 홈페이지 https://www.lh.or.kr/contents/cont.do

▌사이트 디자인 프로세스

사이트 디자인은 토지를 새로운 용도로 개발하는 과정에서 부지를 조정하고 건축물과 외부공간을 배치하는 단계이다. 이는 건설 프로세스상 설계전 건축기획 단계와 건축설계 단계의 중간에 속하며 건축 프로그램, 즉 건축물의 용도, 규모 등이 정해진 상태에서 구체화된다.

사이트 디자인은 프로그래밍programming과 사이트 인벤토리site inventory를 통해 도출된 사이트 분석site analysis을 기반으로 배치구상, 배치종합계획, 부지설계를 포함하는 개념설계conceptual design, 계획설계schematic design, 기본설계design development, 실시설계construction documentation, 그리고 실행단계project implementation로 이어진다.

그림 1-2
사이트 디자인 프로세스

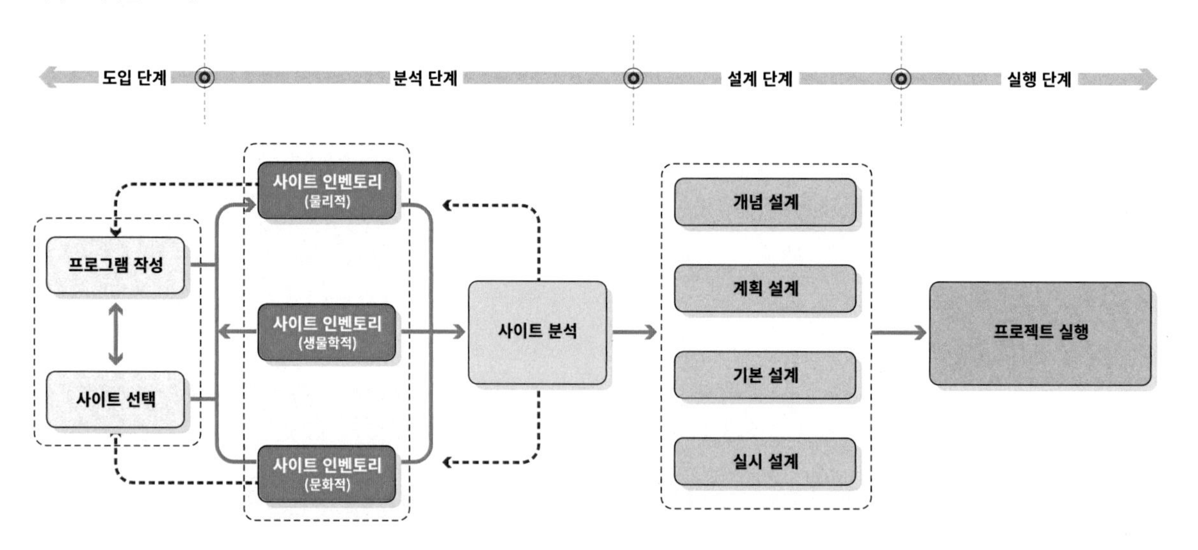

| 도입단계 Pre-Design Phase

· **프로그래밍**

- 정의 : 클라이언트의 목적에 따른 기능적 요구사항과 제안사항을 체계적으로 구성하는 작업이다.
- 방법론: 시장 분석market analysis, 사용자 분석user analysis 등을 포함한다.

| 분석 단계 Site Assessment Phase

• 사이트 인벤토리

- 정의 : 계획 대지와 주변에 기존하는 문제 혹은 당면 문제, 잠재상황에 초점을 둔 설계 전의 연구 활동으로서 사이트의 기존 속성과 맥락에 대한 자료를 수합하는 단계이다.
- 방법론: 사이트의 물리적·생물학적·문화적 속성들을 매핑한다.

• 사이트 분석

- 정의 : 현재와 미래의 대지 상황을 예측하여, 대지 내·외부의 이슈들을 축출, 정리, 발전·개념화하여 디자인에 반영한다.
- 방법론: 프로그래밍과 사이트 인벤토리를 통해 제약조건과 기회요소를 분석하여 사이트의 적합성을 도출한다.

| 설계 단계 Design Phase

• 개념 설계 - 계획 설계 - 기본 설계 - 실시 설계

- 정의: 사이트 분석에서 도출된 제약조건과 기회요소를 기반으로 개념 설계 단계에서 배치 구상을 하고, 계획 설계 단계에 부지종합계획을 세우고 기본 설계, 실시 설계 단계를 거쳐 부지 설계를 완성하게 된다.
- 단계: 배치구상(개념 설계) ▶ 부지종합계획(계획 설계) ▶ 부지 설계(기본 설계·실시 설계)

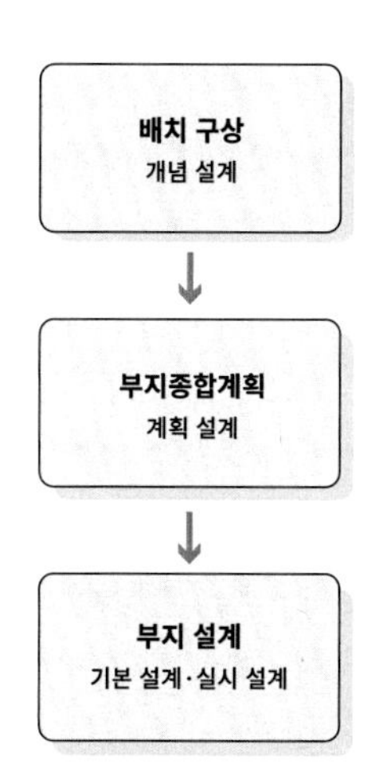

그림 1-3
설계 단계 프로세스

| 실행 단계 Implementation Phase

• 프로젝트 실행

- 정의: 아이디어를 현실로 만드는 과정으로 단계별 계획, 비용 및 일정 관리가 중요하다.
- 포함내용 : 시공도면, 사양, 감리, 인허가, 건축주 승인 및 부지개발 완료와 필지구획 내용이 토지대장과 지적도에 반영되게 하는 것을 포함한다.

02 프로그래밍
Programming

"Observe what people are actually trying to do in the locality to infer how they will use a new space."

- Kevin Lynch

■ 프로그래밍 방법론 Programming Methods

목표 설정 Goal Setting

건축 설계의 첫 단계는 무엇을 설계하는가를 명확히 설정하는 것이다. 이를 위해 프로그램을 계획하는 것이 필수적이다. 사이트 디자인에 있어 프로그래밍은 프로젝트 목적과 사양을 이해하고 사용자 요구사항, 사이트 및 컨텍스트에 대한 정보를 수집하여 계획가가 작성한다. 일단 어떤 용도가 포함되어야 하는지, 각 용도 당 얼마나 많은 면적이 필요한지 파악하는 것이 중요하다.

데이터 수집 Data Collection

- 목표를 세운 후 데이터 수집을 하는데 인터뷰, 설문조사, 문헌조사, 워크샵, 행태 관찰behavior observation 등의 방법을 활용한다.
- 시장 조사market analysis, 사용자 조사user analysis

  데이터 수집은 시장 분석, 사이트와 주변 맥락, 사용자 요구사항과 선호도, 선행 사례 등에 초점을 둔다.

프로그래밍 시 고려사항

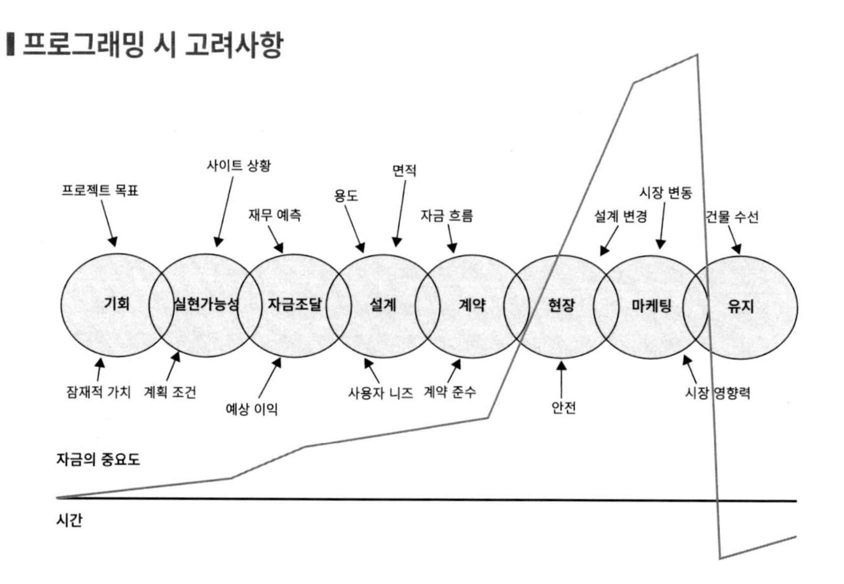

그림 2-1
프로그래밍시 고려사항

- 건축주와 사용자의 요구는 물론, 잠재적 요구도 반영하여 우선순위를 정한다.
- 부지프로그램은 토지이용, 건물의 입지, 외부동선, 외부공간, 경관 등에 관련된 내용으로 계획한다.
- 기회, 실현가능성, 자금조달, 설계, 계약, 현장, 마케팅, 유지 등에 관련된 요소들을 다각도로 고려한다.

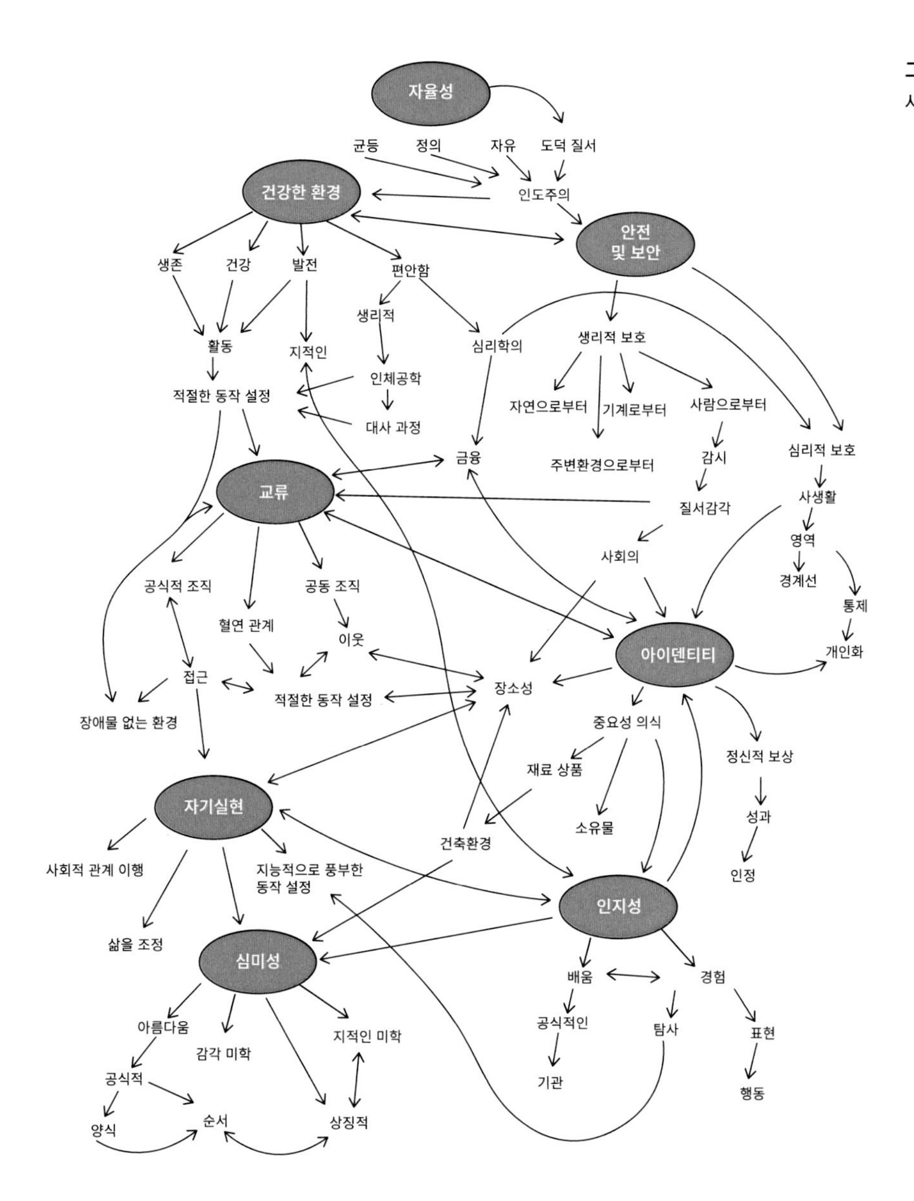

그림 2-2
사용자의 요구사항 정리도 (예시)

■ 데이터 수집 Data Collection

▌데이터 수집 카테고리

데이터 수집에서 중요한 카테고리는 사이트와 컨텍스트, 사용자 요구사항과 선호도 및 선행 사례이다. 각 카테고리 별 수집해야 할 주요 사항들은 다음과 같다.

| 사이트와 컨텍스트 Site and Context

- 과거와 현재 사진historic and current photographs
- 조닝 지도(예: 토지이용, 용도지역) zoning maps (ex: land use, use area)
- 도로 지도road maps
- 토양 조사 지도soil survey maps
- 홍수 위험 지도flood hazard maps

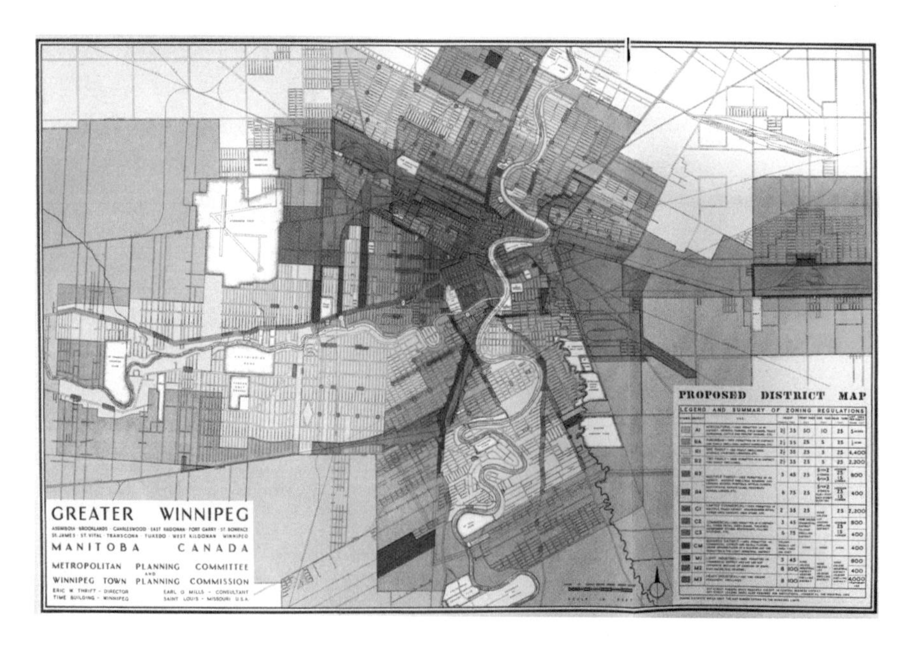

그림 2-3
조닝 지도
출처 : @httpswww.flickr.comphotosmanitobamaps3222774715

| 사용자 요구사항과 선호도 User Needs and Preferences

시각적 선호도visual preference

건물 규모 및 매스(예: 높이 및 형태)building scale and massing (ex. height and shape)

건물 분절 및 입면building articulation and facade

건물 배치(예: 거리, 대지 입구와의 관계) building placement (ex. relationship to street, site entrances)

오픈스페이스(예: 조명 및 조경) open space (ex. lighting and landscaping)

| 선행 사례 Design Precedents

- 비용cost
- 프로그램 및 요구 사항programmed uses and requirements
- 공간 조직 및 동선 시스템spatial organization and circulation systems
- POEpost-occupancy evaluation 거주후평가
- 환경 및 문화 자원을 보호·복원하는 기술techniques for protecting and restoring environmental and cultural resources

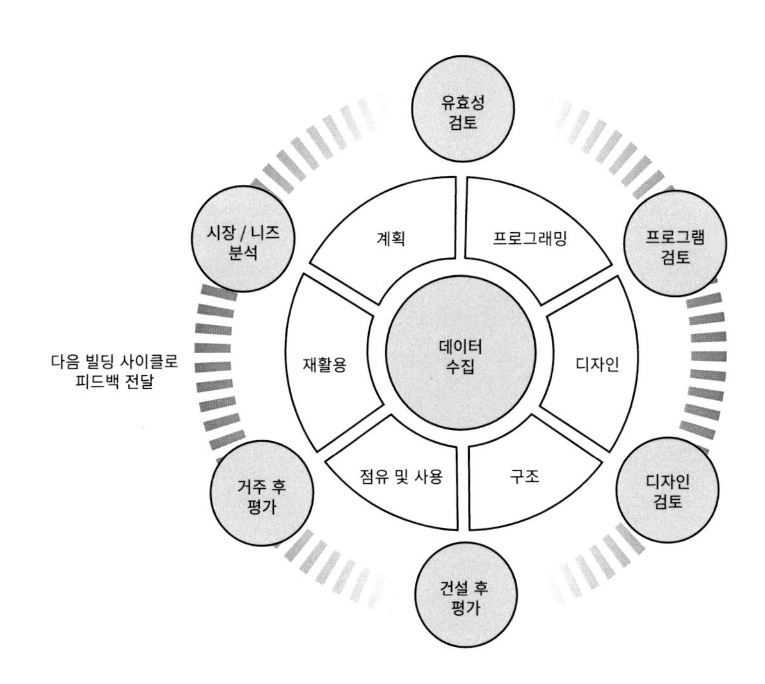

그림 2-4
데이터 수집 프레임워크

■ 프로그래밍 문서 Programming Documents

▍자료 소통

프로그래밍을 위한 자료는 부지분석종합도, 부지 모형, 요약문서, 영상자료 등이 있다.

부지분석종합도는 분석 결과를 직접 활용하는 것이다. 부지 모형은 부지 경사, 기존 건물, 주변 상황을 이해하는 데 유용하며, 직접 건물 매스를 배치하면서 토지이용, 배치 대안 등을 검토한다.

내용적으로는 지형분석도, 면적도, 동선흐름도, 공간관련도, 단면개념도 등을 포함한다.

- 지형분석도: 부지의 표고, 경사, 향, 수계 등 기존 부지 상황을 기반으로 토지이용을 계획한다.
- 면적도 : 부지에 배치할 건물이나 외부공간의 면적을 다이어그램으로 그려서 상대적 규모를 나타내고 면적을 그룹화한다.
- 동선흐름도: 보행/차량/서비스 동선, 직원/방문객/화물용/비상용 동선 등 속성에 따라 구분하여 작성한다.
- 공간관련도: 각 공간 간의 관련, 외부공간과 내부공간의 관계 등을 조닝 그룹핑 등의 매트릭스나 다이어그램으로 표현한다
- 단면개념도: 건축법규에 따른 단면 윤곽선, 건물과 부지의 단면 개념, 건물 지반고의 결정, 배수로 등에 연계하여 부지 단면을 조정하는 경우 사용한다.

노적산과 출동산 사이의 낮은 지대 이용

주로 남향에 분포

경사분석

북쪽으로는 출동산 남쪽으로는 노적산 위치

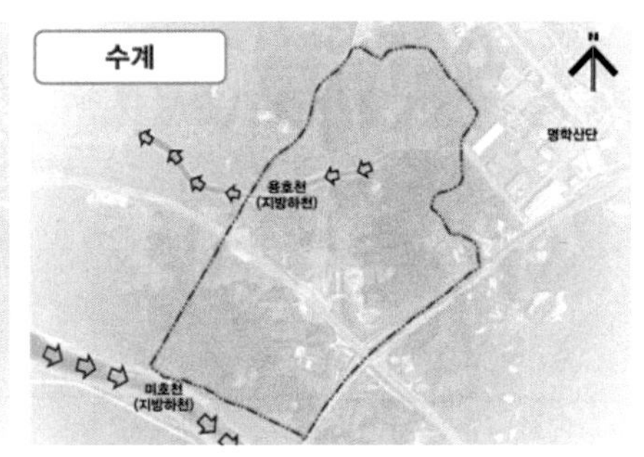

출동산에는 용호천이 흐르며 노적산 남쪽으로는 미호천이 흐른다.

그림 2-5
지형분석도(예시)_
행복도시 5-2 생활권
출처: 5-2생활권 지구단위계획, LH(2020)

▌부지프로그램 문서

부지프로그램 문서는 다음을 포함한다.

- 도입부 : 프로젝트 요약문
- 건물과 외부공간 자료 : 용도, 규모, 관련 다이어그램 등
- 부지단면개념 : 지반, 도로, 배수 등
- 아이디어 탐색 : 건축주 아이디어, 설계 개념, 배치계획 등
- 부록 : 수집자료 및 부지분석

03 사이트 인벤토리
Site Inventory

" Designer should observe herself to understand
the biases she brings to the task···
She remains open to the environment, fascinated by it··· "

- Kevin Lynch

■ 사이트 인벤토리의 기본원리 Fundamentals of Site Inventory

· 사이트 인벤토리는 사이트 계획 대지와 주변에 기존하는 문제 혹은 당면 문제, 잠재상황에 초점을 둔 설계 전 단계의 연구활동이다. 사이트 자료를 수집하는 단계로서, 대지 조사라고 이해할 수 있다. 이 단계에서 사이트의 물리적, 생물학적, 문화적 속성들을 매핑mapping하여 기존 사이트와 컨텍스트의 조건을 파악하는 것이다.

· 대지 조사의 레벨과 범위는 대지의 위상과 프로젝트 단계에 따라 적절히 선택된다. 대지를 이해함에 있어 정보의 수집과 이용에 많은 시간과 비용이 소요되기 때문에 주어진 여건 하에서 자료를 효율적으로 수집하는 것이 바람직하다. 또한 계획·설계하는 과정에서 새로운 문제가 제기되거나, 심지어 계획의 목표가 수정될 수도 있으므로, 초기의 조사는 매우 근본적인 것들에 국한시키고, 계획·설계가 진행됨에 따라 추가적인 자료를 수집하는 것이 보다 효과적이다.

· 대지 조사는 문헌 조사, 대지 답사, 관련자 인터뷰, 대지 모형 제작, 기술적 조사 및 시뮬레이션 등의 순서로 고도화된다. 일반적으로 대지 조사는 요소별 목록을 구성하는 것이 체계적인데, 대지의 종류와 프로젝트 성격에 따라 중요한 항목이 다르기 때문에, 이 목록에서 필요한 항목을 선택하는 것이 최적의 설계를 위해 중요하다.

· 사이트 인벤토리 단계에서 수집하는 자료는 현장 답사, 인터뷰, 설문조사와 같이 조사자가 직접 정보를 수집하는 1차 자료와 문헌 및 통계, GIS, 도면 자료와 같이 이미 구축되어 있는 자료를 활용하는 2차 자료로 구분된다. 2차 자료는 조사자가 직접 정보를 수집하는 1차 자료에 비해 수월하게 얻을 수 있다는 장점이 있으나, 대상지의 특성을 잘 나타낼 수 있는 수준(예 : 동, 지적, 건축물 단위 등의 정밀도)의 자료를 수집해야 한다.[1]

그림 3-1
사이트 인벤토리

■ 물리적 속성 Physical Attributes

부지의 물리적 속성은 대상지의 자연환경을 이해하기 위한 주요 항목으로 지형, 토양, 기후, 일조, 수문 등이 있다. 각 항목별 주요 세부 속성은 표 3-1과 같다.

표 3-1
사이트 인벤토리-물리적 요소

분류	Category	요소	Element	속성	Attribute
물리적	Physical	지형	Topography	표고	Elevation
				등고선	Contour
				경사도	Gradient
		토양	Soil	안전성	Safety
				배수	Drainage
				비옥성과 통기성	Fertility and Breathability
		수문	Hydrology	범람	Flooding
				지표수	Surface water
				지하수	Underground Water
				배수패턴	Drainage Pattern
		기후	Climate	기온	Temperature
				습도	Humidity
				바람	Wind
				일조	Sunlight
				열방사율	Albedo

▌지형 Topography

지형 분석

지형 분석은 계획대상지와 연계된 주변 지역의 지형 특성을 파악하여 대상지에 적합한 계획을 수립하기 위해 실시하는 것으로서, 대표적인 분석 항목에는 표고, 경사도, 향, 절/성토 등이 있다. 오늘날 대부분의 지형 분석은 GIS를 활용하여 이루어지고 있다.

- 표고: 바다의 면이나 특정 지점을 기준으로 하여 수직으로 측정한 지대의 높이를 말한다.
- 경사도 : 지대의 기울어진 정도를 나타내는 항목으로 보통 5% 이하, 5-10%, 10-15%, 15-20%, 20-25%, 25% 이상으로 구분하여 분석한다.
- 향 : 북쪽을 기준으로 하여 경사면의 방향을 시계방향으로 측정한 각도이다.
- 절/성토 : 절토는 지표면에서 깎아내는 토양의 양을 말하며, 성토는 지표면에 채워 넣는 토양의 양을 의미한다.

지형의 표현과 해석

지형은 부지의 표면 성질과 미적 특성을 나타내는 그래픽 표현으로, 미기후, 배수, 조망, 구조적 세팅 등에 영향을 미친다. 지형도는 표고, 경사, 능선, 계곡, 정상 및 배수 패턴을 표시한다. 지형도는 등고선도로 표시되고 지형은 경사의 급한 정도로 표현되는데, 이는 등고선 간격의 좁고 넓음으로 나타난다.

표고 Elevation

표고는 지형도에서는 해발표고를 기준면으로 한 수직거리로 나타내지만 대지 계획에서는 대지 내외 특정 지점의 표고에 대해 수준점benchmark을 기준으로 상대적인 표고를 표현하기도 한다.

등고선 Contour

- 등고선은 지상에서 표고가 같은 모든 점을 연결하는 선이며, 기준은 평균해수면을 0으로 한다.
- 등고선 표시원칙
  - 기존 지형 : 점선 또는 가는 선으로 표시한다.
  - 계획 지형 : 실선 또는 굵은 선으로 표시한다.
  - 5번째 등고선은 굵은 선으로 표시한다.

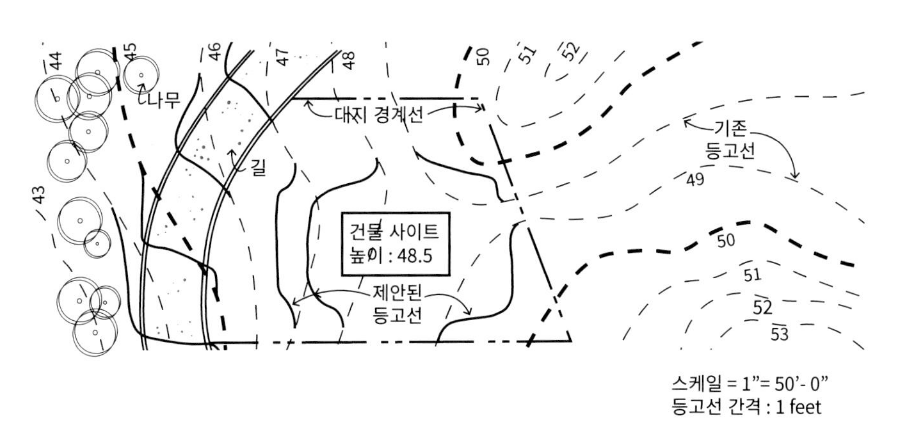

그림 3-2
지형의 표현

- 등고선 패턴
  - 능선ridge: 내리막을 가리키는 등고선으로 아래측으로 볼록하다.
  - 골선valley:오르막을 가리키는 등고선으로 위측으로 볼록하다.
  - 배수로flow line는 등고선에 직교한다.

그림 3-3
계단식 논
@httpspxhere.comkophoto1349646

그림 3-4
등고선 패턴

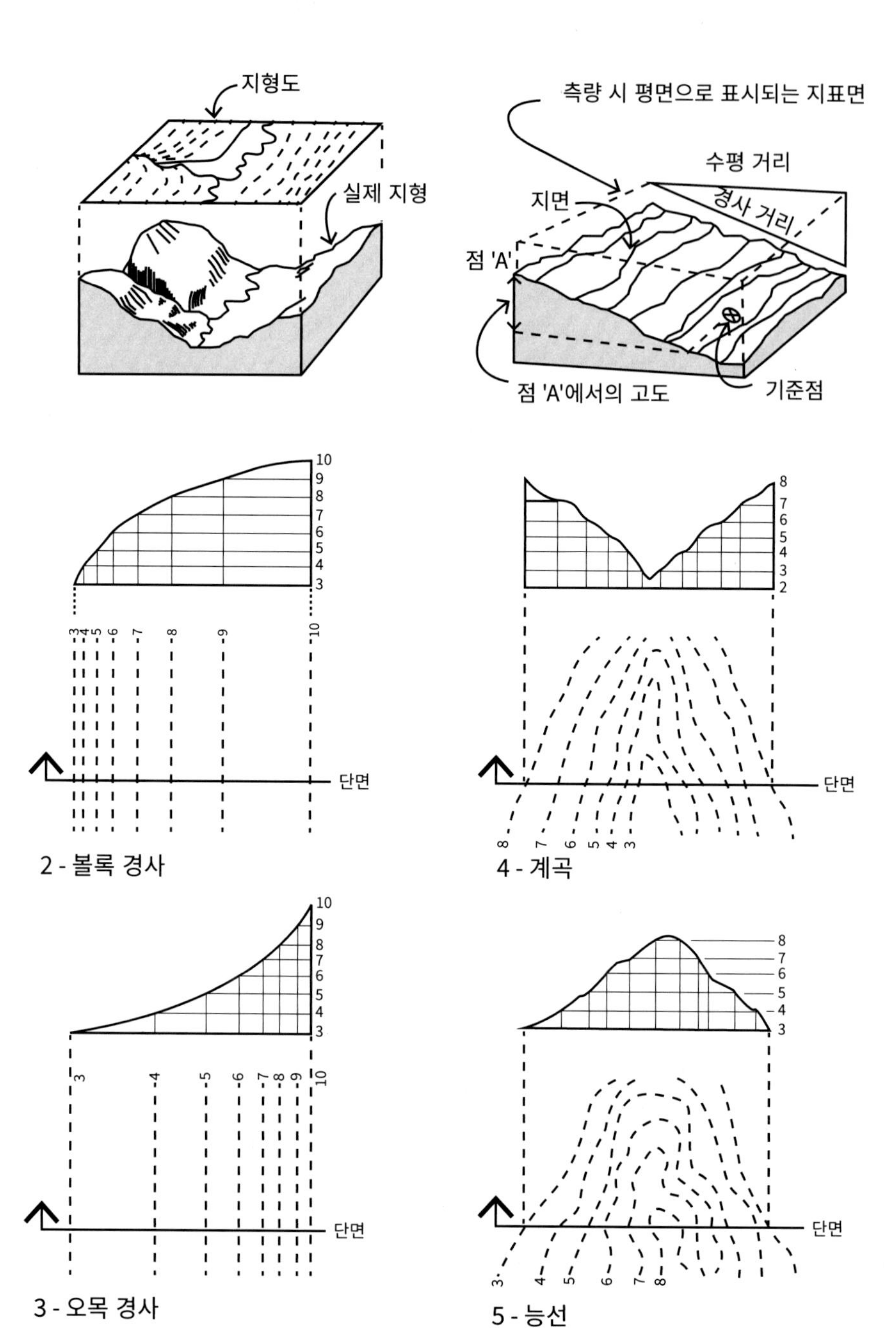
지형도
실제 지형
측량 시 평면으로 표시되는 지표면
수평 거리
경사 거리
지면
점 'A'
점 'A'에서의 고도
기준점
단면
2 - 볼록 경사
4 - 계곡
3 - 오목 경사
5 - 능선

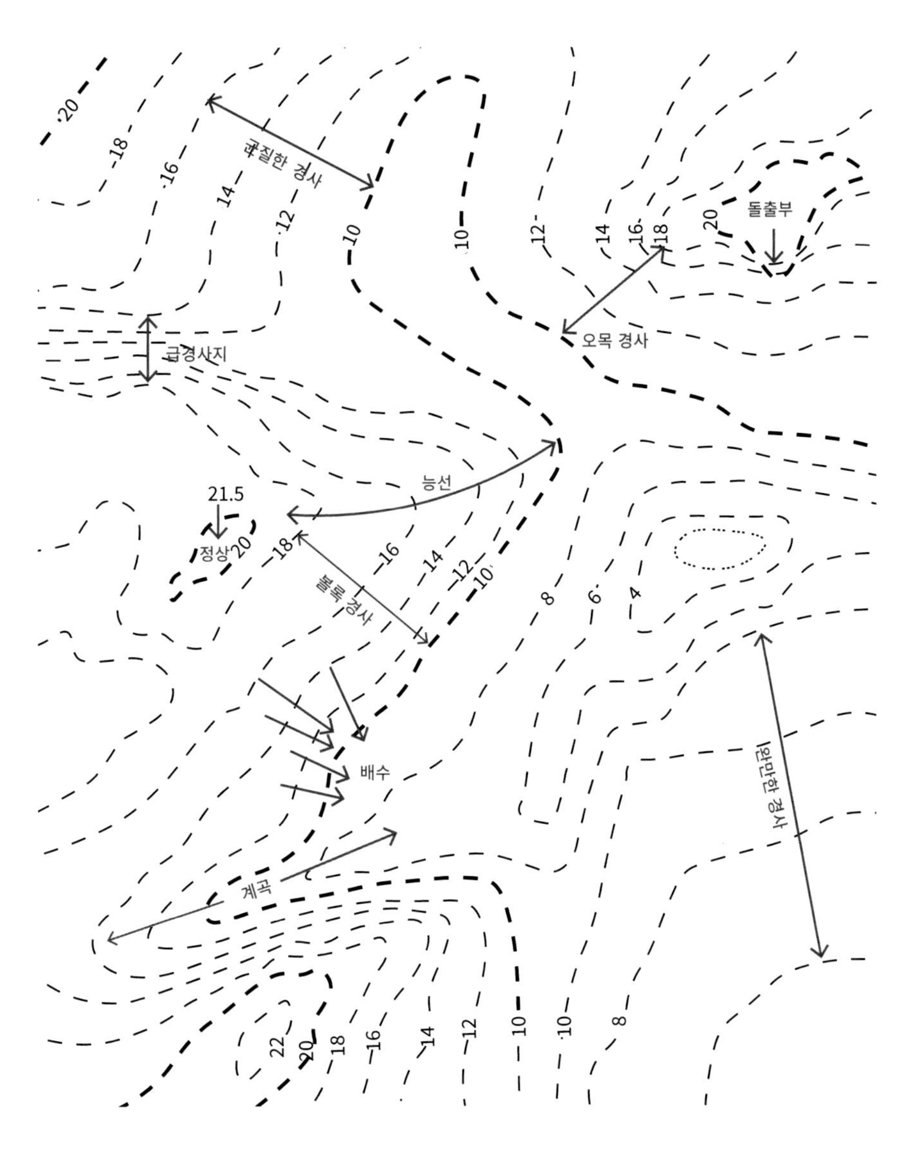

그림 3-5
등고선과 지형 해석

▌경사도 Gradient

- 대지의 경사를 나타내며, 수직거리 대 수평거리의 비율로 계산하고 %, 또는 도(degree) 로 표시된다.
- G=V/H (G:기울기, V:수직거리, H:수평거리)

표 3-2
경사도와 지형 정지
출처 :장성준, 2008

경사도(수직/수평)	시작적 느낌	정지	구조물
0 ~ 1/100(1%)	평탄지	배수 곤란을 해결해야	
1/100(1%) ~ 1/20(5%)	평탄지	이상적인 부지	
1/20(5%) ~ 1/10(10%)	완경사지	약간의 정지	1/10은 보도의 최대경사
1/10(10%) ~ 1/5(20%)	경사지	약간의 절성토와 옹벽	1/8 ~1/6는 도로나 경사로의 최대 경사
1/5(20%) ~ 1/3(33%)	급경사지	대량의 절성토와 옹벽	건물지반의 건물층에 따른 분리 시작
1/2			공공계단의 최대경사
1/1.5			성토 토사면의 휴식각
1/1			성토 토사면의 휴식각
1/0.5			암반사면
1/0.1			옹벽

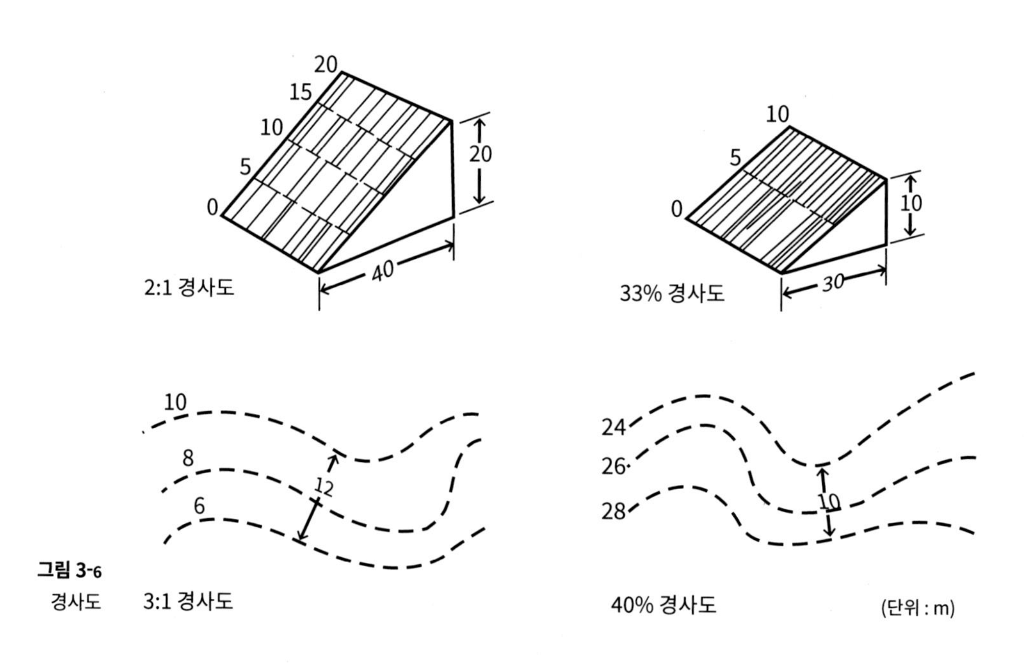

그림 3-6
경사도

토양 Soil

지질과 토양은 건축물의 배치와 식재 계획 등에 영향을 주고, 산사태와 같은 자연재해와도 밀접하게 연관되어 있기 때문에 부지 계획에 있어 중요한 분석요소 중 하나이다. 토양 분석을 통해 농경이나 수림에 대한 정보를 얻을 수 있을 뿐만 아니라 잠재적인 수원, 모래와 자갈의 공급 여부, 적용 가능한 배수방법, 침식의 여부 등 도로 및 기초에 대한 적합성을 알아낼 수 있다.[2]

토양의 작용과 부지계획

부지계획과 관련된 토양의 작용은 구조물 지지력, 배수, 수축과 팽창, 침하, 침식, 경사면 활동, 비옥성과 통기성 등이 중요하다.

• 지지력 supporting power

- 지지력은 암석이 최고이며, 암석>조립모래, 점토, 미사> 유기토, 연약토양 순이다.
- 지지력 보강을 위한 방법은 말뚝을 사용한 지반 보강이나 토양 교체 후 다짐(롤러나 기계)을 포함한다.

• 배수 drainage

- 배수는 침투성 토양이 중요하다.
- 배수성은 조립토(모래, 자갈)가 좋고 세립토(미사, 점토)는 나쁘다.

• 수축과 팽창 contraction and expansion

- 토양의 수축과 팽창은 구조물의 기초, 기둥, 벽체, 지면 슬래브에 들림과 내림을 반복하면서 균열, 동파 등의 피해를 입히게 된다.
- 토양의 수축과 팽창을 방지하기 위해 구조물의 기초판은 동결선 아래 위치시켜야 하고, 기초에 미치는 계절 변화가 적고 습기 함유가 일정한 곳에 닿게 해야 한다.

• **침하** subsidence

- 침하는 하중에 의해 지반이나 건물 구조물이 가라앉는 현상이다.
- 지반침하는 토질(점토, 모래)과 기초판(연성, 강성)에 따라 다르게 나타난다.
- 최근 발생하고 있는 도심지에서의 지반침하, 즉 싱크홀sinkhole은 대규모 공사에 따른 지하수위와 연관이 깊다는 분석이 주를 이룬다

• **침식** erosion

- 침식은 토양이 빗물, 바람, 마찰 등에 의해 닳아 없어지는 현상이다.
- 부지에서 침식은 식생이 제거되고 표토topsoil가 절개되면서 비바람에 노출되기 때문이다.
- 침식을 막기 위해 표토는 식재에 매우 중요하기 때문에 별도 보존했다가 완공 후 다시 사용하는 것이 좋다.

• **활동** sliding

- 활동은 경사면에서 흙이 밀려내리는 현상으로 세립자/급경사/식생 부재/강우 등이 원인이 된다.
- 활동을 최소화하려면 되도록 활동지역에 연접한 건물개발은 피하는 것이 좋다. 경사지에서 굴토 시 기존 경사를 감안하며, 성토는 경사면을 단상으로 만든 위에 한다.

• **비옥성** fertility**과 통기성** breathability

- 토양의 비옥성은 표토의 4개 특성인 배수, 부식도, 영양소, 산성도에 관련되고, 부족한 것은 보충하여 식물 생장에 적절하도록 한다.
- 토양의 통기성은 토양 공극을 확보하는데 관련되어 있다.

| 토양의 분류

표 3-3
토양의 공학적 분류
출처 : Lynch and Hack, 1984

구분	적재하였을 때의 안정성	배수	포장도로를위한 기반으로서의 기능
깨끗한 자갈	매우 좋음	매우 좋음	조금 좋음
토사, 점토질의 자갈	좋음	그렇게 좋지 않음	그렇게 좋지 않음
깨끗한 모래	매우 좋음	매우 좋음	나쁨
토사, 점토질의 모래	보통보다 좋음	그렇게 좋지 않음	그렇게 좋지 않음
비가소성 토사	보통보다 좋음	보통보다 못함	이용 불가능
가소성 토사	나쁨	보통보다 못함	이용 불가능
유기적 토사	보통보다 못함	나쁨	이용 불가능
비가소성 진흙	보통	이용 불가능	이용 불가능
가소성, 유기적 진흙	나쁨	이용 불가능	이용 불가능
토탄, 가축 분뇨	이용 불가능	보통보다 못함	이용 불가능

▼그림 3-7
토양 분석(예시도)_
수락행복발전소 일대

유효 토심

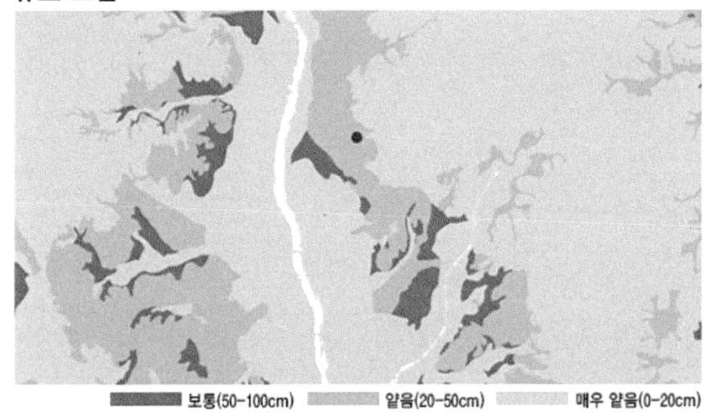

표토 토심

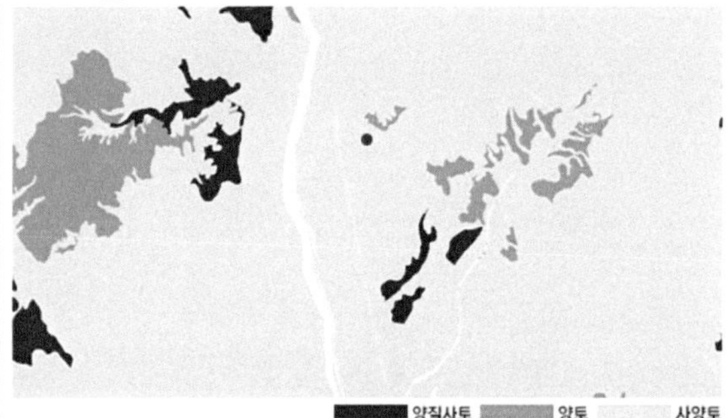

모암(모재)

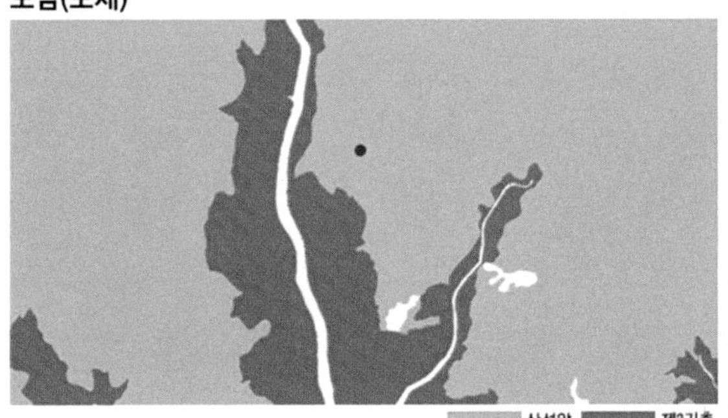

구조

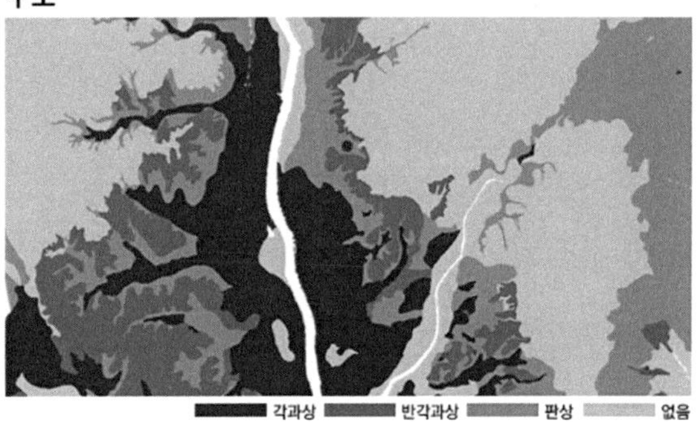

수문 Hydrology

물의 성격

물은 모든 생명에 필수적이다. 그리고 물은 미학적으로, 그리고 감성적으로 경관의 중요한 부분이다

물은 자연계에서 대기의 일부(강수, 수증기), 지표수(호수, 하천), 지하수의 형태로 순환한다. 수문은 지구상의 물순환 체계이며, 지표수와 지하수의 존재형태, 분포, 이동에 관한 내용을 가리킨다. 순환은 물의 증발evaporation, 증산transpiration, 증발산evapotranspiration, 침투 등의 작용으로 가속화된다. 증발은 자유수면, 지표면, 식물의 피부로부터 수분이 이동하여 증기상태로 대기로 돌아가는 과정이며, 증산은 식물의 토양수 흡수, 잎까지의 이동, 잎이나 표피의 세포층에 있는 기공 또는 개구를 통하여 대기층으로 수분이 나가는 과정을 포함한다. 증발산은 증발과 증산을 합한 용어로, 보통 연평균 강수량의 약 70% 정도는 증발산에 의해 대기 중으로 되돌아간다.

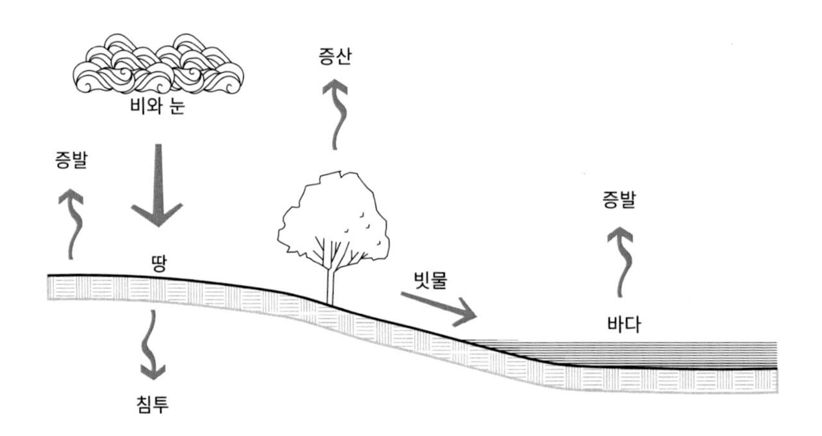

그림 3-8
물의 순환

물과 부지계획

지표수surface water와 배수 패턴drainage은 식생, 기후, 잠재적 개발에 영향을 준다. 부지 계획과 관련되어 범람을 막고 배수가 잘 되게 하며 사람과 식생에게 유리한 환경을 조성하는 것이 중요하다.

• **범람** flooding

- 홍수위험지도는 침수될 확률에 따라 10/50/100년주기로 표현된다.
- 범람평원(flood plain)은 매년 몇 번씩 침수가 일어나기 때문에 침수 피해가 적은 농경지, 녹지, 노천 주차 등으로 사용된다. 서울의 한강변처럼 제방도로, 배수시설, 유수지 등을 구축하여 범람 평원을 개발 가능지로 변환시키기도 하나, 이상기후로 인한 집중호우로 위험이 항상 따를 수 있다는 점을 인지해야 한다.

그림 3-9
전라남도 구례군 홍수위험지도

그림 3-10
◀전라남도 구례군 평소 전경
▶전라남도 구례군 홍수 피해

그림 3-11
2100년 우리나라의 침수 예상지역
출처:한국환경정책평가연구원, 2012

• 해수면 상승

- 최근에는 지구 온난화에 따른 해수면 상승이 이슈가 되고 있다. 2012년 한국환경정책·평가연구원(KEI)의 연구결과에 따르면, 2100년에 우리나라 국토의 4.1%가 침수된다는 전망이 있었다. 이러한 점을 고려하여 침수 예상지역에 대한 분석이 필요하다. (그림 3-11 참조)

| 지하수 Underground Water와 구조물

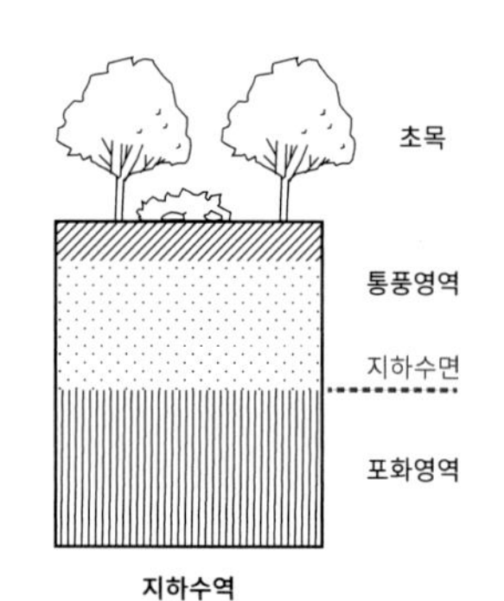

지하수와 지하영역

• 지하수

- 물의 공급과 식생에 중요하며 구조물의 구축과 안전성에 영향을 미친다.
- 생활용수나 공급용수로 사용된다.

• 지하수면 ground water table

- 지하수면은 그 아래에 위치한 모든 토양입자 사이에 물이 채워져 있는 지하수의 수위를 가리킨다.
- 대체로 지표아래 1-2m, 사막에서는 수십m 이하에 있으며 계절에 따라 변동된다.

• 동결선 freezing line

- 토양이 겨울에 동결되는 깊이를 연결한 선으로 국내 중부지역은 지표에서 0.6-0.9m 깊이가 된다.

• 지하수와 구조물

- 구조물 지하층은 내외부에 방수 및 내수압처리를 하며 건물은 내부력 설계를 하여 지하수에 뜨지 않도록 한다.

그림 3-12
다양한 계절 전경_구례

기후 Climate

기후는 인간의 삶과 밀접한 연관이 있을 뿐만 아니라 부지계획에 있어 시설배치, 식재계획, 방재계획 등과 같은 다양한 부문별 계획과 연관성이 높기 때문에 정확한 파악이 요구되는 부문이다.

최근 국지적 장소에 나타나는 기후가 주변 기후와 현저히 다르게 나타나는 현상이 빈발하는 바, 미기후micro climate에 대한 관심이 높아지고 있다. 즉 인간의 삶에 보다 직접적으로 영향을 미치는 요소로, 사이트 디자인에 있어 미기후를 쾌적하게 조성하는 것이 중요하다.

미기후를 분석하는 일반적인 항목은 기온, 습도, 바람, 강수량rainfall, 강설량snowfall, 태양 복사solar radiation 등이 있다. 기후·미기후를 분석하기 위해 기상대 및 자동기상측정망Automatic Weather Station, AWS 자료를 활용할 수 있다. 또한 부지계획에 적용하기 위한 정밀도의 자료를 얻기 위해 미기후 모델링, 대기환경 모델링 등과 같은 시뮬레이션 기법을 사용할 필요도 있다.[3]

기후대와 부지 계획

지구상의 기후대는 열대, 온대, 한대로 간단히 분류할 수 있고 좀 더 세분화하여 표 3-4와 같이 나눌 수 있다. 한국의 기후대는 온대이고 위도에 따라, 그리고 해안과 내륙에 따라 다른 소기후구로 나뉘고 있다.

표 3-4
쾨펜에 의한 기후구분과 기후특성 및 부지계획
출처 : 장성준, 2008

기후대	기후구	기후 특성	부지 계획
열대기후 (A)	열대우림(Af) 사바나(Aw)	겨울과 습기는 높고, 증발에 의한 냉각 작용은 미흡하다. 겨울이 없는 상온이며 , 태풍, 호우, 홍수를 경험한다.	폭우, 강풍 범람의 피해를 막을 수 있어야 하며, 그늘과 환기를 최대화할 수 있어야 한다.
건조기후 (B)	초원(Bs) 사막(Sw)	기온이 높고 습도는 매우 낮으며 겨울이 없거나 얼음이 얼지 않는다. 맑은 하늘, 건조한 공기, 장기간의 더위와 큰 일교차 지역이며, 낮은 덥고 밤은 추우며, 강우량은 아주 적고 식물은 말라 있다.	태양열을 차단하고, 자연적 식생으로 고밀도 식물공간을 만들고, 습기공급과 여름 환기를 최대화한다. 이 기후지역에서 범람평원, 침식부지, 협곡은 밀어닥치는 홍수 때문에 개발부지로 부적절하다. 건물은 일교차에 대비하며, 차양과 환기가 중요하다.
온대기후 (C)	온난겨울건조(Cw) 온난연중습윤(Cf) 온난여름건조(Cs)	사계절이 뚜렷하여 겨울은 춥고 얼음이 얼며, 여름은 덥거나 뜨겁고 봄과 가을은 중간이다. 강수와 바람은 적절해서 물이 풍부하고 식물도 다양하다. 겨울의 방사열량이 과다하지만, 나머지 계절에는 그렇지 않다. 기온의 연교차, 일교차, 계절변화가 크며 뚜렷하며 복잡한 기후요소를 갖는다.	복잡한 조건과 목적을 가진다. 겨울에는 강풍을 막고, 폭설에 대비하며, 여름에는 시원한 바람을 들이고, 그늘을 만들고, 여름과 가을에는 장마, 홍수, 태풍에 대비해야 한다. 온대지방의 다양한 자생식물을 결합하여 생태적, 심미적 가치를 보전해야 한다. 건물은 복잡한 기후요소로 인해 극대화된 능력을 지녀야 한다.
한랭기후 (D)	설림연중습윤(Df) 설림겨울건조(Dw)	고위도 지역이며 겨울이 특히 길고, 강한 바람, 폭설과 서리가 특징이다.	부지계획에서는 바람의 통제, 겨울 일사의 극대화, 외부활동의 내부화, 국지적 한냉포켓을 피나는 것이 중요하다.
한대기후 (E)	툰드라(Et) 영구결빙(Ef)	툰드라(Et)	인간 거주처로서는 매우 부적당하며 특수한 대처가 필요하다.

| 기후인자와 부지계획

• 일조 sunlight

일조는 인간의 활동, 동식물의 생장에 지대한 영향을 미치는 요소 중 하나로서 도시민이 삶을 영위함에 있어 갖추어야 할 기본적인 생활조건인 안전성, 건강성, 편리성, 쾌적성을 유지하기 위한 필수적인 조건이다.

세계 주요 선진도시의 정책을 살펴볼 때, 공공공간에 풍부한 일조를 제공할 수 있도록 도시가 조성되어 시민이 쾌적함 속에서 즐거움을 누릴 수 있도록 하고 있다. 일조 분석에서 계절, 시간, 향에 따른 일조량을 사용하여 분석할 수 있으며, 우리나라의 경우에는 주로 하지와 동지, 춘분과 추분과 같은 절기를 분석 시점으로 설정하고 있다.[4]

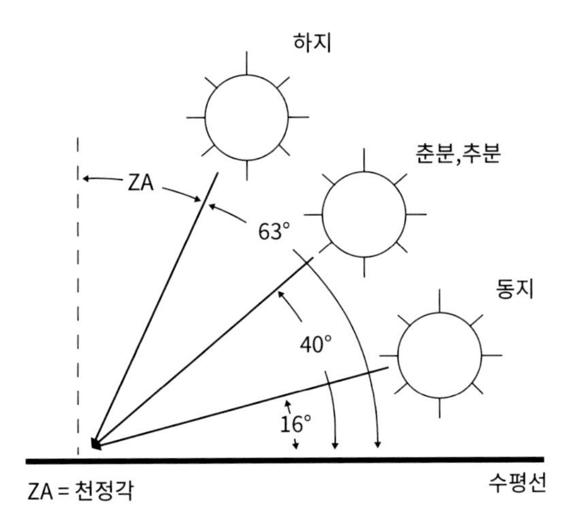

그림 3-13
북반구 중위권 지역의
일일 최대 태양각의 계절적 변화

- 일조는 태양광과 음영에 관련된다. 태양 궤적도는 위도별로 작성되며. 연중 시기에 따른 태양의 방위와 고도를 나타낸다.
- 태양 궤적도에서 방위는 방사상이며 정남을 기준으로 동향은 -, 서향은 +로 표현된다.
- 고도는 동심원으로 표현되며 남중시에 최대, 일출과 일몰에서 0이 된다. 부지를 대상으로 태양 궤적도를 그려보면 음영이 생기는 연중 고도와 시각을 예측할 수 있다.

- 일사량 고려한 부지 계획 : 일사는 태양광의 열에너지에 관련된다. 겨울에는 일조시간이 짧고 태양고도가 낮아서 적게 도달한다. 따라서 부지계획에 있어 건물 방위와 배치를 태양과 관련해서 최적화할 필요가 있다.

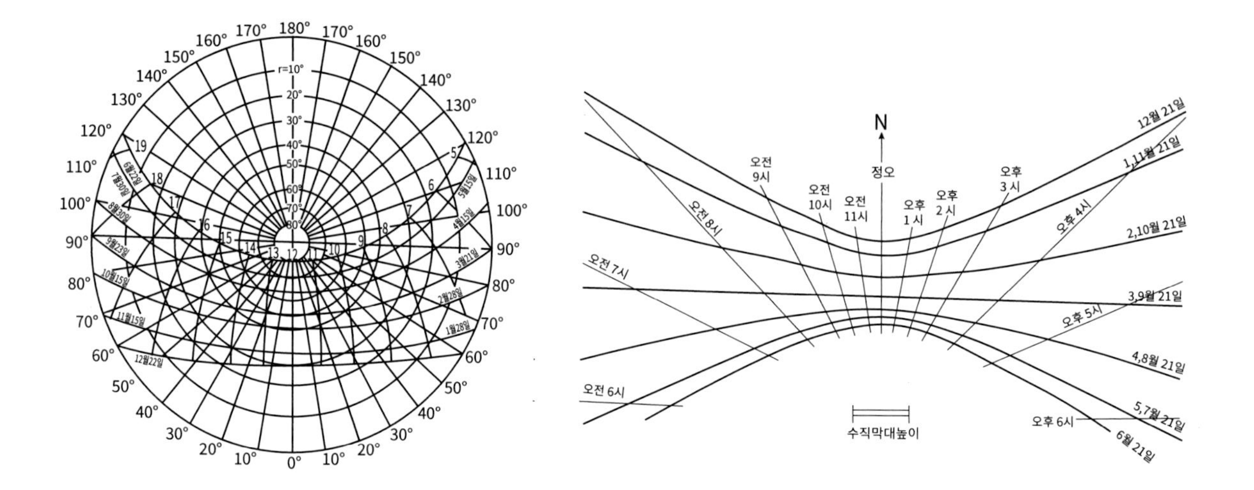

그림 3-14
태양수평궤적도(서울지방 북위도 37도34분) 및 수평면의 일영곡선 (북위36도)
출처: 이경회, 2000.

• **지형과 기후**

특정 지형과 관련된 기후는 산지의 능선, 경사지, 계곡, 해안과 내륙, 호수와 하천변 등에서 생긴다.

- 산지 : 습한 공기는 고도 상승시 기온이 하강하여 냉각되어 비나 눈으로 내리고 정상을 넘어서는 건조한 높새바람이 된다.
  풍전측windward 에서는 냉습cold & humid air하고 풍후측leeward에서는 덥고 건조warm & dry air하게 된다.
- 경사지 : 남측경사면이 기온이 높고 건조warm & dry air하며 바람은 적어서 추운 기후에서 유리하고 북측경사면이 가장 불리하다.
- 계곡 : 낮에는 서늘한 계곡풍, 밤에는 미지근한 산풍이 분다. 더운 기후에서는 계곡 지대가 쾌적한 기후를 형성한다.
- 해안과 내륙 : 해안은 기온이 안정적이고 온난하다. 낮에는 서늘한 해풍이 불고 밤에는 흐름이 반대로 된다.

- 호수와 하천변 : 안개가 자주 생기고, 바람통로가 되어 여름에 시원하고 겨울에는 더 춥다.

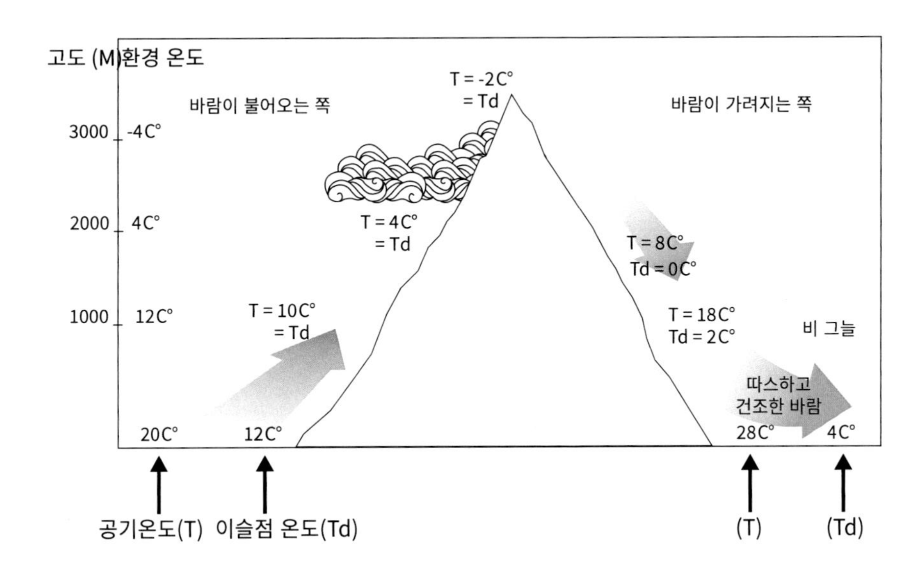

그림 3-15
산을 넘는 공기의 단열변화

- **열방사율** albedo

열방사율은 지구 표면의 태양 복사 반사 계수로서 0~1로 표시된다.
콘크리트, 아스팔트는 열방사율이 매우 작고 잔디는 열방사율이 상대적으로 높아 쾌적한 기후를 조성할 수 있다. 따라서 이러한 점을 고려하여 도로나 공공공간의 바닥, 건물 외피 재료를 선택하는 게 중요하다.

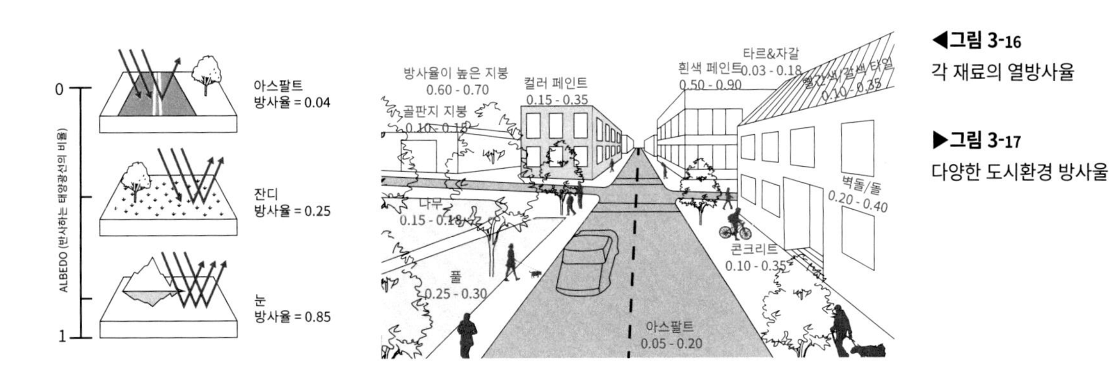

◀**그림 3-16**
각 재료의 열방사율

▶**그림 3-17**
다양한 도시환경 방사율

• **온실효과** green house effect

온실효과는 적외선을 가두어 지구표면의 알베도를 낮추면 태양 복사를 더 많이 흡수하면서 지구 온난화를 일으킬 수 있는 것이다.

그림 3-18
온실효과

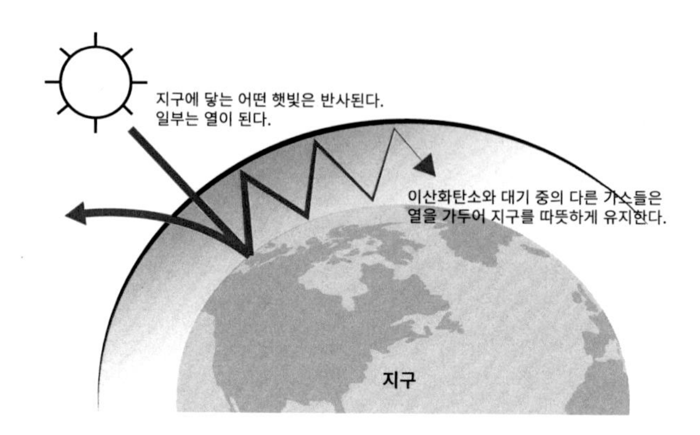

• **열섬효과** heat island effect

- 정의 : 주위 지역보다 주목할 정도로 기온이 높은 대도시 지역이 나타나는 현상이다.(그림 3-19참조)
- 원인 : 열을 흡수하는 재질(아스팔트, 콘크리트)을 사용하는 도시개발로 인한 지표면 재질의 열 특성 변화와 도시지역의 증발산량 부족과 에너지 사용으로 발생한 잉여열waste heat이 주 원인이다. 도심부는 고층 고밀 개발로 햇빛과 바람이 차단되며, 콘크리트, 아스팔트 등 열방사율이 낮은 재료를 사용하고 건물과 차량의 에너지 소비와 배기가스는 교외나 전원보다 상대적으로 매우 높은 기온을 형성하게 되는 열섬효과가 나타나는 것이다.
- 열섬효과를 감소시키려면 지붕, 포장도로 및 도로용 고방사율 재료, 밝은 색상 또는 반사 재료를 쓰도록 고려한다. 그리고 조경과 천연 재료로 된 녹색 지붕은 그늘을 제공하고 증발산을 통해 공기의 열을 제거하여 지붕 표면과 주변 공기의 온도를 낮춘다.(그림 3-20, 3-21참조)

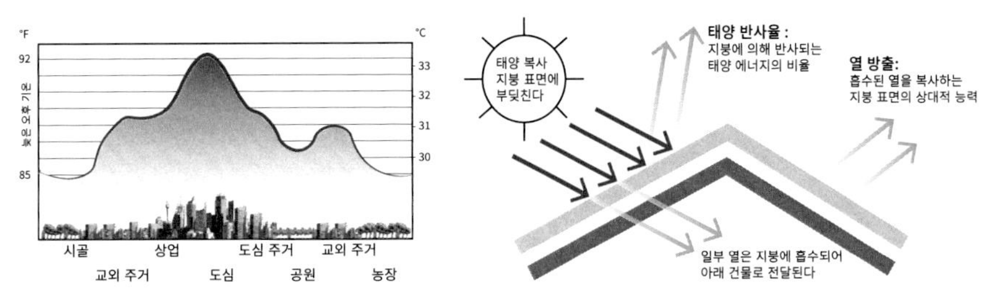

◀ **그림 3-19**
열섬효과

▶ **그림 3-20**
태양복사 에너지

그림 3-21
캘리포니아 과학 아카데미
California Academy of Sciences
출처: ©2008 California Academy of Sciences by Peter Kaminski @ https://www.flickr.com/photos/peterkaminski/2290733552

■ 생물학적 속성 Biological Attributes

부지의 생물학적 속성은 식생, 야생동물이 있다. 각 항목별 주요 세부 속성은 다음 표 3-5와 같다.

표 3-5
사이트 인벤토리_생물학적 속성

분류 Category	요소 Element	속성	Attribute
생물학적 Biological	식생 Vegetation	식물	Plant
		환경	Environment
		공간 한정	Space limitation
		심미성	Aesthetics
	야생동물 Wildlife	서식지	Habitat
		철새도래지	Migratory bird

▌식생 Vegetation

식생은 환경 여건의 전반을 간접적으로 진단할 수 있는 중요한 지표로서, 이를 파악하는 것은 환경적 관점에서 매우 중요하다. 식생의 분석은 대상지의 식물상을 파악하고 식재할 식물의 종을 결정하기 위해 실시한다. 조사 방법으로는 현지조사를 통한 정밀조사와 위성영상을 활용한 광역적 조사로 구분할 수 있다.
현지조사에 있어 구역 면적이 좁은 경우 전수조사를 실시하지만, 구역 면적이 넓고 식물상이 자연 상태에서 군락을 이루고 있을 경우 표본조사를 이용하게 된다.
최근 도시 내 각종 개발에 있어 광역적 및 도시적 차원의 녹지축의 연결성 확보가 중요한 이슈가 되고 있는 바, 현황 분석 시 이에 대한 고려도 필요하다.

| 유형

• 지상부 목질화에 따른 구분

- 초본식물(풀)
- 목본식물(나무) : 물관과 양분을 이동시켜주는 체관, 나이테가 있는 것이 초본식물들과의 차이점이다. 목본식물은 단단한 수피가 있고 심재와 변재, 나이테가 있다.

• 수고(최대 키)에 따른 구분

- 관목shrubs

  특성 : 키가 작고, 지면에서 또는 거의 지면에 가까운 부위에서 가지가 여러 개 뻗는 다년생 수목을 말한다. 관목은 보조적인 낮은 차폐 녹지를 만들고자 하는 곳에 사용하거나, 아름다운 형태·잎·꽃·열매 등을 보고자 할 때 사용한다. 관목은 자연스러운 산울타리 조성용으로도 사용된다.

  종류 : 진달래, 개나리, 댕강나무, 국수나무, 꽝꽝나무 등

- 교목tree

  특성 : 키가 8미터 이상 자라고, 곧은 줄기가 있으며, 줄기와 가지를 명확히 구분할 수 있고, 중심 줄기의 생장이 현저한 나무를 말한다.

  종류 : 동백나무, 솔송나무, 백송나무, 팽나무, 벚나무, 은행나무 등

• 잎의 모양에 따른 구분

- 침엽수softwood

  특성 : 잎이 가늘고, 겨울에 잎의 푸름을 유지하는 상록침엽수와 잎이 떨어지는 낙엽침엽수로 구성된다.

  종류 : 편백, 소나무, 삼나무 등

- 활엽수hardwood

  특성 : 잎이 넓고, 여름에는 잎이 풍성하여 과다한 햇빛을 차단하고, 겨울에는 잎이 떨어져서 채광에 유리한 낙엽활엽수와 상록활엽수로 구성된다.

  종류 : 자작, 참나무, 호두나무, 느티나무, 물푸레나무(애쉬) 등

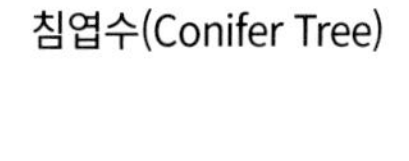

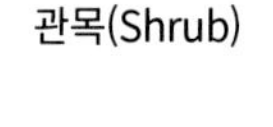

그림 3-22 식생의 유형

| 기능

• 환경 조절

- 햇빛 조절 : 활엽수는 하절기에 잎이 무성해져 햇빛을 차단하고, 동절기에 잎이 져서 햇빛이 실내에 들어오게 한다.
- 바람 차단 : 상록수는 겨울철 바람을 차단한다.
- 지표의 기온 조절: 낮은 열방사율로 공기를 냉각, 가습 및 여과함으로써. 자연의 에어컨 역할을 한다. 특히 잔디와 풀은 지표의 온도, 습도를 조절하면서 온화한 환경으로 만드는 대표적인 식생이다.
- 침식 조절 : 지표를 덮은 식물의 잎, 뿌리, 덩굴, 낙엽과 유기토의 부드러운 흡수층으로 인해 침식이 줄어든다.
- 소음 차단 : 교목은 도로나 주변환경에서 오는 소음을 차단하는 효과가 있다.

그림 3-23
식생의 환경조절 기능
출처: ©2016 Rutgers University College Avenue campus with trees and dormitories by Tomwsulcer @ https://commons.wikimedia.org/wiki/File:Rutgers_University_College_Avenue_campus_with_trees_and_dormitories.jpg

• 공간 한정

나무와 풀은 외부공간을 한정과 개방에 의해 위요감enclosure을 조성하고 방향을 유도directionality하며 공간을 연계connection한다. 또한 프라이버시를 위한 차폐screening의 역할을 한다.

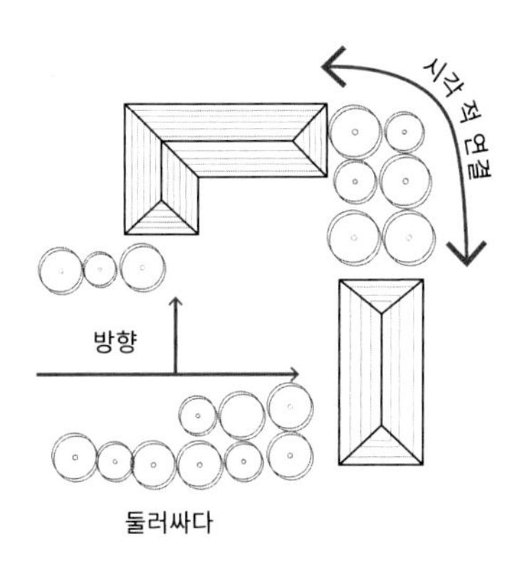

위요, 방향성, 연계

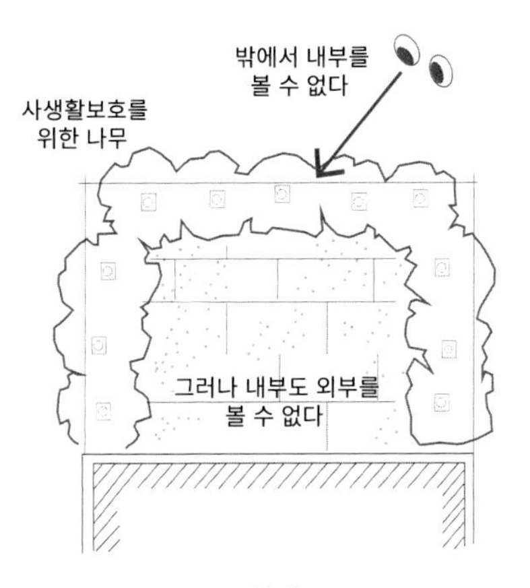

차폐

그림 3-24
식생의 공간 한정 기능

그림 3-25

▲◀ 위요 enclosure
출처: ©2006 Brindley Place @flickr

▲▶ 방향성 direction
출처: ©2020 road-5831612_960_720 by Daniel Dino-Slofer @pixabay

▼◀ 연계 connection
출처: ©2014 London - England (14029264947) byRodrigo Silva @ wikipidia commons

▼▶ 차폐 screening
출처: ©2008 Church House, Puxton - geograph.org.uk - 917836, by Brian Robert Marshall @wikipidia commons

• 심미성

식물은 어떤 것이든지 심미효과가 크다. 나무는 배치에 따라 부여하는 의미가 달라지는데, 나무 한 그루가 서있을 때 시각적 초점focal point이 된다.

나무 군집 방식에 따라 다른 의미를 줄 수 있는데, 규칙성 여부에 따라 자연스러움이나 인공적인 느낌을 주고 일정 간격으로 늘어서 있는 가로수길은 방향성을 부여한다.

불규칙 식재는 공원, 레크레이션 지역, 조립지 등 자연스러운 경관을 조성할 곳에 적합하다. 현재 자라고 있는 나무, 궁극적으로 키우고자 하는 수종 등이 적절히 섞이게 식재함으로써 좋은 수림을 구성할 수 있다.

수관을 형성하는 나무를 기하학적으로 정형 식재하면 넓은 건축적 공간을 창출할 수 있다. 이러한 식재는 공공적 성격과 기념비적 성격을 띠는, 평지에 위치한 정형적 중정 같은 곳에 적절하다.

일렬 또는 이열 식재는 시각적 효과가 매우 강하다. 따라서, 도시 공간이나 인공적 환경에나 어울린다. 좀 더 자연스러운 경관에는 불규칙한, 들쭉날쭉한 식재가 바람직하다.

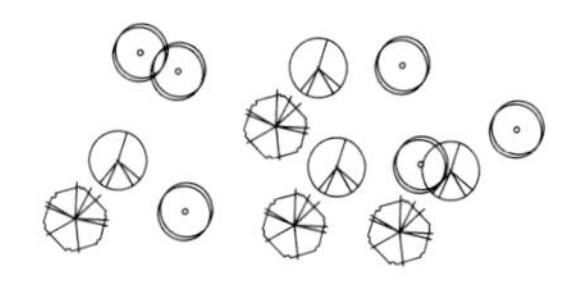

불규칙 식재-자연스러움

정형 식재-공공적, 기념비적

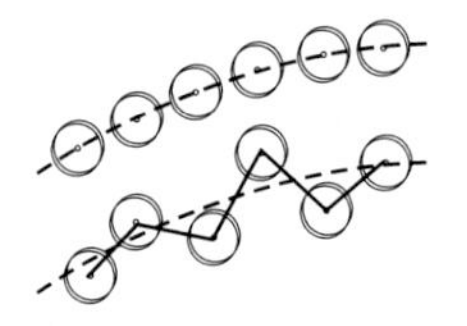

일렬/이열 식재-인공적

식재 배치의 특성

그림 3-26
◀ 시각적 초점이 되는 한 그루의 나무
▲ 일렬 식재의 인공적 환경 조성
▼ 방향성을 주는 나무 군집-가로수길

▌야생동물 Wild Life

야생동물 정보는 식생과 더불어 환경 여건을 간접적으로 알 수 있는 또 다른 지표로서 의의를 가진다. 특히, 야생동물의 먹이인 식생의 분포 및 종류와 밀접한 관계가 있기 때문에 식생과 연동되어 계획·관리되어야 한다. 만약 대상 단지가 수림지대나 호수 등 자연요소가 포함된 대규모 지역을 포함하는 경우 야생동물에 대한 고려는 환경·생태적으로 중요한 문제가 될 수 있다.

야생동물에 대한 조사는 현장에서의 직접적인 관찰을 통한 종의 확인, GPS를 이용한 행동반경의 조사 등의 기법을 사용하기 때문에 시간과 비용이 과다하게 소요될 수 있다. 이를 보완하기 위한 방법으로 환경부에서 제공하는 자연환경조사 GIS DB를 활용할 수 있다. 전국 생태자연도는 전국자연환경조사 및 우수 생태계 정밀조사 보고서 등을 통해 구축된 DB로서, 지형 분야, 식생 분야, 동·식물분야 조사 결과를 반영한 지형 현황도, 현존 식생도, 동·식물 분포도 등으로 구분하여 자료를 제공하고 있다.[5]

그림 3-28은 생물학적 속성 중 가덕도의 육상생태거점, 조류섭식 활동지 및야생동물 음수활동 지역을 매핑한 다이어그램이다.

그림 3-27
철새 도래지 을숙도
출처: 부산시 제공

그림 3-28
생물학적 속성_
가덕도의 육상생태거점 및
야생동물 활동지역

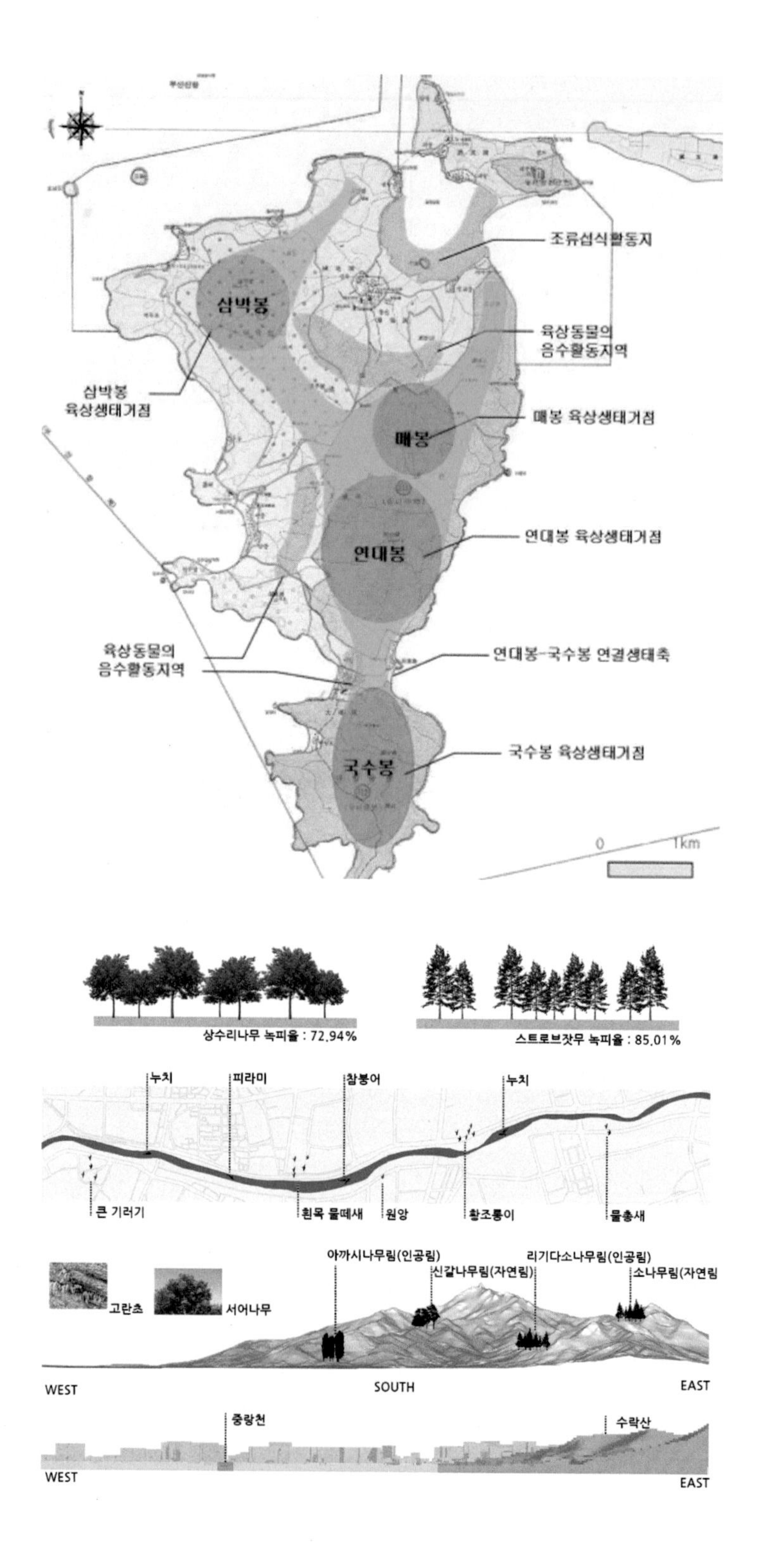

그림 3-29
생물학적 속성 _
수락행복발전소 일대

■ 문화적 속성 Cultural Attributes

문화적 속성은 인간의 활동에 의해 대상지가 지니는 특성으로, 분석 항목은 인구, 토지이용, 교통, 기존 시설, 역사문화재, 소음 등이 있다. 단지 개발은 대상부지 뿐만 아니라 주변에도 큰 영향을 미치기 때문에 세심히 고려해서 분석해야 한다. 각 항목별 주요 세부 속성은 다음 표 3-6과 같다.

"Understanding a site's cultural context may require the collection and mapping of diverse data."
- James A. LaGro Jr.

표 3-6
사이트 인벤토리_문화적 속성

분류 Category	요소 Element	속성 Attribute
문화적 Cultural	인구 Population	성별, 연령별, 소득별 분석 Analysis by gender, age, and income
		가구수, 가구 규모, 가구 형태 Household number, size, type
	토지이용 Land use	이전의 토지 사용 Previous land use
		법정 지목과 실제 이용 상태 Legal designation and actual use
		소유 형태 Form of possession
		인접 지역의 토지 이용 Land use in adjacent areas
	규제 Regulation	건축 법규 Architecture law
		지역권 Easement
	동선 Circulation	보행/차량/대중교통 Pedestrian/Vehicle/Public Transportation
		주차장 Parking lot
	자원시설 Utilities	상수도, 전력, 통신, 가스 Water supply, Electrical energy, Telecommunications, Gas
	역사적 차원 Historic resources	유형유산 Tangible heritage
		무형유산 Intangible heritage
	기존 시설과 주변 컨텍스트 Existing facility and context	노후도 Population
		가로경관 Street scene
	감각 Sensory Perception	가시성 Visibility
		시각적 질 Visual quality
		소음 Noise
		냄새 Odors

▌인구

인구는 프로젝트의 규모 및 밀도를 정하는데 가장 기본이 되는 요소이다. 주변 인구에 대해 조사하고 부지 조성 후 예상되는 이용 인구를 분석한다. 프로젝트의 성격에 따라 성별, 연령별, 소득별 분석 등이 기본이 된다. 또한 가구에 대한 분석도 중요한데 총 가구 수, 가구 규모, 가구 형태(단독주택, 연립주택, 아파트 등) 등의 분석을 한다.

그림 3-30
인구 밀도 분석 다이어그램 (예시)_
서울시립대 100주년 기념관 일대
(7장 참조)

▌토지이용 Land Use

토지이용은 인구 예측을 바탕으로 부지 내에서 일어날 인간 활동의 종류 및 강도를 고려하고, 토지의 물리적·지리적 특성 및 법적 여건을 고려하여 제한여부를 파악한 후, 토지에 적합한 용도 및 해당 용도의 밀도를 합리적으로 배분하기 위해 실시한다. 분석 항목으로는 법정 지목과 실제 이용 형태(토지이용현황), 관할 구역, 소유 형태, 상위계획과의 정합성, 필지의 규모, 필지 형태, 접도 조건, 지가, 세장비, 방위 등이 있다. 조사는 이용형태 별로 전·답·대지·임야·기타 등으로 조사하되, 등기 부상의 법정 지목과 실제 이용 상태를 조사하고, 소유별로 국유·

공유·사유 등으로 구분하여 조사가 이루어진다. 또한 장래의 발전·변화를 예상하기 위해 상위계획인 도시기본계획의 내용을 반영하고, 대상 단지만이 아니라 인접 지역의 토지이용도 병행하여 조사한 후 서로 조화를 이룰 수 있도록 해야 한다.[5]

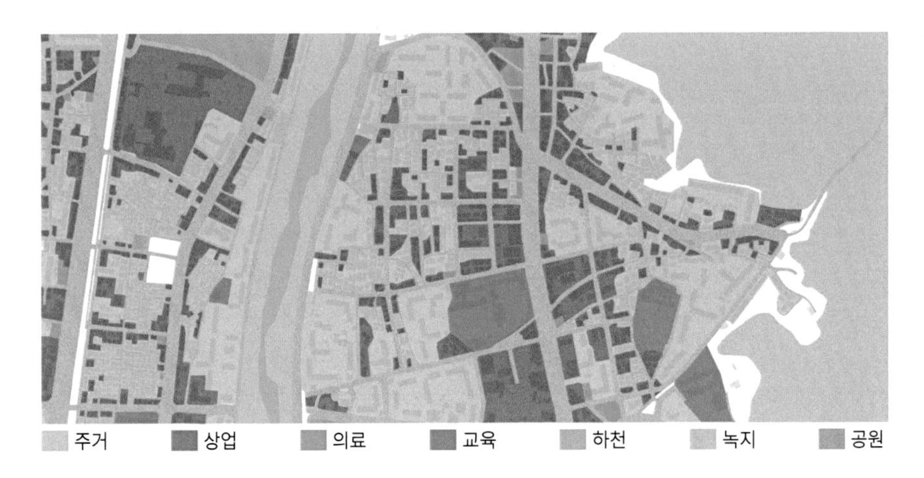

그림 3-31
토지이용계획 _
수락행복발전소 일대
(7장 참조)

규제 Regulation

우리나라의 대표적인 규제는 국토의 계획 및 이용에 관한 법률과 건축법을 들 수 있다. 대지면적, 건축선, 건축면적, 건폐율, 용적률, 건축가능 윤곽, 수직적 제한, 대지 내 공지 등이 있다.

• 대지면적 site area

대지면적은 대지경계선에서 건축한계선이 후퇴하면 축소되는데, 도시계획지구의 경우 미관지구에서 건축지정선이 도로로부터 일정 거리 후퇴하더라도 대지면적은 감소하지 않는다.

• 건축선 building line

건축선에는 건축지정선과 건축한계선이 있다. 건축지정선은 가로경관이 연속적 형태를 유지할 필요가 있을 때 위치를 고정하여 지정하는 것이고, 건축한계선은 일정 거리 이상 후퇴 하한을 정한 것이다.

건축선 후퇴는 도로의 확폭과 신설, 가각전제 등에서 생긴다. 가각전제는 4m 이상 8m 미만 도로의 교차로 이루어지는 경우에 모서리를 전제하는 규정이다. 가각전제는 사선으로 하며 이곳을 건축선으로 규정한다.

표 3-7
도로의 너비와 교차각에 따른 건축선
출처「건축법시행령」제 31조

도로의 교차각	도로의 너비		교차되는 도로의너비
	4m이상 6m미만	6m이상 8m미만	
90° 미만	2m	3m	4m이상 6m미만
	3m	4m	6m이상 8m미만
90° 이상 120° 미만	2m	2m	4m이상 6m미만
	2m	3m	6m이상 8m미만

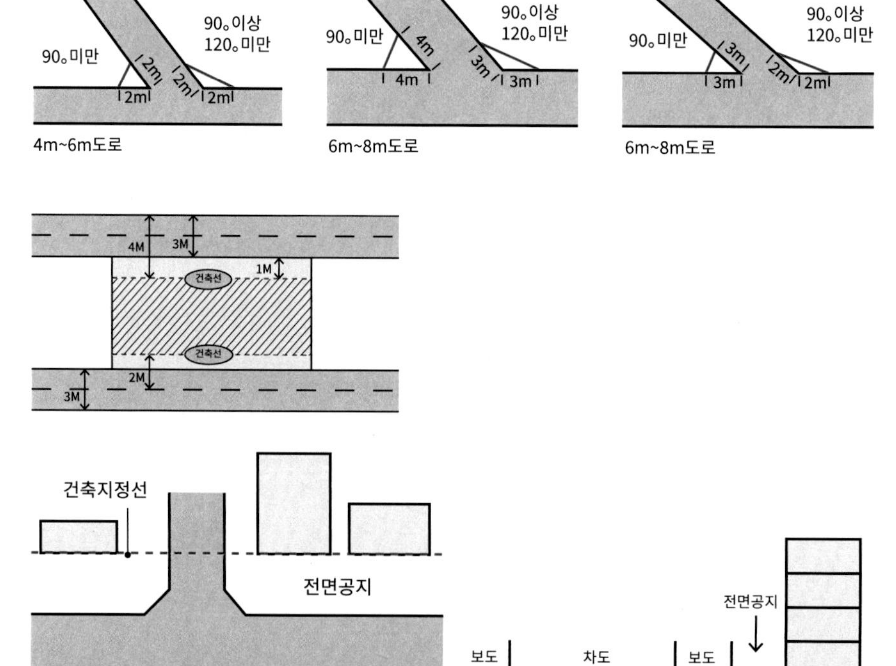

그림 3-32
도로의 너비와 교차각에 따른 건축선 후퇴 (예시)

그림 3-33
도로너비에 따른 건축선

◀ **그림 3-34**
건축지정선

▶ **그림 3-35**
건축한계선

• **건축가능 윤곽** building envelope

- 부지의 건축가능 윤곽은 법적 제한에 따라 지상에서 건축 가능한 범위를 나타낸다. 건축가능 윤곽은 수평으로는 건축선 후퇴, 수직으로는 정북방향 일조권 사선제한, 건축물의 높이제한, 고도제한 등으로 제한된다. 수직으로는 대지의 지표면과 도로면이 기준이 되는데, 경사나 표고차가 있는 경우 가상으로 지표면과 도로면을 정하여 기준으로 삼는다.
  • 지하층은 바닥으로부터 지표면까지의 평균 높이가 당해 층높이의 1/2 이상인 것을 가리킨다.(「건축법」제2조 제1항 제5호) 대지의 지표면에 고저차가 있는 경우 지하층 산정을 위한 지표면은 동법시행령 제119조제1항제10호의 규정에 의하여 건축물의 주위가 접하는 각 지표면 부분의 높이를 당해 지표면부분의 수평거리에 따라 가중평균한 높이의 수평면으로 본다

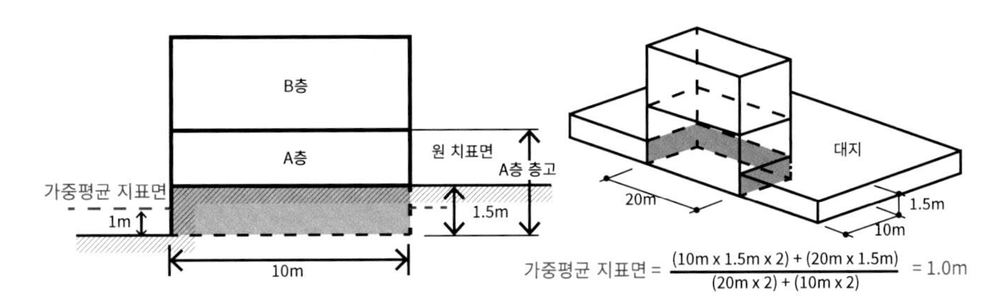

그림 3-36
지하층의 높이 구하는 방법
(가중평균 지표면 구하기)

• **건축면적** building area

건축면적은 건축물의 최외벽 중심선으로 둘러싸인 부분의 수평투영면적이다.(「건축법 시행령」제119조 제1항 제2호)

그림 3-37
건축면적

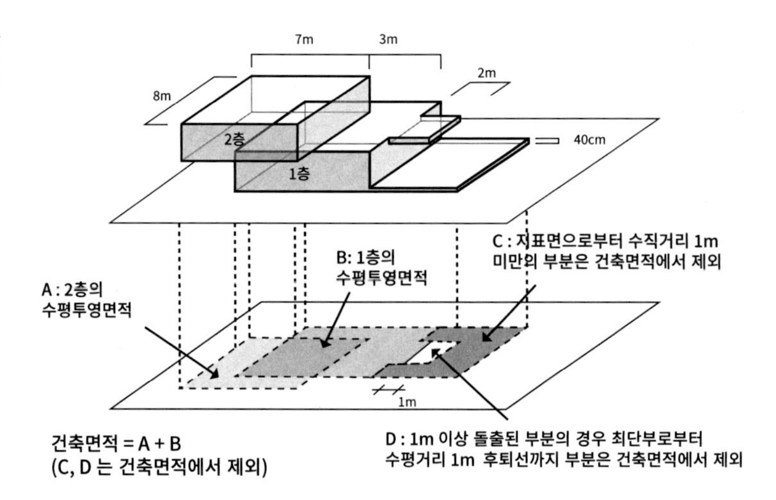

- **건폐율과 용적률** building coverage ratio and floor area ratio

- 건폐율 : 건축면적의 대지면적에 대한 비율을 말한다.(「건축법」제55조)
- 용적률/FAR(floor area ratio) : 건축물 연면적 중 지상층 연면적의 대지면적에 대한 비율이다. 용적률은 각 층의 바닥면적, 즉 외벽 중심선으로 둘러싸인 면적의 합계이다.(「건축법」제56조)

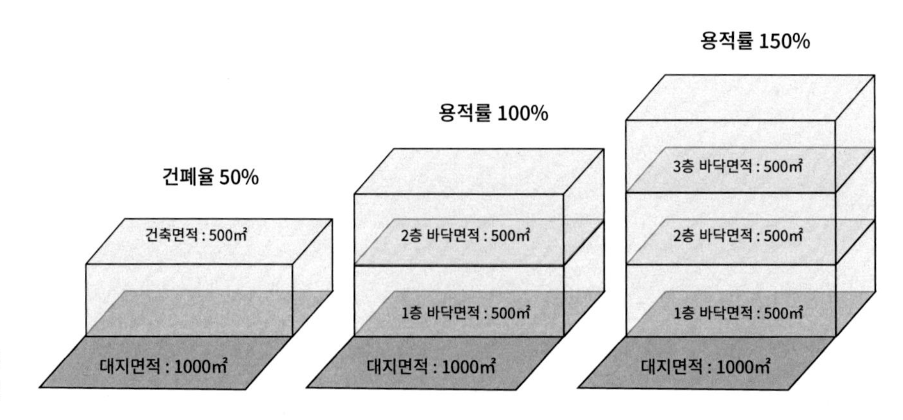

그림 3-38
건폐율과 용적률

- 「국토의 계획 및 이용에 관한 법률 시행령」 제 84조, 제85조에 의하면 용도지역에 따른 건폐율과 용적률의 최대한도를 다음 표 3-8과 같이 규정하고 있다. 그 한도 내에서 지자체마다 조례로 정하고 있다.

표 3-8
용도지역에 따른 건물밀도 한도

대지역	지역	소지역	건폐율	용적률
도시지역	주거지역	제1종 전용주거	50	50~100
		제2종 〃	〃	50~150
		제1종 일반주거	60	100~200
		제2종 〃	〃	100~250
		제3종 〃	50	100~300
		준주거 〃	70	200~500
	상업지역	근린상업	70	200~900
		일반상업	80	200~1300
		유통상업	〃	200~1100
		중심상업	90	200~1500
	공업지역	전용공업	70	150~300
		일반공업	〃	150~350
		준공업	〃	150~400
	녹지지역	보전녹지	20	50~80
		생산녹지	〃	50~100
		자연녹지	〃	〃
관리지역	보전관리지역		20	50~80
	생산관리지역		〃	〃
	계획관리지역		40	50~100
농림지역			20	50~80
자연환경보전지역			〃	〃

- 수직적 제한
  - 건축물 최고 높이는 도로변 건축물에 적용되는 경우가 있고 항공고도지구나 문화재보호구역의 고도 제한이 있다.
  - 층수 제한: 주로 최고 층수로 제한하며 지구단위계획의 경우 층수의 범위를

제시하기도 한다.

• 일조권 사선제한: 정북방향 일조권 사선제한으로 일반주거지역 및 전용주거지역에서 적용된다. 공동주택 일조권은 채광방향을 기준으로 단지 내에서 사선과 최소 이격거리로 적용한다.(「건축법 시행령」제86조 제1항)

그림 3-39
문화재 보호규제 사례
출처: 김영환, 2009

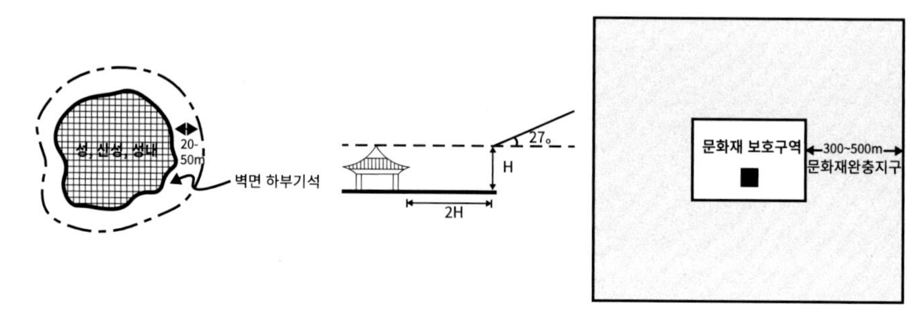

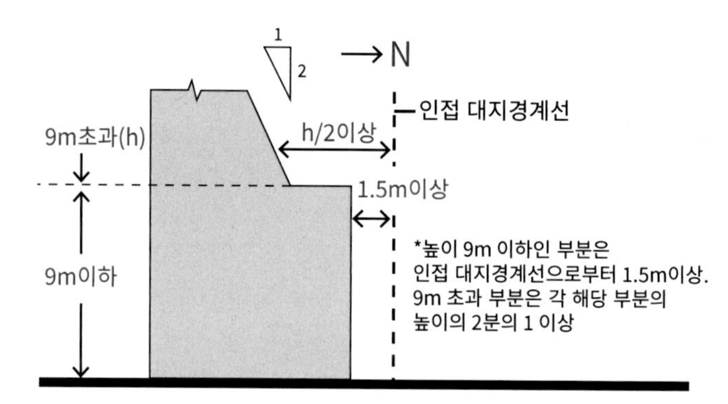

그림 3-40
일조권 사선 제한

• **대지내 공지**

- 공개공지 : 「건축법」제43조에 의한 공지로 지구단위계획에서 공지의 위치 및 조성방식 등 필요한 사항에 대해 별도 기준을 정한 대지내 공지이다.
- 전면공지 : 건축선 또는 벽면선에 의해 가로변에 선형으로 조성된 공지로서, 공개공지로 지정되지 않은 대지내 공지이다.

• **대지내 통로**

- 공공보행통로 : 보행자 통행을 위하여 일반에게 24시간 개방되어 이용할 수

있도록 대지 내 조성하도록 지정된 통로이다

- 보차혼용통로: 보행 및 차량의 통행을 위하여 일반에게 24시간 개방되어 이용할 수 있도록 대지 내 조성하도록 지정된 통로이다

표 3-9
대지내 공지 및 통로
출처 : 김영환, 2009

항목	목적	용어	형태/구조	적용 대상	제어 목표	기본 방향
대지내 공지 및 통로	휴식공간	공개공지	침상형	• 공공 지하공간과 연접한 필지	• 입체적 도시공간 확보 • 지하공간의 보행활성화 유도	• 지하 공공공지 확보로 지하철역사에서 콘코스 연결 유도 • 인센티브 제공
			쌈지형	• 간선 도로변 및 이면부의 보행 집중 지역	• 부족한 오픈스페이스확보 • 보행환경개선 • 가로변 보행자 휴게공간 확보	• 건축선 제어와 면적규제의 병용 • 전면공지 및 민간의 옥외공간과 연계유도 • 공공부문과 일체조성 • 공개공지 및 대지내 조경 활용 • 인센티브 제공
			일체형	• 공개 공지 초과 면적	• 적정규모의 휴게공지 확보	• 공지의 일체조성
			필로티		• 부족한 오픈스페이스 공급 • 가로변 보행환경개선	• 다른 형태보다 적은 인센티브 제공
	이동공간	전면공지	건축선의 후퇴	• 간선도로변필지 • 이면도로변필지	• 도로변 전면 공지활용에 의한 인도·도로의 확폭 • 공공부문과 일체형 유도	• 인도부속형 및 차도부속형 전면공지의 설치 • 인센티브 제공
		(실내) 공공보행통로	대지내 통로	• 주요시설과의 보행 연계가 필요한 필지	• 원활한 보행흐름 유도 • 보행환경 개선	• 주요시설에 대한 보행통로 확보로 접근성 향상유도 • 외부의 보행동선을 내부와 연결 • 인센티브 제공
		보차혼용통로	대지내 통로	• 보행 및 차량을 위한 도로의 개설이 필요한 필지	• 보행·차량의 원활한 흐름 유도 • 계획적 방법에 의한 통로 개설로 공공부담 저감	• 도로 개설이 필요한 경우 • 도시계획도로 개설에 따르는 공공의 부담 완화 • 인센티브 제공
		입체(공중/지하) 대지내 공공보행통로	대지내 통로	• 공공지하공간 연접대지 • 전·후면 도로간단차가 큰 대지	• 보행활성화 유도 • 보행환경 개선	• 입체적인 보행환경조성 • 원활한 보행동선체계 구축 • 인센티브 제공

• 조경면적률

조경면적은 대지에서 벤치, 파고라 등의 조경시설과 식재 면적의 합계이다. 대지조경면적률은 시설 종류에 따라 5% 또는 10% 이상으로 하게 되어 있다. 옥상조경면적은 면적의 2/3을 대지조경면적으로 할 수 있으며 법정조경면적의 1/2를 초과하지 못한다.(「건축법 시행령」제27조 제3항)

• 도로

법규상 도로는 건축법상의 도로, 그 외의 도로가 있다. 건축법상의 도로는 4m 이상 도로에 보행 및 자동차 통행이 가능해야 하며 그 외의 도로는 4m 미만 소로나 농로, 법규상의 보행자전용도로, 자동차전용도로, 고속도로, 고가도로, 지하도로 등이 있다.(「국토의 계획 및 이용에 관한 법률 시행령」제 2조 제 2항)

• 주차장

부설주차장은 옥외주차장, 건물내, 주차건물 등으로 계획하며, 별도 부지에 둘 경우에는 적절한 거리 내로 하도록 되어 있다. 주차장 규정은 지자체 조례에 따라 다르다.

• 지역권 easement

지역권은 타인 소유의 토지를 점유하지 않은 채로 누리는 민법상 권리이며, 협의, 구두약속, 관습적 사용 등으로 유효하다. 지역권의 종류에는 지상권과 편의권이 있다.

- 지상권 : 식재, 영농, 기타 사용을 위한 임차계약에 의해 성립된다. 소유주가 동의없는 경작을 방지하려면 울타리나 안내판을 설치하여 경작을 금지한다는 의사 표시를 해야 한다.
- 편의권 : 계약없이 누릴 수 있는 권리로서 일조권, 관습적 통행로, 빗물배수로, 기반시설 부설로 등에 대한 것이 있다. 관습적 통행로는 타인의 토지를 가로질러 통행하는 관습이 일정기간 동안 지속되면 토지소유자가 타인의 사용에 반대할 기회를 상실하게 된다. 토지에 전력선이나 매설공사가 행해지면 행위자는 소유권 없이 편의권을 갖게 되는 것이다. 일조권이나 조망권 같은

경우 부분적 인정 또는 불인정 판례가 있는데, 케이스마다 다르게 적용되고 있다.

- **제한적 계약** restrictive covenants

토지소유자가 매각 후에도 토지가 특정 성격과 가치를 지니도록 토지이용 또는 건축내용에 대해 조건을 내거는 경우가 있다. 예를 들어 전원주택단지 개발에서 개발자가 토지 이용에 관한 제한적 계약을 하여 추후의 모든 매수자에게 적용되도록 한 경우가 있다. 그러나 이러한 조항은 매수자가 원인무효라는 소송을 하게 되면 뒤집힐 가능성도 있다.

- **공공기반시설** public infrastructure

공공기반시설에는 위생 하수sanitary sewage 및 음용수potable water와 같은 순환 시스템과 유틸리티 네트워크가 포함된다. 기존 교통 및 유틸리티 네트워크의 위치는 공통적인 설계 결정 요인이다. 부지 입구의 위치는 기존 공공 기반 시설의 위치에 영향을 받는다.

▍동선 Circulation

교통수단의 접근성과 동선배치 상태를 파악하기 위해 대상 단지 내외의 교통 체계를 조사해야 한다. 조사항목으로는 각종 교통수단의 배차시간, 배치 구조, 소요 시간, 교통 요금, 가로망 패턴, 도로의 서비스 수준, 도로 종류와 기능, 보행밀도, 보행환경, 교통량, 교통운영 및 관리 상태 등이 있다. 단지 내의 교통은 거시적 교통 체계와의 원활한 연계가 이루어져야 한다. 이를 위해 교통에 대한 조사 및 분석은 계획부지 내외로 구분하여 대상 단지 내의 교통체계를 조사하고, 계획대상지에 접근할 수 있는 교통수단과 동선배치 상태를 조사한다.[7]

- 동선은 광역 스케일regional scale 과 대지 스케일site scale로 분류하여 조사한다. 광역 스케일의 차량 동선, 버스 및 지하철 등의 대중교통 동선을 조사하고, 대지 스케일에서는 보행 동선 및 차량 동선의 접근성을 분석한다.
- 차량 동선의 경우 도로, 진입로, 주차장 위치, 기존 평균 일일 교통량, 차량 순환 패턴 등을 파악한다.
- 보행 동선의 경우 보행자의 유형에 따라 거주자, 방문객 등으로 분류하여 조사한다.

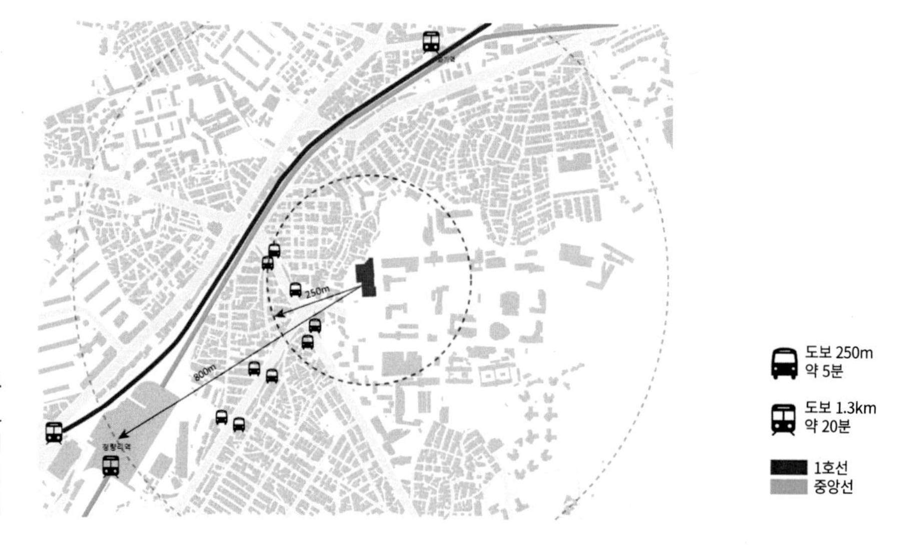

그림 3-41
광역 스케일 동선_
서울시립대
100주년기념관 일대
(7장 참조)

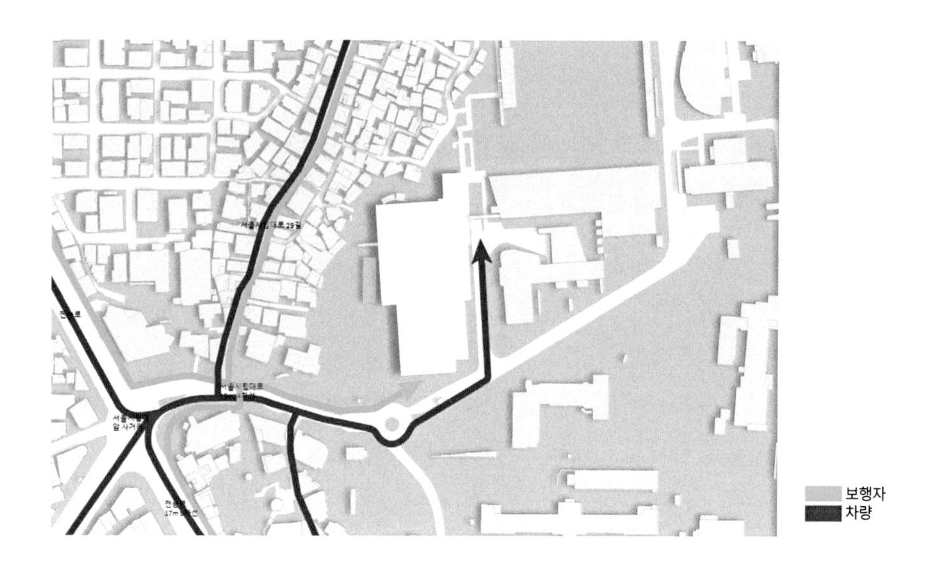

그림 3-42
대지 스케일 동선_
서울시립대
100주년기념관 일대
(7장 참조)

▌지원시설 Utilities

지원시설은 상수도, 하수도, 전력, 통신, 가스 등을 포함하며, 이런 시설은 공공도로에 매설 또는 가설된다. 부지 목록에서 새로운 개발의 위치를 결정할 공공지원시설 시스템의 위치를 이해하는 것이 중요하다. 설비시스템은 공공도로에서 인입하여 부지 내 배치해야 한다. 단지 규모 개발에서는 모든 설비선, 상하수, 전력, 통신 관거를 공동구에 넣어 함께 유지 관리하는 것이 효율적이다.

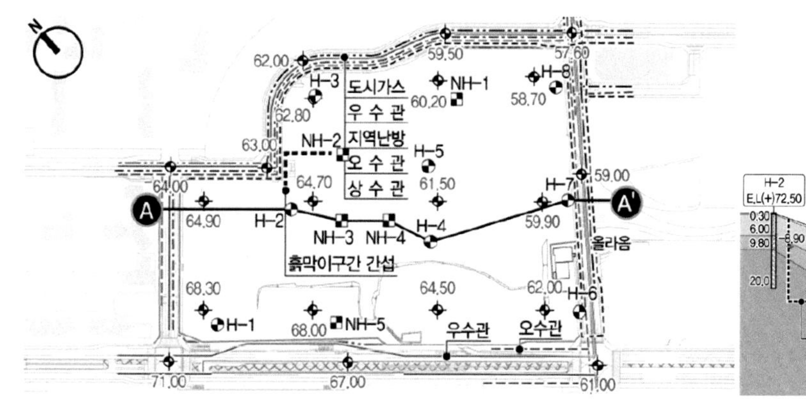

그림 3-43
지원시설 평·단면도 (예시)

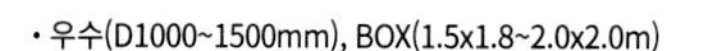

- 우수(D1000~1500mm), BOX(1.5x1.8~2.0x2.0m)
- 오수, 상수:오수(D400mm), 상수(D200~600mm)
- 지역난방, 도시가스:난방(D500mm), 가스(D150mm)

역사적 자원 Historic Resources

대상 부지에 역사적 자원이 있는 경우 그 중요성을 인식하고 존재하는 역사문화재에 대한 면밀한 분석이 필요하다. 그 자원에 대해 위치, 유형, 역사적 중요성, 이전 토지이용 등에 대한 조사가 이뤄진다.

역사문화새는 유형유산과 무형유산으로 나누어 조사할 수 있는데, 유형유산에는 역사적 건조물, 기념비, 기념탑 등이 있고, 무형유산에는 지역에 존재하는 상징성과 이미지, 무형문화재 등이 있다. 이러한 역사문화재의 보존을 통하여 부지의 고유한 특색 및 역사성을 살리고, 부지 내 어메니티를 제고하는 기회로 삼을 수 있다.[8]

기존 시설과 주변 컨텍스트 Existing Facilities and Context

- 계획부지가 나대지라 아닌 경우 부지 내 존재하는 건물의 용도, 규모, 노후도, 구조, 저장물, 수목 등에 대한 조사가 필요하다.
- 가로경관의 규모 : 주요 가로변 건물(또는 구조물) 사이에 발생하는 문제로서, 신축건물의 높이와 가로변 전면폭의 상호작용에 의한 인근 기존 건물과의 조화(근린규모) 및 인간적 규모 형성을 위한 중요한 요소이다.
- 건축적 조화 : 경관의 총체적 분위기를 다루는 정성적인 기준으로 건축물이 경관과 이루는 조화 여부를 평가한다. 이때, 부지와 주변지역의 조직이나 건물 매스의 조화뿐만 아니라 기존 건물의 파사드 요소들을 창조적으로 재해석하여 구현하는 것이 중요하다.

감각 Sensory Perception

사람의 감각, 특히 시각, 청각, 후각은 주변 환경에 대한 정보를 전달하는 주요 수단이다. 대부분의 사람들은 시각을 통해 대지를 인지하게 되는데, 시각적 자원에 대해 주로 가시성Visibility과 시각적 품질visual quality로 평가하게 된다. 하지만 청각과 공기질과 관련된 측면도 사이트 디자인에 있어 매우 중요하다.

| 시각

• 가시성 visibility

가시성은 대지로부터 대지 밖을 바라볼 때와 대지 밖에서 대지를 바라볼 때를 동시에 고려한다. 따라서 대지 밖의 주요 특징들off-site features과 대지 내의 특징들on-site features을 매핑하여 분석한다.

Visibility from the site

View 1

View 2

그림 3-45
대지 밖에서 대지를 바라볼 때 _ 서울시립대 100주년기념관 (7장 참조)

Visibility to the site

View 1

View 2

• **시각적 품질** visual quality

시각적 품질에 대한 평가에는 형태, 비율, 선, 색상 및 질감 등이 포함된다. 예를 들어 캠퍼스 마스터플랜을 할 때 산 조망에 대응하기 위해 주요 캠퍼스 개방공간에서 산 조망선을 보존하도록 고려하는 것이 중요하다

워싱턴 D.C.는 국회 의사당 건물의 시각적 중요성을 유지하기 위해 주요 거리를 따라 건물 높이를 제한한 대표적인 예이다. 서울에 세운상가가 위치한 세운재정비촉진지구의 경우 종묘로부터 남산으로의 시각적 연결visual linkage을 고려한 계획이 다수 제안되기도 하였다. (그림 3-47 참조)

그림 3-46
시각적 랜드마크 역할 _ 워싱턴 D.C. 국회 의사당 건물
출처: ©2003 WashMonument WhiteHouse by U.S. Air Force Tech. Sgt. Andy Dunaway @wikipidia commons

그림 3-47
시각적 연결 _세운재정비촉진지구
출처: ©2010 세운재정비촉진지구 조감도 @museum.seoul.go.kr

소음 Noise

소음에는 백색소음white noise이라고 일정한 주파수를 갖는 자연의 소리도 있지만, 일반적으로 원하지 않는 소리, 불쾌한 소리를 의미한다. 소음진동관리법에 의하면 소음이란 '기계·기구·시설, 그 밖의 물체의 사용 또는 환경부령[1]으로 정하는 사람의 활동으로 인하여 발생하는 강한 소리'를 말한다. 이러한 소음은 개인의 신체적·정신적·사회적 기능을 일시적 또는 장기적으로 저하시킬 수 있고 나아가 사회적 문제를 발생시킬 수 있다. 특히 소음은 수질·대기질 등과 같이 광역적으로 영향을 미치는 생활 공해와는 달리 인접 주민들에게만 영향을 미치는 특성을 지니고 있다.

표 3-10
소음의 정도
출처 : Lynch and Hack, 1984

데시벨(dB)	내용
0	듣기 시작 하는 한계점
10	잎들이 바스락거림
20	조용한 시골집에 들어오는 소리, 가벼운 속삭임
30	조용한 아파트에 들어오는 소리
40	조용한 사무실
50	시끄러운 사무실, 일반 부엌의 잔잔한 소음, 지속된 대화에 간섭될 정도
60	일반적인 대화 정도, 소음이 거슬리게 되는 정도
70	15m 정도의 거리에서 자동차가 80km/h의 속도로 지나갈 때의 소리, 전화상으로 이야기하는 것이 어려울 정도
80	바쁜 도시의 거리, 화나게 하는 소음
100	잔디 깎는 기계 소리, 화물 기차 옆에서의 소리, 청각을 잃을 수 있는 위험 수준
110	공기 해머, 가까운 곳에서 치는 천둥소리
120	증폭시킨 록 음악
130	30m 상의 제트 비행기
135	통증을 느끼기 시작하는 한계점

- 소음은 강도intensity와 주파수frequency로 표시되는데 강도는 데시벨(dB)로 표시된다. 소음은 측정장비를 이용하여 실측을 하거나, IMMI, LimA, SoundPLAN, Cadna 등의 프로그램을 이용하여 소음발생원 자료와 주변 지형이나 장애물 등을 고려한 시뮬레이션을 통해 분석한다.[9]

그림 3-48
소음을 줄이기 위한 소음완충지대 활용

- **소음지도 제작**

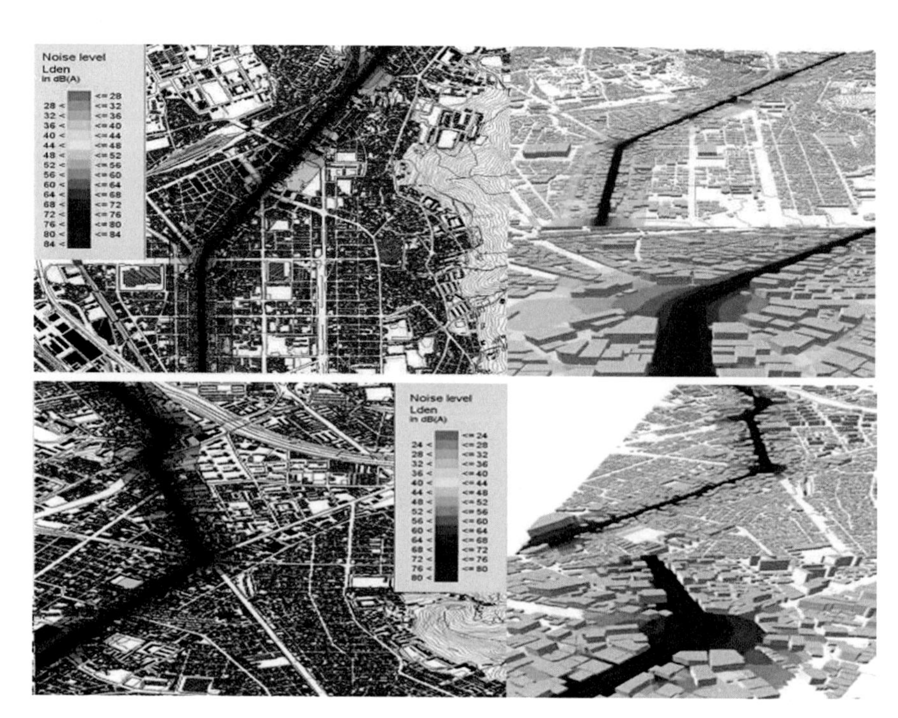

그림 3-49
부산시 도로교통 소음지도
출처: 동신대학교 산학협력단, 2014

| 냄새 Odors

- 냄새가 분석요인으로 중요한 주요 부지는 대규모 공업지구, 쓰레기 소각장, 하수처리장, 축사시설 부근이다.
- 냄새 영향 지도odor impact map 제작 및 냄새 영향 평가odor impact assessment : 공장의 굴뚝 혹은 배출구, 면 발생원 (하수처리장, 혐기성 폐수저류조, 매립장 등), 일시적인 악취 발생원(건물로부터의 확산 또는 쓰레기 야적장에서의 악취 등)에서 발생된 악취의 최대 착지 농도를 예측한다.

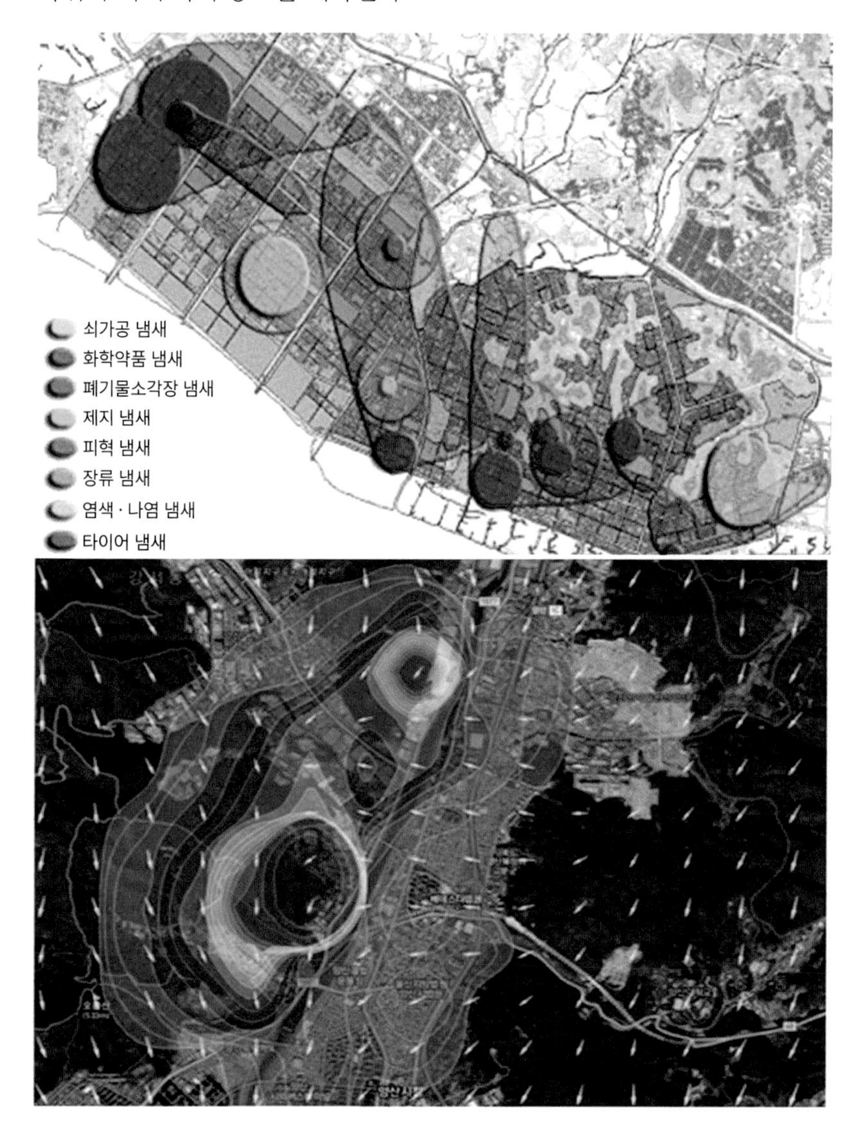

그림 3-50
냄새 유형별 지도_시화, 반월공단
출처: 서울시, 2014

그림 3-51
기상 환경에 따른 실시간 악취 모델링
출처 : 서울시, 2014

▌사이트 인벤토리 종합도

앞에서 설명한 속성들에 대한 사이트 자료 수합을 한 후 종합도를 작성한다. 작성 시 유념할 점은 대상지 분석에 중요도가 높은 속성 및 요소들에 대한 자료 수합 및 종합도가 필요하다는 것이다.

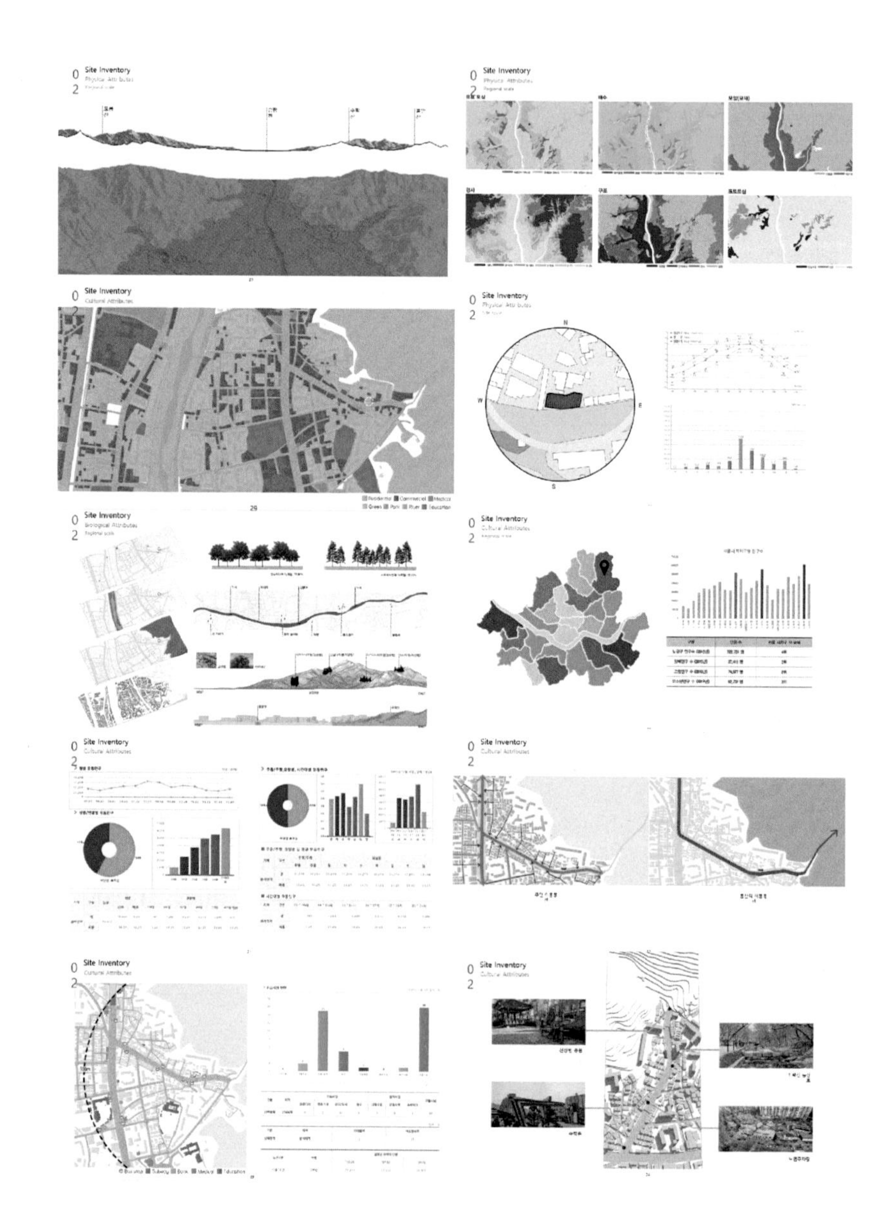

그림 3-52
사이트 인벤토리 종합도(예시) _ 수락행복발전소 (7장 참조)

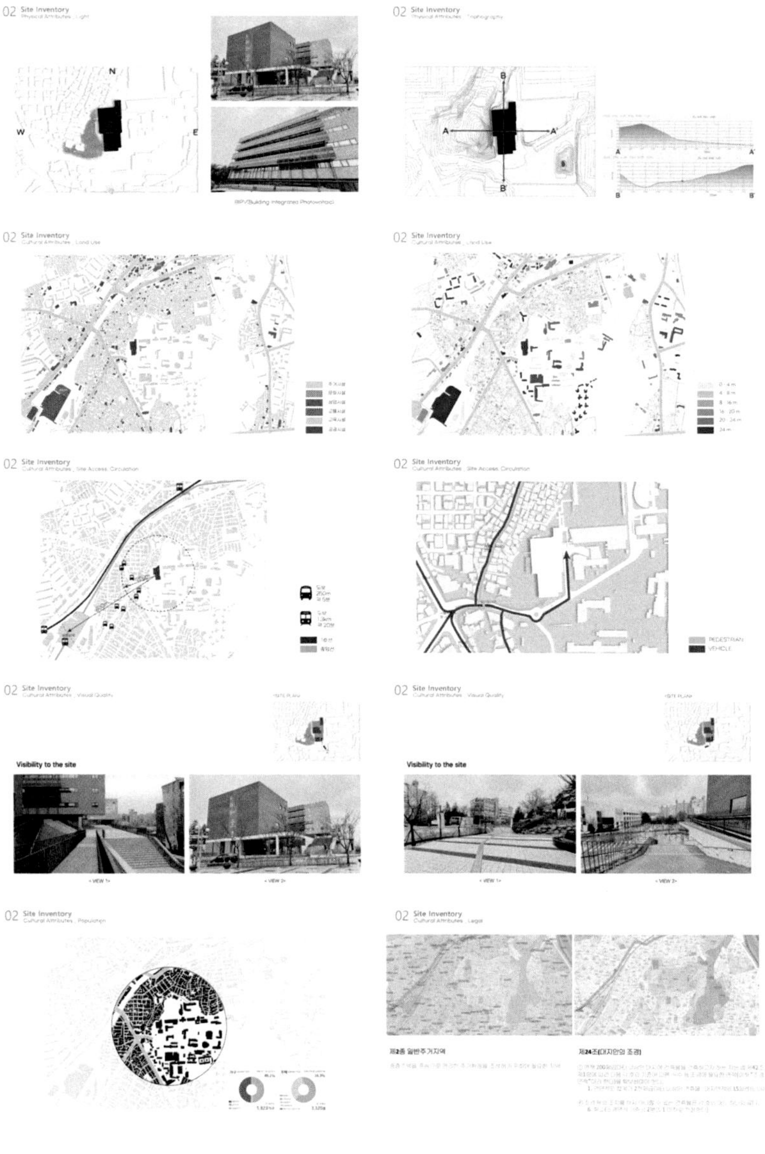

그림 3-53
사이트 인벤토리 종합도(예시)_
서울시립대 100주년 기념관
(7장 참조)

04 사이트 분석
Site Analysis

"A thorough site-and contextual-analysis
must be at the heart of any development...
essential step in creating
more livable and sustainable built environments"

- Kevin Lynch

■ 사이트 분석 방법론 Site Analysis Methodology

▌사이트 분석이란?

사이트 분석이란 현재의 대지 상황과 미래의 대지 상황을 예측하여, 대지 내·외부의 이슈들을 축출·정리·발전·개념화하여 디자인에 반영하는 단계이다.

앞 장에서 진행된 사이트 인벤토리, 즉 현황 조사를 통해 수합한 자료는 분석을 거치지 않은 단순한 정보raw data상태이다. 이를 통해 대상 부지의 계획에 필요한 정보를 추출해 내기 위해서는 현황에 대한 체계적이고 심도깊은 분석이 이루어져야 한다. 사이트 분석은 부지 환경이 지니는 잠재력과 문제점을 파악함으로써 사이트 디자인에 기초가 되는 방향을 설정할 수 있다는데 의의가 있다. 현황 분석을 통해 단지의 기본성격과 변화 가능성을 정리하고, 대상지의 잠재력과 가치는 물론 개선해야 할 문제들과 제약조건들을 이해하게 된다.

분석 과정에서는 광역 스케일regional scale에서 출발하여 대지 스케일site scale로 좁혀가는 과정을 거치게 된다. 이 과정에서 지도·다이어그램·도표 등과 함께 현장 답사를 통한 확인과 해석이 포함된다.

대지는 내부 및 외부가 서로 복잡하게 뒤얽혀 있는 것에 대한 디자이너의 인식이 필요하고 대지의 특성을 깨달아 계획 시 이를 종합하여 배치 혹은 건물 디자인에 반영한다.

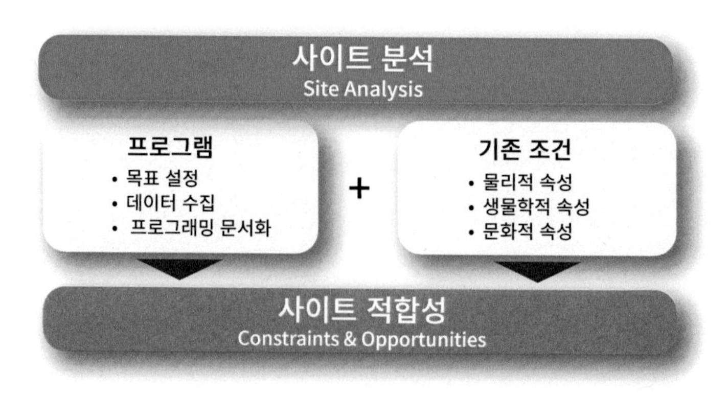

그림 4-1
사이트 분석-특정 프로그램에 대한 부지의 조건을 평가하여 사이트 적합성을 도출하는 작업

사이트 분석 프로세스

대지 분석 요소간의 관계에 대한 파악

대지 분석에 대한 3가지 요소는 지형, 건축물, 사용자로 연속적인 삼각관계로 이루어져 있다.

지형은 위치, 등고, 배수, 경계, 식생 등이고 사용자는 거주자, 업무자, 임차인, 방문객, 소유자 등이 해당된다.

건축물은 외관, 진입로와 출입문, 내·외부공간의 관계 등을 파악할 필요가 있다.

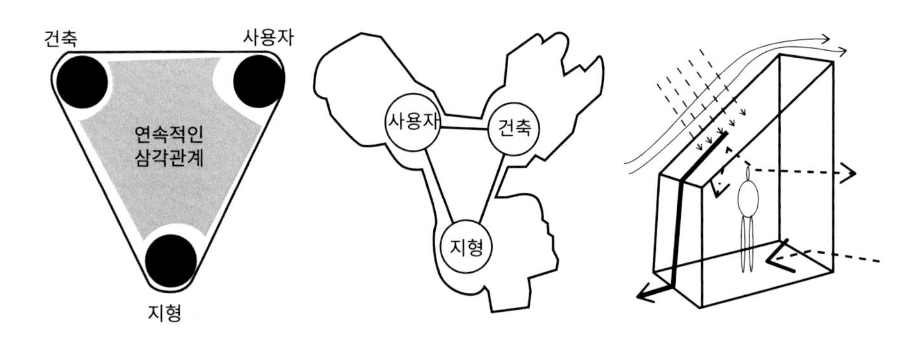

그림 4-2
대지 분석 요소간의 관계

프로젝트의 특성, 요구내용, 주요 이슈에 대한 고려

프로젝트의 본질, 건물의 존재 이유와 목표 등을 고려하여 프로젝트를 수행하는데 필요한 정보가 어떠한 것이 있는지 검토한다.

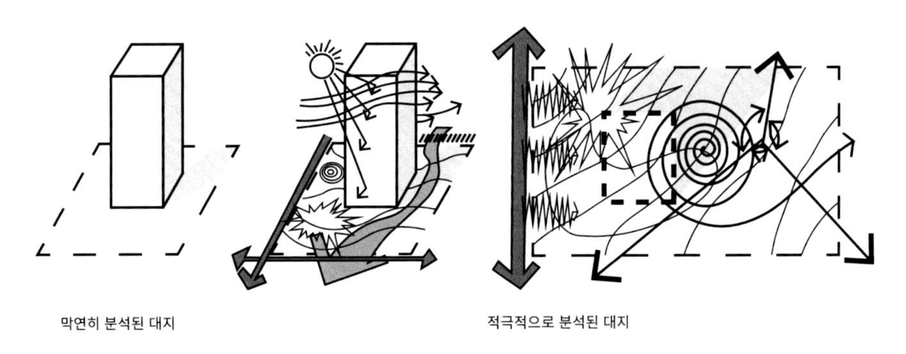

그림 4-3
대지 분석 프로세스

1차 자료에 의한 분석

그림 4-4
현장 답사 정보 수집

- 일단 현장에서의 관찰을 통한 현장 조사, 면접과 설문을 통한 조사와 같이 조사자가 직접 정보를 수집하는 1차 자료를 수집하는 것이 중요하다.
- 대지를 직접 체험하면서 정보를 수집한다. 대지를 직접 살펴보고 대지의 지형, 경계를 걸어보고, 시야를 체크하고, 부지의 편익성 등에 관한 정보를 수집한다.
- 대지 분석 체크 리스트를 이용하여 누락 정보가 없도록 한다.
- 사용자 인터뷰와 설문조사 등을 통해 정보를 수집한다.
- 최근에는 현장에서 드론 촬영에 의해 정보를 수집하기도 한다.

그림 4-5
드론 촬영에 의한 사이트 정보 수집_
세종시 조치원읍

2차 자료에 의한 분석

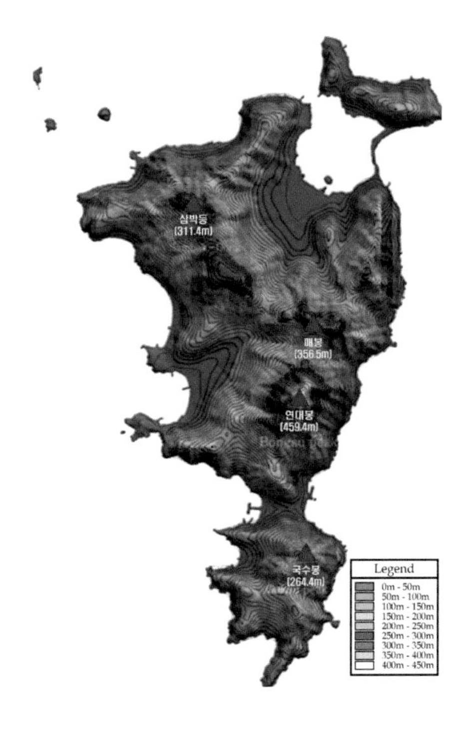

그림 4-6
GIS-등고선 및 DEM 생성 _가덕도

- 2차 자료는 문헌 및 통계, 도면 자료 등을 활용하는 것으로, 정보를 분석할 경우 각 자료가 지니는 정밀도에 따라 해석이 달라질 수 있기 때문에 주의해야 한다.
- GIS Geographic Information Systems에 의한 분석: GIS는 지리정보시스템의 한 종류로, 예를 들어 수치지형도를 활용하여 Digital Elevation Model DEM or Triangled Irregular Network TIN을 생성한 후, 이를 이용하여 표고, 경사도, 향, 절성토, 수계와 같은 기본적인 지형분석뿐만 아니라 다양한 공간분석기능을 이용하여 대상지의 현황을 용이하게 파악할 수 있다. 특히, 필지 단위까지의 정보가 구축되어 있는 한국토지정보체계 Korea Land Information System, KLIS를 이용하여 대상 단지에 대한 보다 구체적인 분석이 가능하다.[10]

수집된 정보에 대한 분석과 정리

수집된 정보를 간결하고 이용하기 쉬운 형태로 다이어그램 등으로 정리하고, 사이트 디자인의 의사결정에 긴요한 정보를 도출하는 단계이다. 대상지의 성격, 기본적인 잠재력과 가치뿐만 아니라 개선해야 할 문제들과 제약조건들도 파악한다.

분석은 새로운 정보를 수용할 수 있도록 빈번한 조정 작업이 뒤따라야 하며, 설계가 진행되고 있는 한 계속되는 것이 바람직하다.

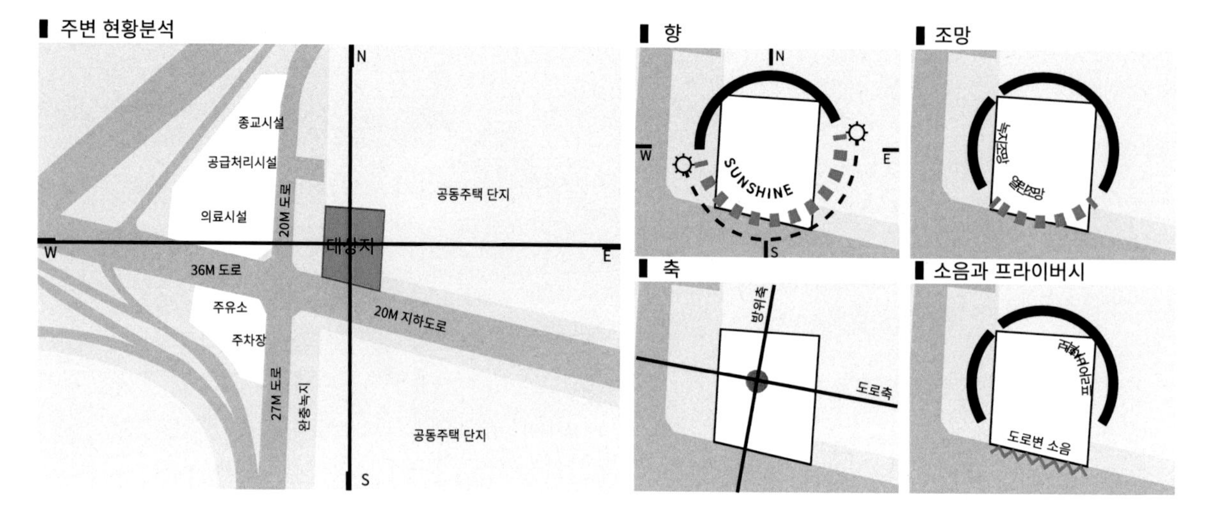

그림 4-7
주변 현황분석 (예시)

■ 적합성 분석 Suitability Anaysis

사이트의 적합성 분석은 사이트의 제약조건과 기회요소를 분석하여 개발의 적합성을 파악하고 프로그램을 공간적으로 조직하는데 영향을 미친다. 기회요소는 자연 자원, 문화 자원 등 특정 용도를 권장하는 사이트 내·외부의 조건을 의미하며, 제약조건은 사용을 제한할 수 있는 특성으로, 예를 들어 가파른 경사 또는 민감한 야생 동물 서식지가 이에 해당된다.

기회 및 제약을 통한 적합성 분석은 다음을 수행해야 한다.

- 부지 및 인근 지역 분석에 대한 간략한 요약을 제시하고 개발 측면에서 주요 기회와 제약조건을 식별한다.
- 기회이자 제약인 요소와 상충되는 이슈를 식별한다.
- 상충하는 이해관계에 대한 절충안을 설명한다.

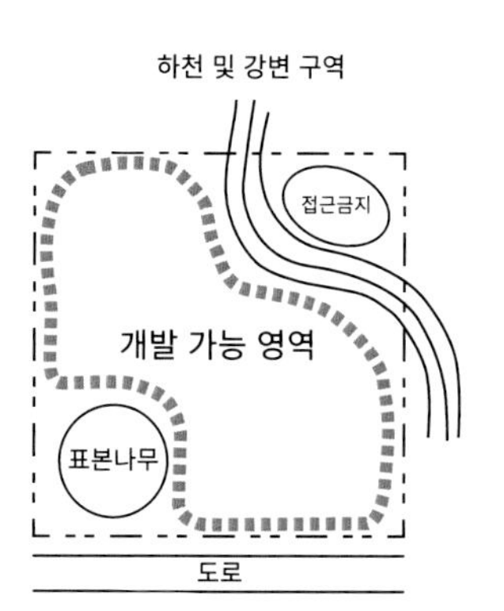

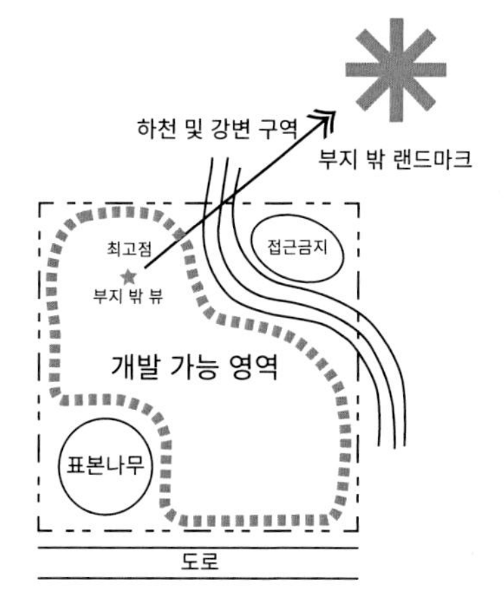

그림 4-8
사이트 제약조건과 기회요소를 통한 적합성 분석
출처: LaGro Jr, 2008

▌사이트 제약조건 Site Constraints

| 물리적 제약조건

- 사이트 제약조건 중 급경사, 배수가 안 좋은 지역, 토양 침식, 지표수 오염, 습지wetlands, 야생동물 서식지 등 근본적으로 난해한 사이트일 경우 더욱 세심한 고려가 필요하다.

- 물리적 제약조건을 극복한 사례
  일본 고베에 안도 타다오가 설계한 로코 하우징Rokko Housing의 경우 60도의 급경사지인 제약조건을 성공적으로 극복하여 지은 대표적 사례이다. (그림 4-9 참조)

자연재해

• 지진, 허리케인과 같은 자연재해는 예측하기 힘들지만 고려해야 할 제약조건이다. 특히 지진의 경우 지진 강도나 빈도를 분석하여 그에 대응하는 내진설계를 통해 피해를 최소화할 수 있다.
홍수의 경우 100년 지도와 최근 범람 추이를 기반으로 범람 평균높이 이상 건축물을 띄워 짓는 방법 등이 있다.

• 자연재해를 극복한 사례

독일 함부르크의 신개발지역인 하펜시티Hafen City의 경우 엘베 강에 위치한 지리적 특성 때문에 홍수에 의한 방재가 도시의 계획과 설계상의 우선적 목표가 되었다. 하펜시티는 2~3년에 한 번씩 범람이 발생하기 때문에 일정 수위의 침수를 전제로 건축물 및 시설을 설계하였다. 주거지역의 경우 1층은 상가 등으로 사용하고 2층 이상 주거용도로 사용하면서 1층은 침수시 주요시설을 보호하기 위해 방수문을 설치하고 모든 건물과 도로는 해수면으로부터 8미터 위의 인공지반에 건설했다.(그림 4-10 참조)

법적·문화적 제약

• 새로운 개발이 주변의 역사적·문화적 맥락과 조화를 이루는 것이 중요하다. 따라서 기존 보행동선, 교통, 건축적 맥락, 가로경관streetscape 등이 제약조건이 될 수 있다.

• 문화적 제약조건를 극복한 사례

맥코믹 트리뷴 캠퍼스 센터McCormick Tribune Campus Center는 일리노이 공과 대학의 메인 캠퍼스에 위치하는데 대상 부지를 지나가는 그린 라인Green Line선로의 소음에 대한 해결책으로 건물 위를 지나가는 스테인리스 스틸 튜브가 530 피트 (160m) 구간의 트랙을 둘러싸서 건물 사이에 전달되는 진동을 최소화했다.
(그림 4-11 참조)

그림 4-9
로코 하우징(Rokko Housing)
◀ 건설 전
▶ 건설 후
출처:https://protocooperation.tistory.com/337

그림 4-10
하펜시티(Hafen City)
◀ 건설 전
▶ 건설 후
출처:yumpu.com/de/document/view/6097506/sturmflutschutz-in-hamburg-g-hochwasser

그림 4-11
맥코믹 트리뷴 캠퍼스 센터 (McCormick Tribune Campus Center)
◀ 건설 전
▶ 건설 후
출처: ©(2017 2048 @https://www.oma.com/projects/iit-mccormick-tribune-campus-center)

사이트 기회요소 Site Opportunities

- 사이트 기회요소는 맥락적 접근contextual approach에서 비롯된 장소성sense of place, 자연 자원의 보전, 문화적 유산 등이 포함된다.

- 맥락적 접근은 의미있는 장소 또는 좋은 이웃을 형성하는 디자인 윤리이다. 이러한 접근에 기인하여 장소성을 유지하거나 고양시키는 방향을 사이트의 기회요소로 잡는 전략이 중요하다. 맥락적 캐릭터에 대한 분석에는 다음과 같은 요소들이 포함된다. 위치, 규모, 용도, 시간에 따른 대지의 변화, 동선, 고유 지형, 식생, 그리고 건물의 크기, 매스 및 배치 등이다.

- 장소성
  - 장소성은 기본적으로 사람들이 느낄 수 있는 그 장소의 독특한 정체성을 의미한다. 장소성의 형성은 살기 좋고 퀄러티 높은 건축 환경을 설계하는 기본 원칙이다. 장소성은 여러 요인에 기인하여 형성되지만 특히 주변 맥락에 대응하는 것이 중요하다.
  - 장소성은, 각 유형에 해당하는 장소의 물리적, 사회·문화적 특성을 고려하여 역사적, 상징적, 문화적, 자연적 장소성으로 분류한다.
    역사적 장소성은 국내의 경복궁, 북촌, 인사동이나 그리스 아테네폴리스 등을 예로 들 수 있고, 상징적 장소성은 서울광장, 광화문광장, 뉴욕 타임스퀘어 등 시민 의견을 포현하거나 월드컵 경기, 새해 등 중요 행사를 공유하려고 모이는 상징적인 장소로 사람들이 인지하는 곳을 의미한다. 문화적 장소성은 다양한 볼거리로 인한 고유한 문화적 특성을 지니는 장소로, 대학로, 이태원, 시카고 밀레니엄 파크 등이 그 예이다. 자연적 장소성은 북한산, 서울숲, 한강, 뉴욕 센트럴파크 등 자연적인 아름다움을 경험할 수 있는 장소이다. (그림 4-12, 4-13, 4-14 참조)

그림 4-12
역사적 장소성_북촌 한옥마을
출처: https://commons.wikimedia.org/wiki/File:Bukchon_Hanok_Village_%EB%B6%81%EC%B4%8C_%ED%95%9C%EC%98%A5%EB%A7%88%EC%9D%84_October_1_2020_15.jpg

그림 4-13
상징적 장소성_서울광장
◀ 평소 전경
▶ 2002년 월드컵 당시 전경
출처: (좌) https://ko.wikipedia.org/wiki/서울광장 (우)http://www.newsdaily.kr/news/articleView.html?idxno=87761/ 문체부

그림 4-14
문화적 장소성_
시카고 밀레니엄 파크
출처: Millennium Park Chicago@httpswww.flickr.comphotos131880272@N0648756480478

■ 통합적 분석 Integrated Analysis

▌부지종합분석

• 부지 계획 및 설계를 위해 이루어진 자연환경, 인문·사회환경, 경관 등 각각에 대한 분석결과 자체도 중요하지만, 이를 종합하여 대상단지의 총체적인 문제점, 잠재력, 기회요소 및 제약요소를 분석하는 것이 필요하다. 이를 위해 계획대상지의 전체적 현황을 총체적으로 파악하고, 주요 조사·분석사항을 누락시키지 않도록 하기 위해 자연환경, 인문환경, 관련계획 및 법적 측면 등으로 구분하여 종합체크리스트를 작성한다.[11]

• 종합체크리스트는 경사, 표고, 향 등 각 부문별 분석결과를 병렬식으로 나열하는 것도 가능하지만, 각 부문별 도면에 적절한 가중치를 부여하고 이를 중첩overlay함으로써 대상지의 종합적인 분석결과를 도출할 수 있다. (그림 4-15 참조)

• OPP & CON : 기회요소opportunities와 제약요소constraints를 OPP와 CON이란 약어로 핵심내용과 함께 다이어그램의 형태로 작성할 수 있다. (그림 4-16 참조) 주로 미국에서 많이 쓰는 종합 분석 다이어그램으로, 일목요연하게 사이트의 기회요소와 제약요소를 정리하여 잠재력을 분석하고 사이트 디자인을 계획하는데에 도움이 된다.

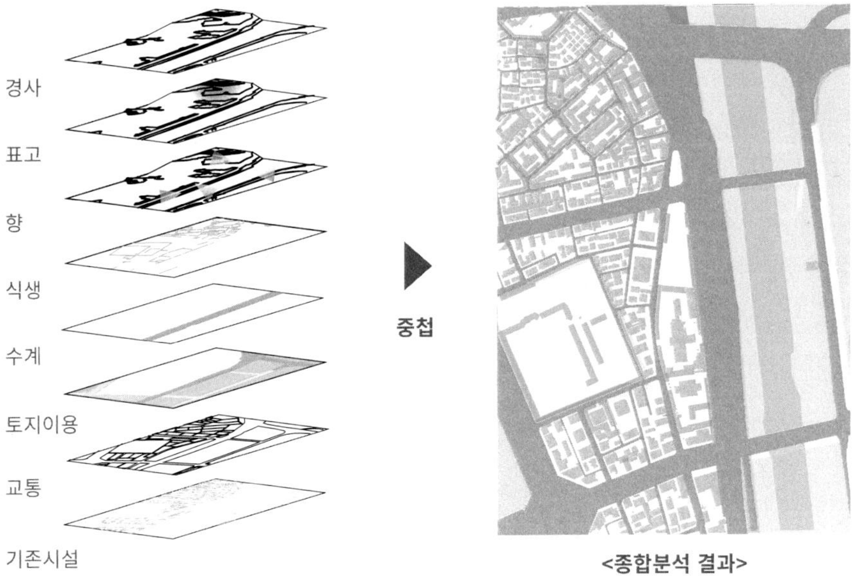

경사

표고

향

식생

수계

토지이용

교통

기존시설

중첩

<종합분석 결과>

그림 4-15
GIS를 활용한 중첩분석 (예시)

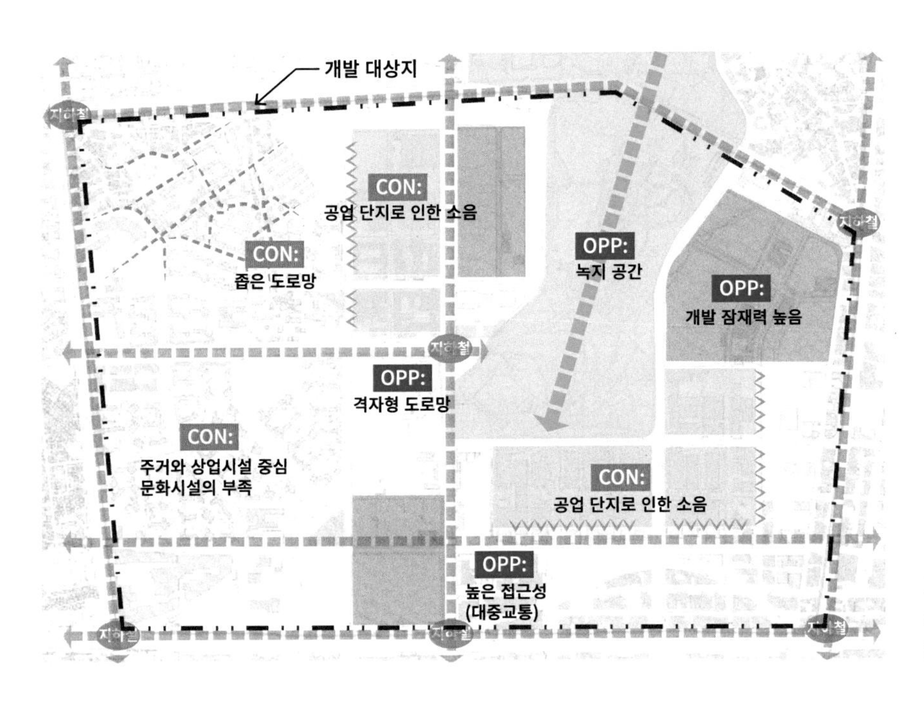

그림 4-16
기회요소와 제약조건
OPP & CON 분석 (예시)

▍SWOT 분석

대상 부지에 대한 종합적인 분석을 바탕으로 SWOT 분석을 실시할 수 있다. SWOT 분석이란 현재 계획부지가 가지고 있는 자연환경, 역사·문화적 유산 등 내부환경의 강점strength과 약점weakness, 그리고 향후 전개될 사회·경제적 여건변화와 도시 및 지역적 여건변화 등 외부환경의 기회요인opportunity과 위협요인threat을 분석하는 것이다. SWOT 분석결과에 기초하여 강점 및 기회요소는 강화하고 약점 및 위협요인을 극복하는 전략을 세우고 계획방향을 설정한다.

그림 4-17
SWOT 분석을 통한 계획방향 설정

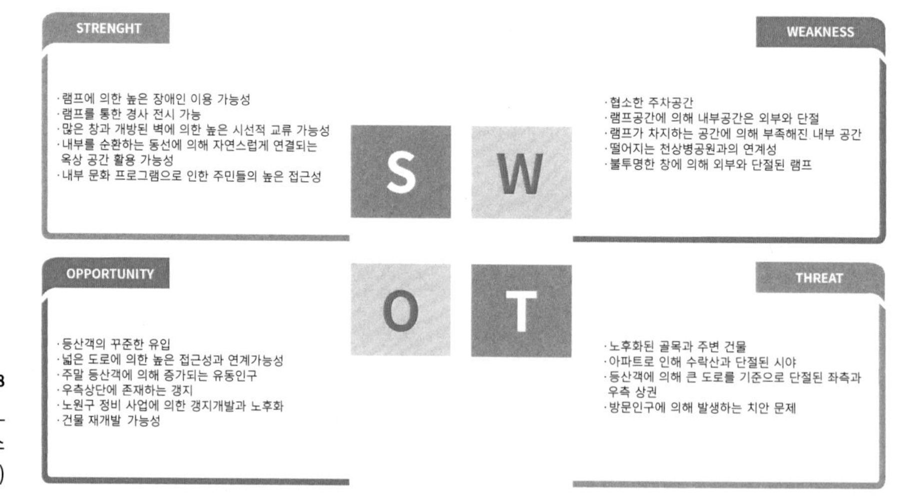

그림 4-18
SWOT 분석(예시)_
수락행복발전소
(7장 참조)

▌사이트 분석 종합도

앞에서 설명한 OPP & CON 분석, SWOT 분석을 통해 사이트 분석 종합도를 작성한다. 이는 사이트 디자인을 위해 사이트의 적합성을 요약하는 중요한 단계이다.

그림 4-19
사이트 분석 종합도 (예시)_ 서울시립대 100주년 기념관 (7장 참조)

03 Site Analysis
SWOT · Strength

1. 기존 건물의 일부를 유지함으로써 역사성과 상징성 보존

2. 지역 주민과 학생의 동선 분리와 효율적인 프로그램 배치

3. 3개의 분동과 데크를 통해 다양한 성격의 내·외부 공간 구성

03 Site Analysis
SWOT · Weakness

1. 공공 영역에 진입하기 위한 건물의 인지성과 접근성 부족

2. 시야의 차단으로 공공정원으로의 접근성이 떨어짐

3. 주민참여 프로그램 부족으로 활용성이 떨어짐

4. 데크 내 휴식공간 부족

03 Site Analysis
SWOT

Strengths

1. 기존 건물의 일부를 유지함으로써 역사성과 상징성 보존
2. 지역 주민과 학생의 동선 분리와 효율적인 프로그램 배치
3. 3개의 분동과 데크를 통해 다양한 성격의 내·외부 공간 구성

Weaknesses

1. 공공 영역에 진입하기 위한 건물의 인지성과 접근성 부족
2. 시야의 차단으로 공공정원으로의 접근성이 떨어짐
3. 주민참여 프로그램 부족으로 활용성이 떨어짐
4. 데크 내 휴식공간 부족

Opportunities

1. 대지 주위 문화시설 부재로 대표 문화시설로서의 가능성
2. 주변과 연계 가능성
3. 정문에 근접한 위치
4. 대지 서측에 접근한 녹지

Threats

1. 주변의 밀집한 주거지역
2. 사이트를 둘러싼 차도로 인해 주변과 직접적인 연계가 어려움
3. 불편한 교통 및 지하철 접근성
4. 가파른 등고차

03 Site Analysis
SWOT · Opportunity

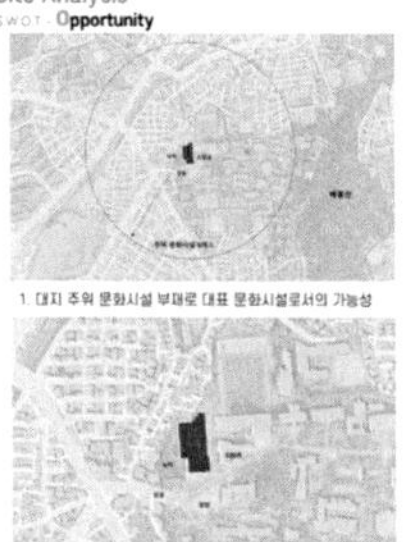

1. 대지 주위 문화시설 부재로 대표 문화시설로서의 가능성

2. 주변과 연계 가능성

3. 정문에 근접한 위치

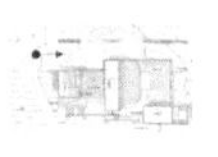

4. 대지 서측에 접근한 녹지

03 Site Analysis
SWOT · Threat

1. 주변의 밀집한 주거지역

3. 불편한 교통 및 지하철 접근성

2. 사이트를 둘러싼 차도로 인해 주변과 직접적인 연계가 어려움

4. 가파른 등고차

05 디자인 & 실행
Design & Implementation

*"Design success relies on
a designer's knowledge, inspiration, experience,
intuition, talent, ability, and creativity.
The knowledge will lead to more
creative and responsible solutions to site problems"*

- Kevin Lynch

■ 배치 구상 Site Plan Concept

사이트 디자인의 개념설계 단계에서 프로그램, 공동체 목표 및 사이트 조건을 고려하여 배치 구상을 한다. 프로그램은 토지이용, 동선, 오픈스페이스 등으로 구성되고, 공동체 목표는 공공의 건강과 안전, 효율적인 에너지 사용, 자연 및 문화자원, 지역 경제 발전을 도모하는 것을 뜻한다. 사이트의 적합성은 대지 내 제약조건과 기회요소, 대지 외부의 랜드마크나 교통, 유틸리티, 토지이용 등의 조건을 고려하여 도출한다.

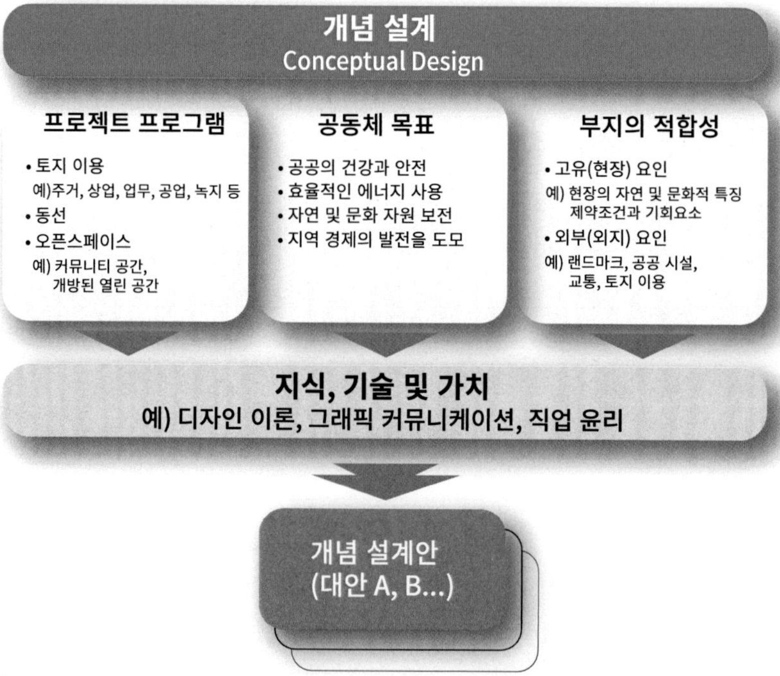

그림 5-1
프로그램, 공동체 목표, 부지의 적합성을 고려하여 배치 구상을 하는 개념설계

사이트와 구조물의 관계 Site-Structure Expression

사이트의 성격에 따른 관계 설정

- **경사지** Sloping Site

경사지는 땅과 하늘의 만남이 강조되는 곳이다.

경사지는 밖을 지향한다.

경사지는 극적인 경관을 만든다.

경사지는 동적인 경관 특성을 갖는다.

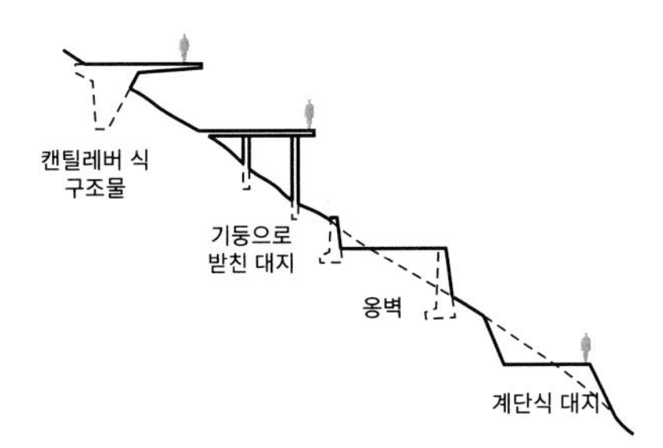

경사지에 수평면을 조성하는 방법

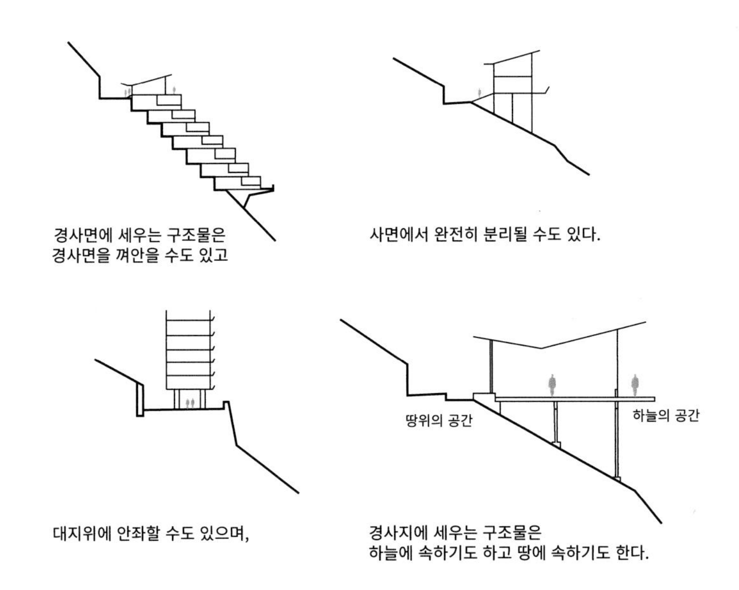

그림 5-2
경사지에 구조물을 놓는 방식
출처:Simonds & Starke, 2006

그림 5-3
경사지 계단식대지_마추픽추
Machu Picchu

그림 5-4
경사지 기둥으로 받친 대지_
인왕산 숲속 쉼터

• **평지** Level Site

평지 경관은 중용이다.

평지는 무한히 펼쳐지는 수평성의 아름다움을 보여준다.

수평적인 형태는 상보적인 효과, 수직적인 형태는 대비효과로 인상적인 경관을 만든다.

그림 5-5
평지_탈리신 웨스트
Talliesin West

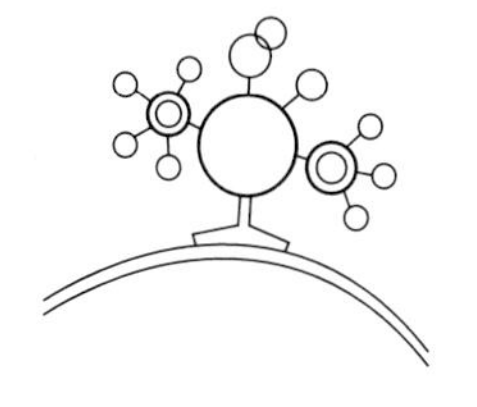

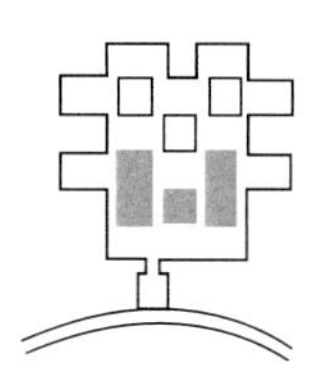

그림 5-6
평지의 성격
출처:Simonds & Starke, 2006

평지에는 세포분열 형태 결정체 구조, 기하학적 형상의 평면구성 등을 모두 적용 할 수 있다.

그림 5-7
평지_판스워드 하우스
Fanrnworth House

시설배치계획 Site-Structure Plan

시설배치계획은 시설의 논리적 전개와 시설 간의 최선의 상호관련성을 찾는 과정이다. 통합적 계획integrated plan을 지향하고 계획의 검증proving the plan 과정을 거치도록 한다.

광역 스케일 배치계획 Regional Scale Plan

- **원심적, 구심적 계획** outward and inward plan

: 기능이 시작되는 원점에서부터 종착점에 이르기까지 고려하여 계획을 세워야 한다. 반대로 아주 멀리 있는 환경요소에서 시작되는 기능의 논리적 매듭이 되도록 각 용도와 요소를 계획해야 한다.

- **거시적, 미시적 계획** expansion-contraction of plan

: 단지 계획에 있어 공간적, 시간적인 측면에서 거시적으로 살펴보는 동시에 미세한 요소까지 상세히 살펴봐야 한다.

- **위성형 배치** satellite plan

: 도시 스케일에서 대도시 주변에 위성도시를 배치할 때 교통 등의 관계를 따져서 배치하듯이 지구나 단지 계획에 있어서도 용도, 동선 등의 연계성을 고려하여 중심부와 주변부를 배치한다.

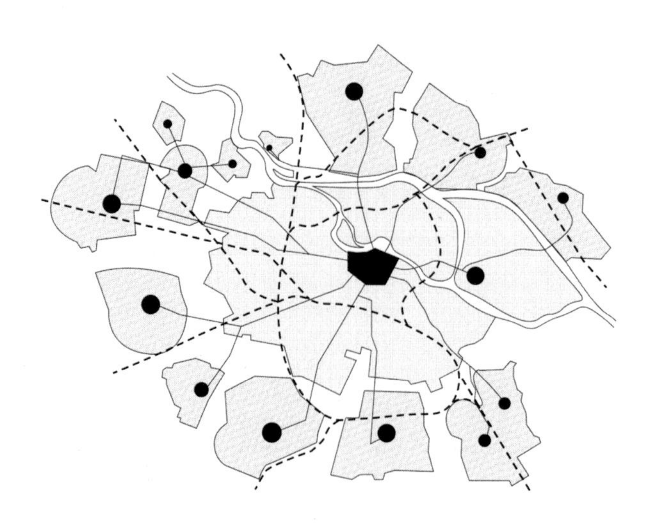

그림 5-8
위성형 배치계획_브레슬라우
Breslau
출처: May,1922

| 대지 스케일 배치계획 Site Scale Plan

- 개별 건물을 거대한 건축적 구성의 한 단위로 배치한다.
  대지 전체의 조화를 추구하듯이 각 요소의 배치도 전체와 조화를 이루어야한다. 예를 들어 학교시설 계획 시 강의동, 체육관, 기숙사 등 관련있는 시설과 공간별로 분리 또는 통합하여 하나의 복합시설로 계획한다.
- 개별 건물을 독립된 개체로 경관 속에 자유롭게 배치한다.
  비슷한 특성을 지닌 건물들은, 대학 캠퍼스처럼 분산 배치하더라도 경관을 주도하고 통합할 수 있게 된다.
- 구조물을 자연경관요소 또는 인공경관요소와 관계를 맺어 구성한다.
  호수면에 위락단지를 배치할 경우 위락단지와 호수가 하나의 통합체가 되도록 구성해야 하는 것이다.
- 인간의 자유와 상호교류 촉진을 목표로 건물군을 배치한다.
- 배치 유형은 유기적 배치, 기하학적 배치, 클러스터형 배치 등으로 구분할 수 있다. 유기적 배치는 지형에 순응하여 배치하는 방법으로 단지와 건물이 명쾌한 조화를 이룬다. 기하학적 배치는 시스템적이긴 하나 획일적인 규칙성과 단조로움을 초래하기도 한다. 공동주택 단지계획에서 많이 사용하는 클러스터형 배치는 건물 상호간의 관계와 건물 사이에 형성되는 커뮤니티 공간을 통해 편안하고 쾌적한 정주환경을 조성할 수 있다.

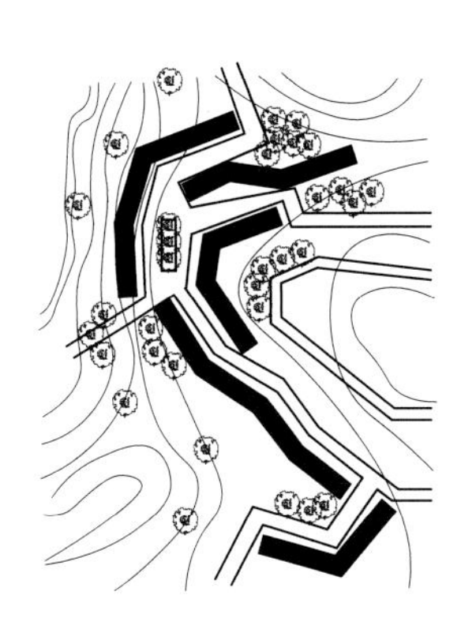

유기적 배치

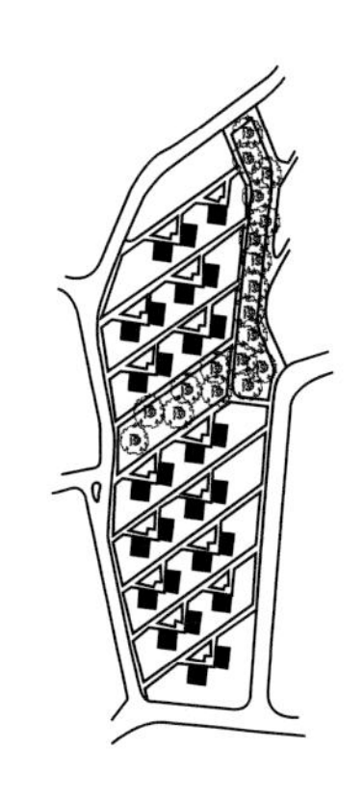

기하학적 배치

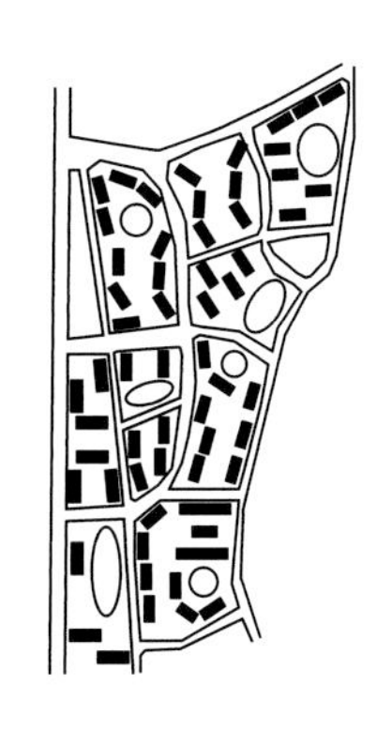

클러스터형 배치

그림 5-9
대지스케일 배치 유형

| 대지와 구조물의 조화 Site-Structure Unity

• 지세terrain를 강조하는 구조물 설계

바다로 돌출한 땅을 확장한 형태인 등대나 바위언덕, 산정상을 확장한 고대의 성곽이나 요새는 지세를 이용하고 강조하는 구조물이다. 강변의 계단식 지형을 따른 테라스식 주거, 물 위에 떠있는 구조물, 하늘을 배경으로 날개짓하듯 공중에 솟은 구조물 또한 자연지세를 받아 더 큰 기운으로 만들어 내는 예이다.(그림 5-10, 5-11, 5-12 참조)

그림 5-10
파나기아 호조비오더사 수도원, 그리스
Panagia Hozoviotissa Monastery, Greece

그림 5-11
로그너 바트 블루마우, 오스트리아
Rogner Bad Blumau, Austria
출처: ©2015 Hundertwasser.049 @https://peaksurfer.blogspot.com/2015/10/the-tyranny-of-straight-line.html?m=1

그림 5-12
밀워키 아트 뮤지엄
Milwaukee Art Museum

- 대지 자체나 대지의 구성요소를 건축적으로 처리하여 구조물과 대지를 강하게 연결 : 다듬은 가로수길이나 산울타리, 벽천, 정교하게 꾸민 제방이나 테라스 등이 해당된다.

액자효과

- 계획요소들을 분산 배치하여 경관 연출: 확산형 배치를 통해 구조물이 경관 속에 녹아들어가서 건물과 경관이 일체화가 되게 한다. 등산로, 야영장, 게스트하우스 등을 공원에서 가장 아름다운 경관을 감상할 수 있는 위치에 배치하는 경우가 그러한 예이다.
- 선택된 경관 : 액자효과frame effect를 통해 경관과 구조물을 더우 강하게 엮을 수 있다. (그림 5-13 참조)
- 전이공간 계획 : 특정 성격의 건물이나 공간을 성격이 다른 경관 속에 배치하려면 둘 사이의 전이공간을 고려하는 것이 좋다. 분위기의 점진적인 고조, 완화, 전환을 가져오도록 공간계획을 하는 것이 중요하다.

그림 5-13
액자효과_글라스하우스

| 건물과 공간의 구성 Composition of Building and Spaces

- 구조물의 배치 : 하나의 구조물이 어떤 공간 속에 놓이게 되면 구조물의 위치에 따라 그 장소나 공간의 모양은 물론 성격도 영향을 받게 된다.
- 구조물의 조합 : 구조물 자체의 형태보다 구조물이 둘러싸고 있는 공간의 형태가 더 중요한 경우가 많다. 공간 속에 단독으로 놓인 구조물은 하나의 객체로 지각된다. 둘 이상의 구조물들은 객체 뿐 아니라 서로 연관된 군집으로 지각되며, 상호관계에 따라 중요도가 커지기도 하고 작아지기도 한다.

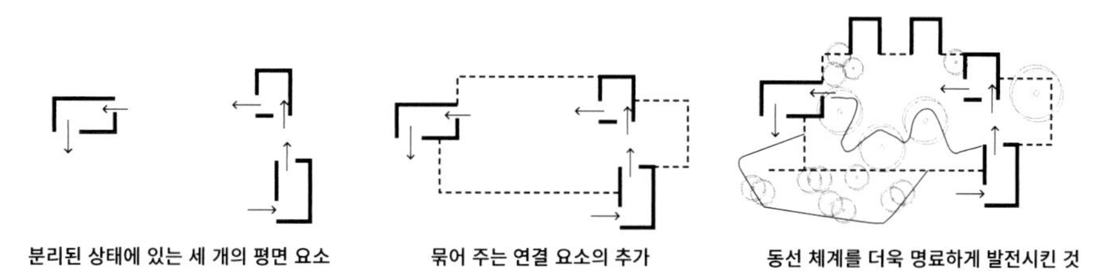

그림 5-14
구조물의 조합
출처: Simonds & Starke, 2006

그림 5-15
건물과 공간의 구성
출처: Simonds & Starke, 2006

■ 토지이용계획 Land Use Plan

토지이용계획은 사이트 디자인의 가장 핵심이 되는 내용으로서, 어떤 활동을 어떤 장소에서 일어나도록 할 것인가를 결정함으로써 토지의 적정이용을 도모하는 것이다. 대상지의 기능에 맞도록 토지의 용도 및 형태 등을 계획하되, 주어진 토지의 여러가지 문제를 해결하고 미래지향적인 모습으로 계획하는 것이 중요하다.

▌토지이용계획의 개념

- 도시의 토지이용계획은 주거, 상업, 교육, 문화 등 다양한 도시활동에 필요한 공간의 배치, 토지수요, 개발밀도 등을 종합적이고 합리적으로 배분하여 계획하는 것이다
- 대지에서 다루는 토지이용계획은 계획면적과 지표를 비롯한 주요 계획지표를 설정하고, 이를 기준으로 각종 시설의 종류 및 규모를 산출하여 배치하는 것이다. 단지의 골격 뿐 아니라 입체적인 공간 구성에 있어 매우 중요한 계획이다.

▌토지이용계획 시 고려사항

- 토지이용계획은 계획대상지 뿐만 아니라 인접한 주변 지역을 포함한 입지적 특성을 고려해야 하며, 장기적 관점에서의 성장 잠재력 및 토지 수요의 변화 가능성을 감안해야 한다. 또한 단순히 토지의 용도를 지정하는 데 그치는 것이 아니라 대상지 내부의 동선과 지형 등을 고려한 시설물의 배치 및 개발 후의 도시 경관까지를 염두에 둔 상세한 계획이 되도록 해야 한다.
- 토지이용의 구상을 결정하는 것은 대체로 토지이용 효율의 극대화, 건물밀도의 배분, 유사기능의 클러스터화, 중심기능과 지원기능의 구분, 완충기능의 도입, 확장유보지의 고려 등이다.[12]

용도지역

표 5-1
용도지역에 따른 지정목적
출처 : 「국토의계획및이용에관한법률」 시행령 제30조

용도지역			지정목적
도시지역	주거지역	제1종 전용주거지역	단독주택 중심의 양호한 주거환경을 보호
		제2종 전용주거지역	공동주택 중심의 양호한 주거환경을 보호
		제1종 일반주거지역	저층주택을 중심으로 편리한 주거환경을 조성
		제2종 일반주거지역	중층주택을 중심으로 편리한 주거환경을 조성
		제3종 일반주거지역	중고층주택을 중심으로 편리한 주거환경을 조성
		준주거지역	주거기능에 일부 업무·상업기능 보완
	상업지역	근린상업지역	근린지역에서의 일용품 및 서비스 공급
		일반상업지역	일반적인 상업 및 업무기능 담당
		중심상업지역	도심, 부도심의 업무 및 상업기능 담당
		유통상업지역	도시내 및 지역 간 유통기능의 증진
	공업지역	준공업지역	경공업, 기타 공업 수용 및 일부 주거·상업기능보완
		일반공업지역	환경을 저해하지 아니하는 공업 배치
		전용공업지역	중화학공업, 공해성 공업 등의 수용
	녹지지역	자연녹지지역	녹지공간의 보전을 해치지 않는 범위 안에서 제한적 이용
		생산녹지지역	농업적 생산을 위해 개발 유보
		보전녹지지역	도시의 자연환경, 경관, 산림 및 녹지공간 보전
관리지역		보전관리지역	주변 용도지역과 관계를 고려할 때 자연환경보전지역으로 지정하여 관리하기가 곤란한 지역
		생산관리지역	주변 용도지역과 관계를 고려할 때 농림지역을 지정하여 관리하기가 곤란한 지역
		계획관리지역	도시지역으로의 편입이 예상되는 지역 또는, 제한적 이용개발을 하려는 지역으로 계획적 체계적인 관리가 필요한 지역
농림지역			농림업의 진흥과 산림의 보전
자연환경보전지역			자연환경 수자원 해안 생태계 상수원 및 문화재의 보전과 수산자원의 보호 육성 등

- 우리나라에서 도시의 토지용도는 일반적으로 주거, 상업, 공업, 녹지의 4개 유형으로 분류하며, 이를 토지이용 밀도와 용도의 전용도 측면에서 세분화하는 방식으로 사용되고 있다. 우리나라의 토지이용 분류방식 중 국토계획 및 이용에 관한 법률상의 용도지역지구제도는 표 5-1과 같다.
- 토지이용계획은 부지분석에 따라 가용지, 건축가능윤곽을 확인하고 프로그램에 따른 건축물, 외부공간 등을 배치하고 도로망 배치로 전체를 연결한다.
- 부지 프로그램을 바탕으로 기본도에 각종 구역을 배치하고 관련을 나타낸다. 프로그램에서 제시된 건축면적, 연면적, 매스형태, 층수, 건물과 외부공간의 종류와 관련 등을 반영하게 된다.

주거용도

주거용도는 계획대상지 내에 쾌적한 정주 여건을 조성하기 유리한 곳에 배치하도록 해야 한다. 일반적으로 녹지나 수공간과 같은 양호한 자연환경, 교통 접근성, 상업, 업무 및 편의시설과의 접근성이 중요하다.

그림 5-16
주거용도_저층주거
하마비 허스타드
Hammarby Sjöstad

그림 5-17
주거용도_중층주거
하마비 허스타드
Hammarby Sjöstad

그림 5-18
주거용도_고층주거
분당 정자동

상업용도

상업용 토지는 판매, 서비스 등 도시민의 각종 소비활동을 지지하기 위한 기능들이 입지하게 되며, 다음과 같은 사항을 고려하여 계획한다.

- 주변 지역으로부터 접근이 용이한 곳에 입지해야 한다.
- 수요층에 비례하여 토지의 규모 및 밀도를 결정하도록 한다.
- 주거, 업무 등 상호 보완적인 토지용도와의 공간적 연계를 고려하도록 한다.

그림 5-19
상업용도_칼 요한스 게이트
Karl Johans Gate

| 공업용도

공업용도 토지의 입지 특성이나 규모는 계획대상지역 내 산업의 활동 규모나 업종 특성에 의해 영향을 받게 된다. 일반적으로 노동력 공급, 원자재 공급과 제품 반출을 위한 항구, 고속도로, 철도역에 인접하는 것이 유리하다. 공업용도의 계획 시에는 다음과 같은 사항을 고려한다.

- 공업용지는 가능한 정형화하고 단위 필지의 크기도 주요시설이 입지하기에 충분한 크기로 확보하는 것이 좋다.
- 소음, 매연, 기타 유해 배출물로 인한 주변지역의 피해를 최소화할 수 있는 곳에 계획한다.
- 생산, 연구, 개발 등 시설 간의 연계를 고려하도록 한다.
- 작업자들의 출퇴근이 용이한 지역에 입지하도록 해야 한다.

그림 5-20
공업용도_
경기도 안양시 평촌 공업지역

녹지용도

자연환경 및 경관의 보호, 희귀 및 멸종위기 야생 생물의 보호, 환경오염의 예방, 농경지 보호, 보안과 도시의 무질서한 확산을 방지하기 위하여 녹지의 보전이 필요한 지역이다.

도시민의 여가·휴식·위락활동 등을 위한 공원 등의 녹지공간의 경우 주변 인구규모를 고려하여 규모를 조절하도록 한다. 공원용지는 주거, 상업, 업무용도 등 이용도가 높은 곳이나 이질적인 용도 사이의 완충지대에 배치하는 것을 고려하고, 대중교통, 자전거, 도보로 접근이 용이하고 시각적으로 주변에 개방된 곳에 입지하도록 한다.

그림 5-21
녹지용도_분당 중앙공원
출처: https://upload.wikimedia.org/wikipedia/commons/8/83/성남중앙공원_%283%29.jpg

그림 5-22
녹지용도_요요기공원
출처: httpscommons.wikimedia.orgwikiFileYoyogi_Park_5_30_weekend_after_state_of_emergency_lifted_in_Tokyo_%2849952811147%29

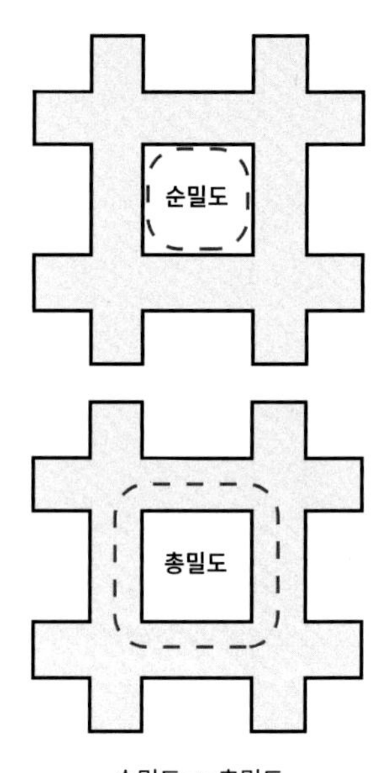

순밀도 vs 총밀도

출처: 대한국토 · 도시계획학회, 2020

▌밀도계획

밀도는 토지이용계획의 기준이 되는 동시에 단지 생활환경의 질을 결정하는 중요한 요소이다. 밀도는 계획과정에서 적정 규모를 선정하기 위한 기초가 되며, 토지이용계획의 타당성을 판단할 수 있는 지표가 된다.

• 밀도의 유형은 구분밀도(총밀도, 순밀도), 거주밀도(인구밀도, 호수밀도), 그리고 건물밀도(용적률, 건폐율) 로 구분된다. (표 5-2 참조)

표 5-2
밀도의 유형
출처: 김영환, 2009

구분		내용	적용
구분 밀도	순밀도 (인/ha, 호/ha)	단일용도의 토지 일정면적에 대한 밀도, 주택지의 경우 주택지내 순대지(공공용지를 제외한 순수주택용지)의 단위면적에 대한 밀도	-
	총밀도 (인/ha, 호/ha)	계획대상지의 총면적에 대한 밀도, 순대지 면적에다 주변의 도로면적(도로경계의 1/2과 교차점 경계부 면적의 1/4)을 더하고, 내부도로를 포함한 단위면적에 대한 밀도	-
거주 밀도	인구밀도 (인/ha)	단위면적당 그곳에 거주하는 인구수의 평균(지역이 광대한 곳에 적용할 때는 인/km를 사용)	단지의 유형 및 배치, 주요시설 의 개소, 규모, 용량을 산정하는 자료
	호수밀도 (호/ha)	단위면적당 그곳에 입지하고 있는 주택수의 평균	교육시설 · 상업시설 등의 규모를 산정하는 자료
건물 밀도	건폐율(%)	일정 구역에 있어서 건축면적 합계의 부지면적 합계에 대한 비율	단지배치 및 단지의 평면적 구성과 토지이용 상태를 결정하는 지표
	용적률(%)	일정 구역에 있어서 건축연면적 합계의 부지면적 합계에 대한 비율	단지배치 및 단지의 입체적 구성을 결정하는 지표

• 밀도계획시 고려사항은 시설의 적절한 밀도와 오픈스페이스의 균형있는 배치, 그리고 토지이용의 효율성과 경제성이다.

• 개발밀도계획에서 검토되는 주요 요소들은 다음과 같다.

- 개발용량 : 개발밀도에 직접적인 영향을 미치는 핵심요소로서 개발에 필요한 활동의 유형과 활동수준에 의해 정해진다.

- 인구특성 : 사용자의 경제수준, 연령대, 세대규모와 같은 인구특성들에 의해 계획의 규모뿐만 아니라 외부공간의 형상, 개별 건축물의 유형과 규모 등이 영향을 받으며, 이는 상당부분 개발밀도의 계획에 의해 구체화된다.
- 지형 : 계획 대상지의 지형은 개발 가능한 곳과 불가능한 곳을 결정짓는 중요한 요인으로, 개발밀도에 영향을 미치게 된다.
- 주변여건 : 계획 대상지뿐만 아니라 주변 지역의 토지이용이나 환경 특성이 대상지의 개발밀도를 결정하는데, 많은 영향을 미친다. 대상지와 인접한 지역의 여건을 면밀히 검토하여 경관이나 토지이용 측면에서 주변지역과 조화를 이루는 밀도계획이 이루어지도록 해야 한다.

토지이용계획 방향

- 용도지역의 배치는 용도, 밀도, 층수를 함축한다.
- 단지계획에서 밀도는 거주밀도(인구밀도, 호수밀도), 건물밀도(용적률, 건폐율), 구분밀도(총밀도, 순밀도) 중 선택한다.
- 도로망과 필지의 패턴은 건축물의 좌향, 외부공간, 접근로 등의 가능성을 함축한다.[13]
- 토지이용계획의 표현방법 : 토지이용계획도에 주거지역은 노란색, 상업지역은 붉은색, 공업지역은 보라색, 자연녹지는 초록색으로 표현한다.(그림 5-23 참조)

획지계획

- 지구나 단지개발의 경우 부지를 다수의 획지, 즉 필지lot 또는 블록block로 구획하고 이후의 개발은 개별적 과정에 맡긴다. 단독주택단지, 농공단지, 산업단지 등의 개발은 이 방식을 따른다.
- 필지나 블록의 규모와 형태는 개발밀도, 가로구성, 경관 등에 영향을 미친다. 필지 규모는 법규에 의해 최소 대지면적 기준으로 정해진다.

- 획지규모의 결정요인[14]
  - 경제적 요인 : 도시의 경제적 규모에 따라 중심성이 높은 도시일수록 대규모 획지로 개발한다.
  - 기능적, 법적 요인 : 건물의 용도에 따라 획지규모의 차이가 발생한다. 주차장 및 조경을 위한 오픈 스페이스의 법적 또는 계획적 수요를 만족시켜야 한다.

지구단위계획

- 지구단위계획은 도시 및 군계획 수립대상 지역의 일부에 대하여 토지이용을 합리화하고 양호한 환경을 확보하며 체계적·계획적으로 관리하기 위하여 수립하는 도시·군관리계획이다.(「국토의 계획 및 이용에 관한 법률」제2조)[15]
- 지구단위계획은 도시계획과 건축계획의 중간영역으로, 상세한 도시계획과 입체적 건축계획을 하나로 통합한 제도로서 평면적인 토지이용계획과 입체적인 건축계획의 중간적 성격을 지닌다.(그림 5-24 참조)
- 일반적으로 지구단위계획은 도시지역 내 용도지구, 「도시개발법」에 의한 도시개발구역, 「도시 및 주거환경정비법」에 의한 정비구역, 「택지개발촉진법」에 따른 택지개발지구, 「주택법」에 의한 대지조성사업지구 등의 지역 중에서 양호한 환경의 확보나 기능 및 미관의 증진이 필요한 지역을 대상으로 계획을 수립한다.
- 지구단위계획을 수립할 때에는 도시의 정비·관리·보전·개발 등 지구단위계획구역의 지정 목적, 주거·산업·유통·관광휴양·복합 등 지구단위계획구역의 중심 기능, 용도지역의 특성 등을 고려하여 수립한다.
- 지구단위계획구역에서는 건축물의 용도, 종류, 규모 등에 대한 제한을 강화 또는 완화하거나, 건폐율과 용적률을 강화 또는 완화할 수 있다. 또한 「건축법」에 의한 대지안의 조경, 공개공지 등의 규정, 「주차장법」에 의한 부설주차장 규정 등을 완화하여 적용할 수 있다.[16]

그림 5-23
행복도시 6-3생활권 토지이용계획
출처: 6-3생활권 지구단위계획, LH (2017)

범례

저밀	공원	공공기관	민속마을	청소년수련시설	하수종말처리장	보육시설	
중저밀	녹지	특정업무시설용지	체육시설	농업기술센터	오수중계펌프장	보행자전용도로	
중밀	하천	연구시설	운동장	농수산물도매시장	배수지	도로	
고밀(도심형)	공공공지	용도혼합	수목원	자동차운전면허시험장	빗물중계펌프장	자동차검사소	
상업업무용지	유보지	유치원	기업연수시설	종교용지	저류지	방송통신시설	
첨단산업업무용지	중앙행정기관	학교	휴양시설	주유소	주차장	농업관련시설	
도시형산업용지	공공청사	대학	생태체험학습장	광장	자동차정류장	가스배관시설	
복합용지	정부출연연구기관	복지시설	변전소	복합공급처리시설	액화석유가스충전소	생태통로(상부)	
		문화시설	의료시설	폐기물처리시설	전기공급시설	생태통로(하부)	

그림 5-24
행복도시 6-3생활권
지구단위계획 조감도
출처: 6-3생활권 지구단위계획, LH (2017)

■ 동선계획 Access Plan

동선은 차량, 보행자, 사물이 부지와 건물을 이동하면서 이루는 선이다. 도로의 차도와 보도는 메인 동선 이며, 이외에 건물현관, 마당, 정원, 녹지, 주차장, 정문 등을 연결하는 보행로도 서브 동선 역할을 한다. 도로와 보행로는 배치에 의해 부지의 각 구역을 연결하지만 분할하는 역할도 하게 된다. 동선을 이동하는 사람은 보행축이나 조망축, 통경축을 통해 위치감각을 갖고 진행방향에 대한 판단을 하게 된다.

▌기본 원칙

- 동선시스템을 전체로 파악하고access system as a whole 동선시스템의 사회적 효과를 고려한다.
- 동선은 기점, 중간점, 교차점, 종점으로 구성된다. 기점과 종점은 대체로 건물과 부지의 출입구이며 중간점과는 구분되는 고유의 형상을 폭, 바닥, 지붕 등에서 갖게 된다. 중간점은 동선의 중간부분으로서 전형적 성격을 연속적으로 갖는다. 교차점은 동선의 교차부분으로서 이동주체가 진행방향을 선택하게 되는 곳이다. 교차점은 멈추거나 속도를 늦추면서 진행 방향을 결정해야 하기 때문에 동선공간의 면적이 넉넉해야 기능 저하와 혼란이 없게 된다.
- 교통주체에 따라 동선의 유형과 밀도는 달라져야 한다. 차량은 속도, 안전, 규격이 중요하며, 차도의 폭은 절대적이다. 반면에 보행자는 편리, 안전, 흥미, 경관 등을 요구하며, 신체보다 훨씬 큰 폭의 보도를 필요로 하지만 융통성은 매우 커서 급커브, 급경사, 계단까지 가능하다. 차량과 보행자는 상호 근접하면 편리하지만 교차점에서 혼란이 없게 계획해야 한다.
- 동선의 밀도는 토지이용이 고밀화되는 지역에서는 높아져야 한다. 시가지의 교통량이 많은 곳에서는 차도와 보도가 넓어야 하며, 외곽으로 갈수록 좁아지고 보도는 없어지며, 주택가에서는 보차혼용도로가 된다.
- 부지 내에서 도로망은 부지 규모와 설계 스케일에 따라 위계, 규모, 속도 등의 성격을 함축하게 된다.[17]

▍동선의 위계 Hierarchy of Access

• 동선의 위계를 살펴보면 광역 스케일regional scale에서 도로체계를 구성하고 차량동선, 그리고 대중교통 동선을 조직한다. 그리고 사이트 스케일site scale에서 보행자 동선계획과 법규에 따른 주차진입동선을 계획한다.

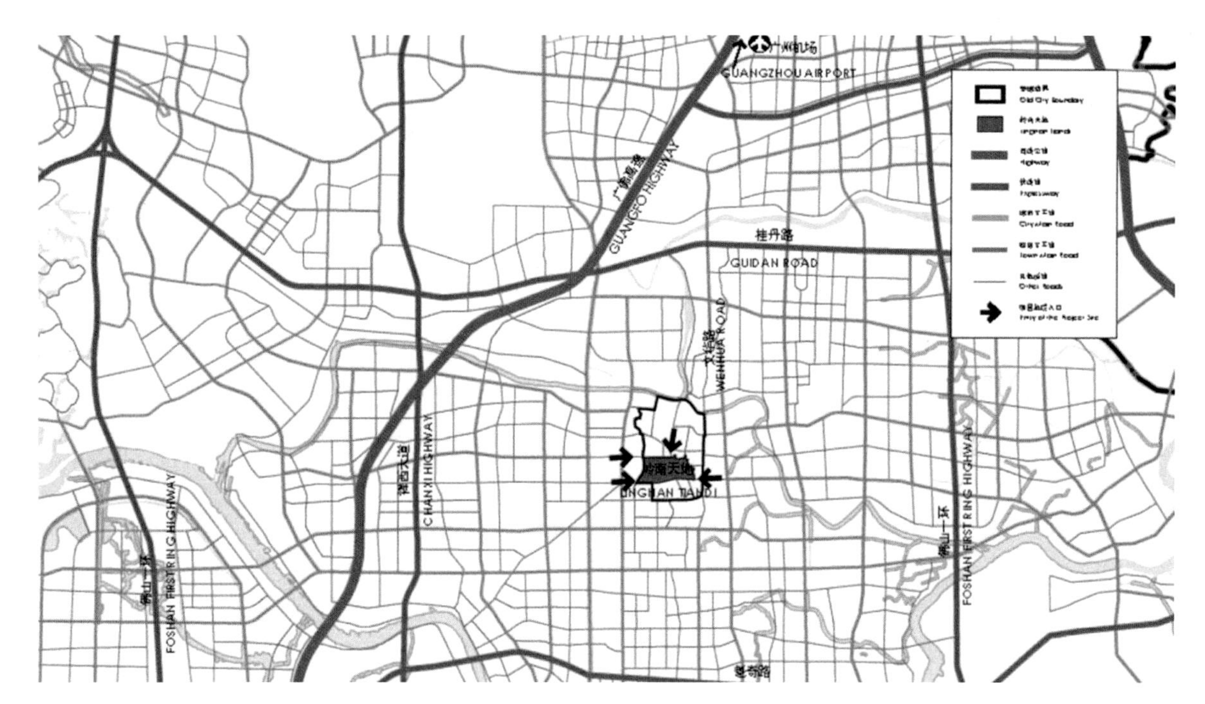

그림 5-25
광역적 접근
Regional Scale Access _
Foshan Donghuali Master Plan

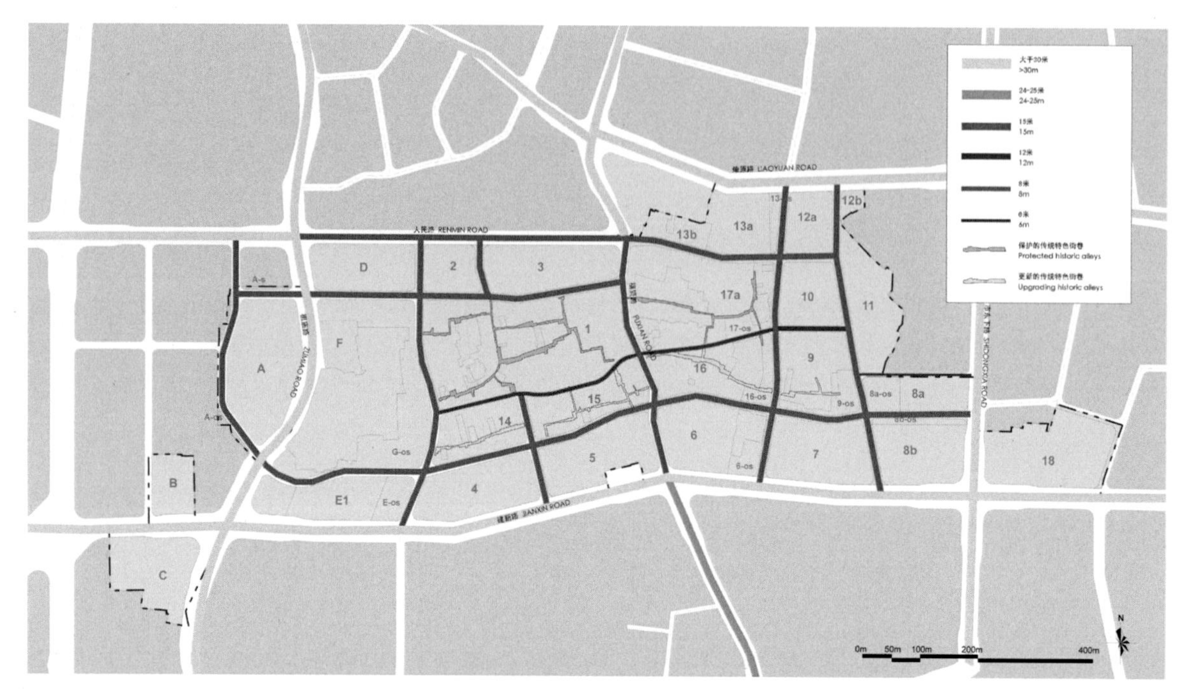

그림 5-26 도로 체계 Road Framework _ Foshan Donghuali Master Plan

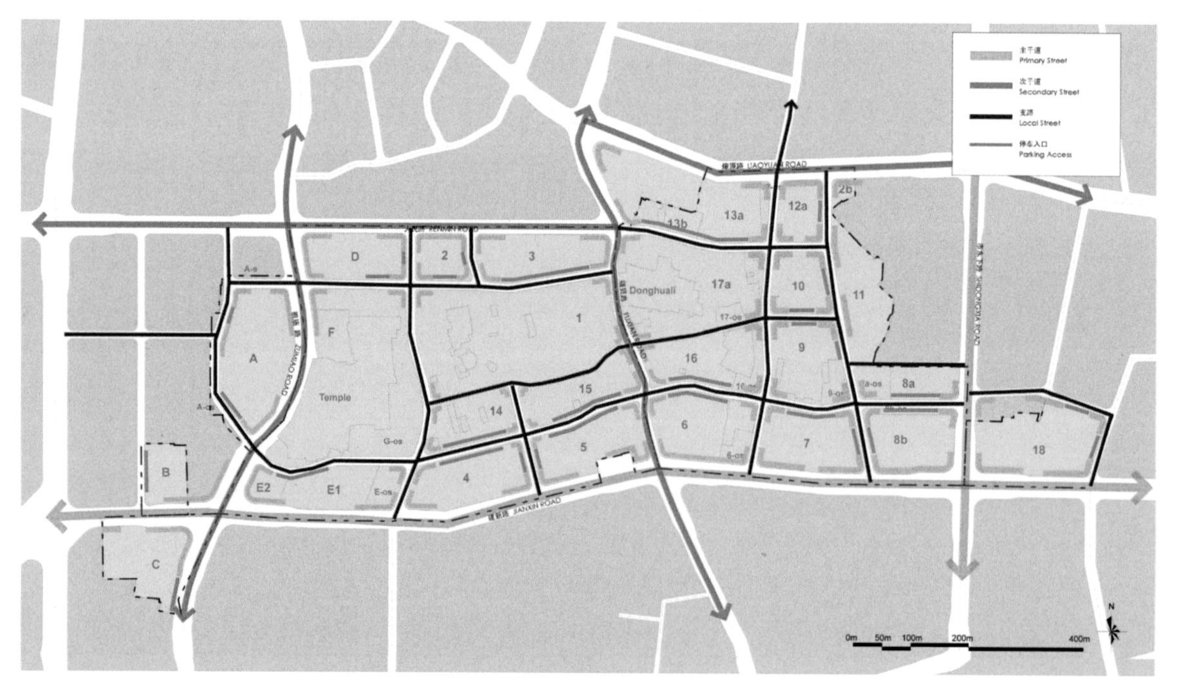

그림 5-27 차량 동선 Vehicular Access _ Foshan Donghuali Master Plan

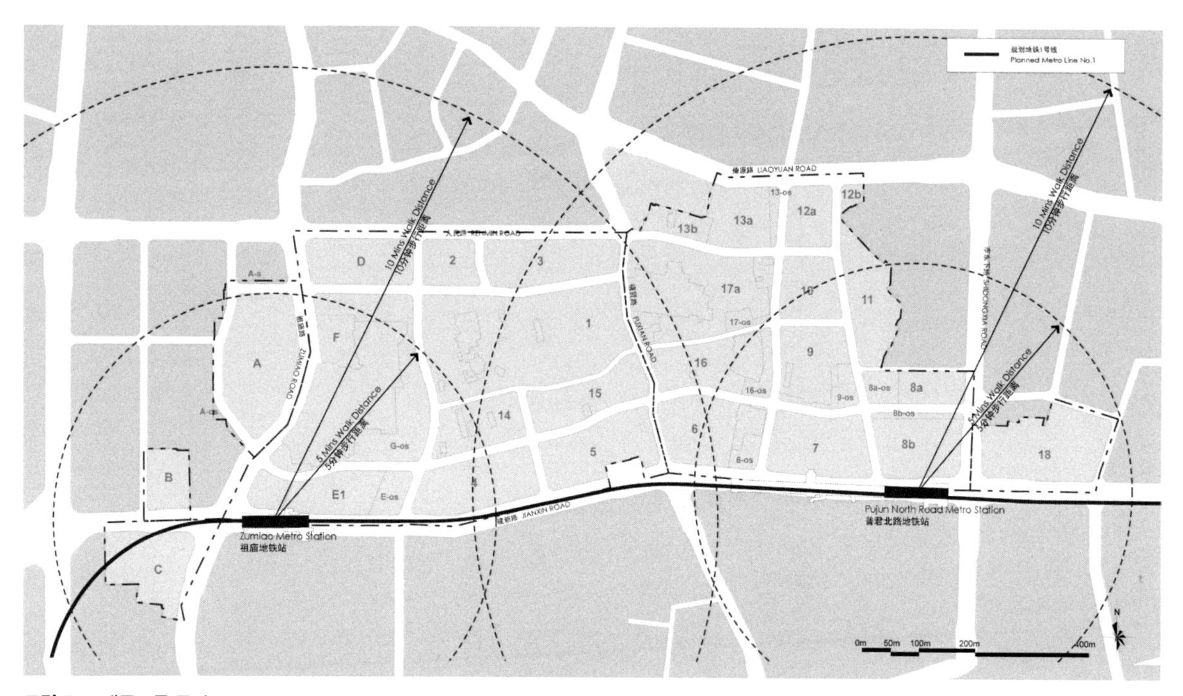

그림 5-28 대중교통 동선 Transit Access _ Foshan Donghuali Master Plan

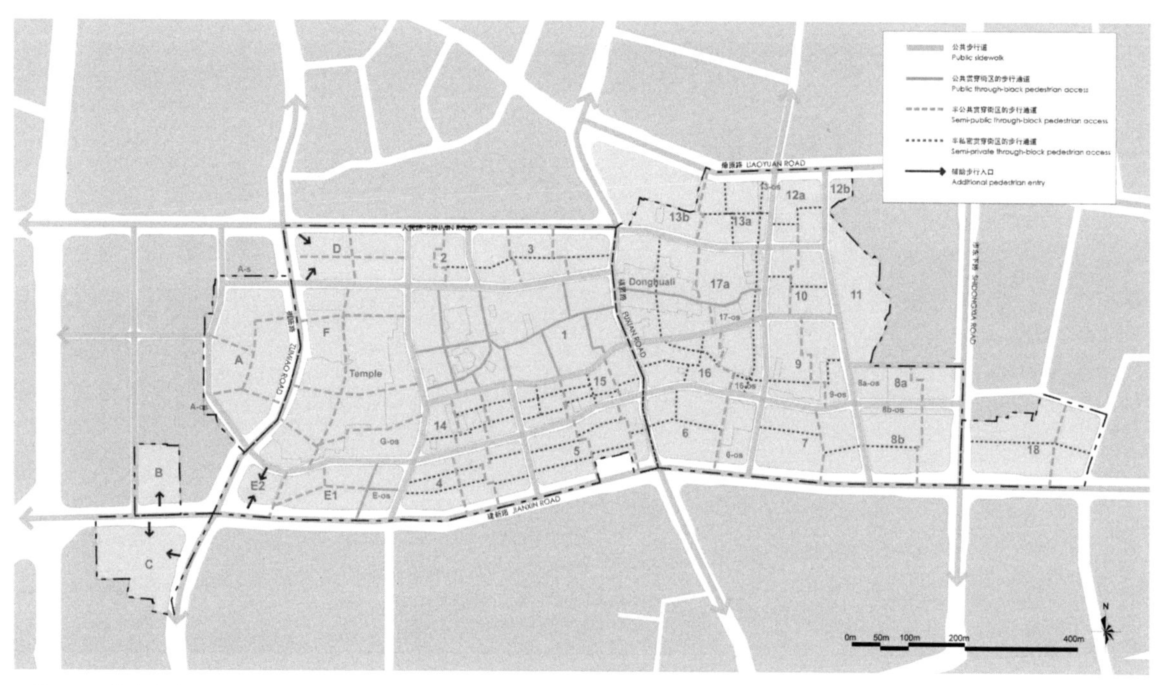

그림 5-29 보행자 동선 Pedestrian Access _ Foshan Donghuali Master Plan

도로계획 Road

도로계획시 고려사항

- 가장 합리적인 선형, 효율적 연결
- 교통량 수용
- 자연과 경관 보전
- 도로 단면
- 현장을 고려한 도로선형 조정 : 등고선, 도로의 종류
- 적절한 노면driving surface 조성
- 안정성stability & 안전성safety

도로의 구분

도시계획도로는 폭에 따라 광로, 대로, 중로, 소로 등으로 구분한다. 기능별로는 주간선도로, 보조간선도로, 집산도로, 국지도로, 도시고속도로, 특수도로로 구분한다. 도로계획지침(2009,국토교통부)에 따른 기능별 도로의 세부 특성은 표 5-3과 같다.

- 폭원에 따른 구분

광로(40m 이상) / 대로(25~40m) / 중로(12~25m) / 소로(12m 미만)

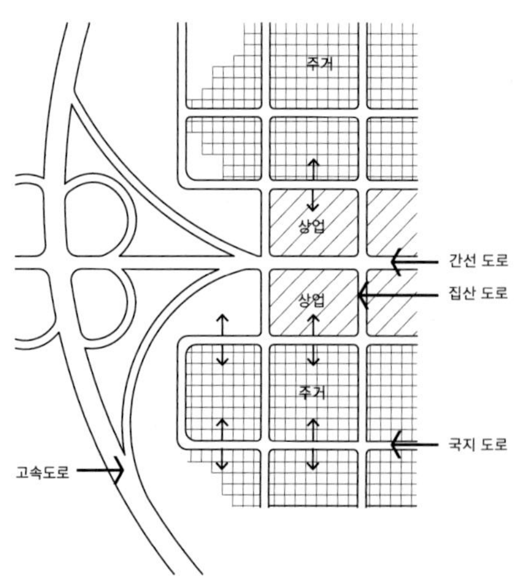

그림 5-30
도로-기능의 위계에 따른 구분

- 기능의 위계에 따른 구분[18]
- 주간선도로 : 도시내의 주요지역간, 도시간, 또는 주요 지방간을 연결하는 도로로서, 대량 통과교통의 처리를 목적으로 하는 도시내의 골격을 형성하는 도로
- 보조간선도로 : 주간선도로와 국지도로 또는 주요 교통발생원을 연결하는 도로로, 근린생활권의 외곽을 형성하고 도시교통의 집산기능을 하는 도로

- 집산도로 : 근린주구생활권의 교통을 보조간선도로에 연결하는 도로로서, 근린생활권의 골격을 형성하고 근린생활권내 교통의 집산기능을 하는 도로
- 국지도로 : 가구를 획정하고 대지와의 접근을 목적으로 하는 도로로서, 소형 가구의 외곽을 형성하고 그 규모 및 형태를 규정하며 일상생활에 필요한 집앞공간을 확보하는 도로
- 도시고속도로 : 도시내의 주요지역 또는 도시간을 연결하는 도로로서, 대량교통과 고속교통의 처리를 목적으로 차량출입을 제한하며, 자동차 전용으로 이용하는 도로
- 특수도로 : 보행자전용도로, 자전거도로 등 자동차 외의 교통에 전용되는 도로

표 5-3
도시지역 도로의 기능별 구분 특성
출처 : 국토교통부(2009), 도로의 구조 시설 기준에 관한 규칙 해설, 도로계획지침

분류/구분	도시고속도로	주간선도로	보조간선도로	집산도로	국지도로
주 기능	간선도로망 연결	해당 도시의 간선도로망 구축	주간선도로를 보완함	해당 도시 안 생활권 주요 도로망 구축	시점과 종점
도로 전체 길이에 대한백분율 (%)	5-10	5-10	10-15	5-10	60-80
도시 전체 교통량에 대한 백분율 (%)	0-40	40-60		5-10	10-30
배치 간격 (km)	3.00-6.00	1.50-3.00	0.75-1.50	0.75 이하	-
교차로 최소 간격 (km)	1.00	0.50-1.00	0.25-0.50	0.10-0.25	0.03-0.10
설계속도(km/h)	100	80	60	50	40
노상주차 여부	불허	원칙적 불허	제한적 허용	허용	허용
접근관리 수준	출입제한	강함	보통	약함	적용안함
도로 최소 폭(m)		35	25	15	8
중앙 분리 유형	분리	분리	분리 또는 비분리	비분리	비분리
보도 설치 여부	설치 안함	설치 또는 비설치	설치	설치	설치
최소 차로 폭(m)	3.50	3.50-3.25	3.25-3.00	3.00	3.00~3.00

• 생활도로

- 위에서 설명한 도로 유형 외 단지가로망 구성에 중요한 역할을 하는 생활도로가 있다. 생활도로는 도로법 등의 관련 법률에 정의되어 있지 않으나 국지도로에 포함되는 개념으로, 도시가로의 주간선도로 기능이나 구역을 구획하는 도로가 아닌 단지 내 위치한 대부분의 도로를 생활도로라고 볼 수 있다.
- 생활도로는 보행이 편리하고 안전한 도로의 개념을 갖는 도로로 기능적 측면에서는 접근성이 가장 높은 도로이며 통학, 통근, 놀이 등 일상생활과 직결되는 도로이다.[19]

표 5-4
국내 생활도로의 유형별 정비방안
출처 : 국토교통부(2009). 도로계획지침

도로이용형태	도로의 성격	정비방안
보·차 분리도로	• 간선도로와 접하는 도로 • 지하철, 버스정류장 보행 동선 유도 • 학교 및 편의시설 연계도로 • 마을버스 진입 가능 도로	• 속도규제 : 30km/h • 통행규제 : 대형차량 진입금지 • 보도확보 - 보행자 도로 폭 확보(식수대 및 자전거 전용도로 포함) - 보행장애물(이륜차, 상업광고등) 단속
보·차 공존도로	• 보·차 분리도로로 교통 유도 • 대중교통을 위한 접근 도로	• 속도규제 : 15km/h 또는 보행우선 • 통행규제 : 대형차량 진입금지 • 일방통행 • 물리적 시설 강화 - 차로폭 축소, 지그재그 선형, 볼라드 선형, 이미지 험프, 노면마킹, 요철포장, 고원식 도로 등.
보행전용도로	• 집앞 도로, 생활·놀이 가능도로 • 최하위 도로	• 차량 통행차단 : 대형차량 통행 금지 • 보행우선 : 노면칼라포장, 진입부 볼라드 설치 등.

- 도로계획지침(2009, 국토교통부)에서는 국내 생활도로의 유형을 보·차 분리, 보·차 공존 및 보행전용도로 등 3가지 유형으로 구분하여 도로별 성격 및 정비방안을 표 5-4와 같이 제시하고 있다.

| 도로 패턴

도로의 패턴에는 격자형, 방사형, 선형, 루프형, 쿨드삭 등이 있으며 각 패턴 별 특성은 다음과 같다.

- 격자형 grid patterns : 가장 일반적인 가로 패턴. 가로망의 형태가 단순·명확하고, 위치감 인지가 쉬우며 가구 및 획지 구성상 택지의 이용효율이 높다. 방향 전환이 용이하고 교통량을 분산시키는 효과가 있다. 하지만 시각적으로 단조롭고 지형을 고려하지 않은 단점이 있다.
- 방사형 radial patterns : 중심에서 바깥쪽으로 뻗어나가는 패턴으로 단지 외부와 중심부를 직선적으로 연결하는 장점이 있다. 중심부에 교통이 과중되고 필지 형상과 교차점에 예각이나 둔각이 생기는 단점이 있다.
- 선형 linear patterns : 하나의 선형 도로축 또는 평행한 여러 개의 선형 도로축을 중심으로 형성된 패턴. 한 지점으로 통행이 집결되는 것이 아니라 두 지점에 주요 교통흐름이 형성되는 지역에 적합하다. 폭이 좁은 단지에 유리하고, 양 측면 또는 한 측면의 단지를 서비스할 수 있다.
- 루프형 loop patterns : 순환형 도로는 통과교통감소로 안전한 도로공간 및 생활공간형성과 안정된 도로공간이 조성되므로 가구의 규모에 따라 정돈된 경관연출이 가능하다. 단점은 도로의 길이가 길어져 불필요한 차량의 진입이 감소하여 통과교통량이 감소하지만 도로율이 높아진다.
- 쿨드삭 cul-de-sac : 막다른 도로dead-end street. 단지 내 도로를 막다른 길로 조성하고, 끝부분에 차량이 회전하여 나갈 수 있도록 회차공간을 만들어 주는 기법의 도로로, 통상 종단부에는 순환광장을 설치한다. 주택가, 근린주구 설계 등에 많이 적용되는데 통과교통이 차단되어 조용한 주거환경을 보호하는데 가장 유효하고, 보행자들이 안전하게 보행할 수 있으나, 개별획지로의 접근성은 다소 불리하고, 우회도로가 없어 방재상·방범상의 단점이 있다.

그림 5-31
도로 패턴
출처 : Lynch & Hack, 1984

격자형 패턴 방사형 패턴 선형 패턴 루프형 패턴 쿨드삭 패턴

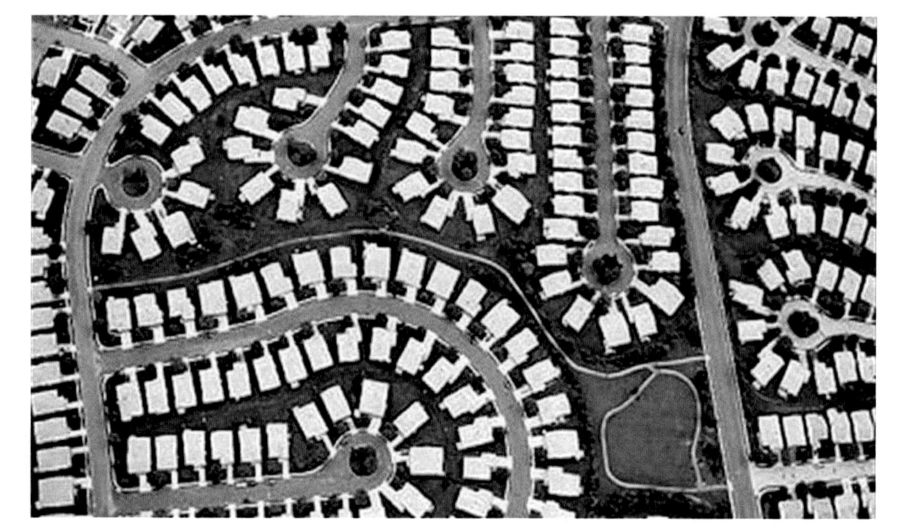

그림 5-32
쿨드삭 패턴 Cul-de-Sac
출처 : @https://www.autoblog.com/2009/03/24/virginia-outlaws-cul-de-sacs-in-face-of-increased-traffic/

차량동선

차량동선 계획시 고려사항

- 차량동선은 광역 스케일regional scale 과 대지 스케일site scale로 분류한다. 광역 스케일에서는 주간선도로, 보조간선도로, 대지 스케일에서는 집산도로, 국지도로를 기준으로 계획한다.
- 중규모 이상 부지에서는 기능에 따른 내부도로가 필요하며, 대규모에서는 주도로, 건물접근로, 서비스통로, 순환로 등으로 세분될 수 있다. 이들 도로는 배치, 폭, 경사, 인지감, 빗물 처리 등에서 적절해야 한다.

- 부지가 지구나 단지규모이면 내부도로는 단지나 필지를 연결하는 기반시설의 하나로서 법적 기준을 갖추어야 한다. 구체적 내용은 지구나 단지의 유형에 따라 차이가 크다.
- 진입로 계획시 고려사항은 다음과 같다. 통과도로에서의 인지성, 안전한 진출입, 등고, 그리고 부지의 장점을 최대한 이용하는 것이다.

| 출입구 Entrance

- 부지, 건물, 지하층 등의 출입구는 현재와 미래의 용도와 개발, 주변에의 충격완화, 차량과 보행자 안전, 주차장과 서비스영역에의 쉬운 접근, 명시성 등을 기반으로 정한다.
- 부지 출입구는 간선도로에서 직접 내기보다는 하위계 도로나 진입도로를 통해 내는 것이 합리적이다. 지구단위계획이나 도시설계에서는 부지의 출입구에 관한 불허 또는 설치가능 구간을 정하고, 시설녹지를 지정하면서 가로의 공공성과 부지의 기능성을 조화시키기도 한다. 가로교통의 흐름, 상대속도, 대중교통 등을 고려하며, 진입대기차량을 위해 별도로 후퇴된 대기차선을 두며, 신호등, 차로, 횡단보도, 표지판 등도 설치하게 된다. 예로서, 학교의 정문 출입구에는 내외에 공지를 넉넉히 두고, 가로변에는 안전난간과 학교구역표지를 세우고, 횡단보도는 등하교시에 신호등 통제를 적용하게 된다.
- 건물 출입구는 보행동선이 집중되는 곳이어서 차량의 근접이나 너무 먼 것은 문제가 될 수 있다. 차도나 주차장과는 적절한 거리를 유지하게 한다.
- 차량의 건물 지하주차장 출입은 경사로ramp에 의해 이루어지는데, 경사로 양단은 안전과 시계확보를 위해 에이프런apron공간을 충분히 확보한다.[20]

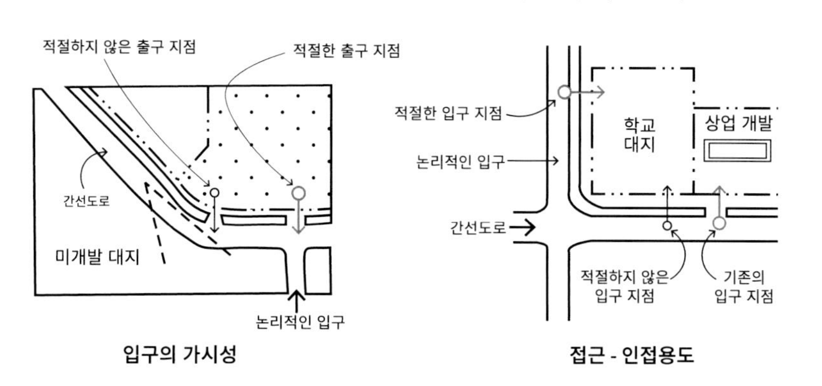

그림 5-33
출입구 계획

보행동선

그림 5-34
보행 거리 및 속도

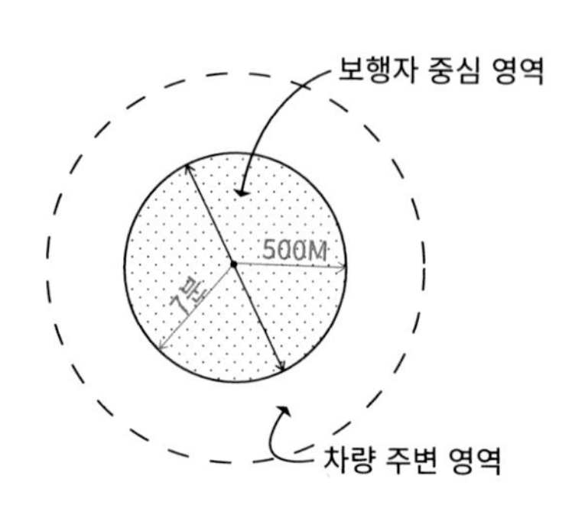

보행동선은 가장 기본이 되는 동선으로, 사회적 상호 작용, 시각적 즐거움 및 공공 안전을 제공한다. 보행동선을 계획하는 데 있어 기본적으로 인간 신체의 물리적 치수, 움직임 및 성격에 대한 이해와 인간이 '걸을 수 있는 거리walkable distance'에 대한 고려가 필요하다. 성인 기준 보행거리는 보통 5분에 400m, 10분에 800m로 계산한다.

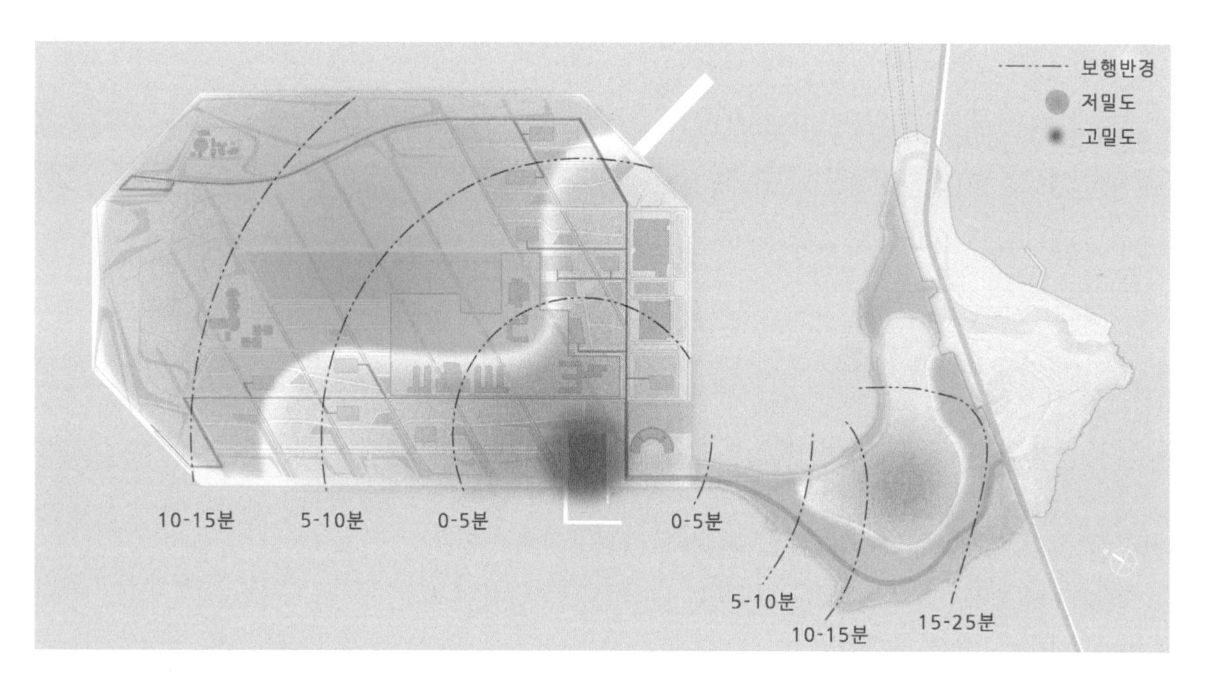

그림 5-35
보행거리 분석도 (예시)
출처 : Treasure Island Master Plan

| 배치체계

- 보행로는 도로상의 보도, 보행자전용도로는 물론, 보차구분이 없는 국지도로, 차도의 건널목, 주차장과 보도사이의 통로, 건물간 통로, 부지 내 외부공간을 연결하는 통로까지 포함하는 광범위한 개념으로 보아야 한다. 보행동선은 시설간 연계는 강화하면서 보행자와 차량의 혼재를 줄이는 방향으로 계획해야 한다.
- 도시레벨에서 가로의 공공보도는 통행자의 공간인 동시에 인접부지 건물이 면하는 곳이다. 부지에 차량진출입구를 내려고 공공보도의 연속성을 자주 끊는 것은 보행자 안전을 해치고 원활한 교통류를 막기 때문에 공공차원에서는 규제하고 있다.
- 보행로는 건물현관, 마당, 정원, 주차장, 산책로, 정문을 연결해주는 매체로서 교통 외에도 산책, 쇼핑, 건강, 경관, 관광 등을 고려한 종합적 공간이 된다. 건축적 산책로architectural promenade 개념을 지니게 하면서 중요하게 고려한다.
- 건물 용도와 보행자 성격에 따른 보행체계는 부지의 토지이용과 동선계획에 중요한 단서를 제공할 수도 있다. 넓은 부지의 다중이용시설인 대학캠퍼스, 쇼핑센터, 도시공원 등에서 부지를 정형의 9개 격자로 등분하여 중앙격자에는 고도이용시설을, 8개 주변격자에는 저이용시설을 산재시킨다면 주변에서 중앙으로의 보행시간을 단축하면서 보행자와 차량간 충돌을 줄일 수 있다.
- 보행로는 연속성을 유지할 수 있어야 한다. 시가지에서도 차도를 건너는 통로는 보행로 연속성을 위해 신호등, 건널목 바닥표지, 연석조정 등을 둔다. 단지 내, 필지 내에서도 이러한 연속성은 유지되어야 한다.
- 보행로의 배치체계에 포함된 건물 현관이나 입구, 외부공간인 마당, 정원, 공지 가 집회, 연주, 전시 활동의 장소로도 이용될 수 있는데 그 때는 건물 내의 활동이 방해받지 않아야 한다.

| 보행 동선의 사회적 효과

- 사람들 간 상호 작용interaction을 도모한다. 야외카페 역할을 하는 보도, 시장의 역할을 하는 전통거리, 놀이터로서의 골목, 서로 모이는 장소로서의 거리 모퉁이가 그 예이다.

그림 5-36
야외카페 역할을 하는 보도_
칼 요한스 게이트
Karl Johans Gate

그림 5-37
서로 모이고, 놀고, 지나가고
장소로서의 골목_
니스, 프랑스
출처: https://unsplash.com/photos/bLF3vK_X2Vc

- 이웃과의 커뮤니티 형성을 촉진한다.

  보통 단독주택단지에서 볼 수 있는 쿨드삭cul-de-sac이라는 막다른 가로는 통과 동선이 없어 이웃 주민들간의 마당처럼 쓰이면서 위요감이 있는 정주환경을 조성한다.

그림 5-38
주거단지 내 막다른 가로 Cul-de-Sac_ 세크라멘토, 캘리포니아 Sacramento, California
출처: ©2016 Cul-de-Sac_cropped by Lea @https://commons.wikimedia.org/wiki/File:Cul-de-Sac_cropped.jpg

- 적절한 프라이버시를 제공한다. 낮은 투시형 담장과 앞마당으로 이루어진 입구는 시선은 연결하지만 동선을 분리한다.

그림 5-39
투시형 담장_ 암사동 서원마을

| 보행자와 차량의 관계 [21]

- 보차혼용방식 : 우리나라의 10m 이하의 주거지역 구획도로에서 흔히 볼 수 있는 형태로서, 보행자와 차량동선이 분리되지 않고 동일한 공간을 사용하는 방식이다.
- 보차병행방식 : 차도와 보도를 분리하는 형태로서, 주로 폭 12m 이상의 국지도로와 보조간선도로에 적용하는 방식이다.
- 보차분리방식 : 보행자도로체계를 차량을 위한 일반도로체계와 완전히 분리하여 설치하는 방식이다.
  - 평면분리형 : 차도와 분리하여 보도나 보행자전용 도로를 설치하거나 특정 시간과 장소에서 차량을 통제하여 일시적으로 보행 공간화하는 방법이다.
  - 입체분리형 : 점적 분리(육교, 지하도), 선적 분리(보행자데크), 면적 분리(인공대지)로 분류할 수 있다.

◀ **그림 5-40**
보차분리 - 평면분리형_
분당 정자동

▶ **그림 5-41**
보차분리 - 입체분리_
판교 테크노벨리

- 보차공존방식 : 보행자도로와 차도를 동일한 공간에 설치하되 보행자를 보호하기 위하여 차량통행을 억제하기 위한 다양한 기법을 사용하는 방식으로, 보행자의 안전성을 확보하는 동시에 주거환경을 개선하기 위하여 도입한다.

◀ **그림 5-42**
보차공존방식1
출처: ©2009 @https://domz60.wordpress.com/2016/10/14/low-speed-street-design-should-be-the-default/

▶ **그림 5-43**
보차공존방식2
출처: ©2017 @http://tse2.mm.bing.net/th?id=OIP.pupJznQJovDkgvkGXxmJxgHaFk

보행자도로의 계획기준

- 보행자의 안전을 확보하기 위하여 보차공존도로에서는 주행속도 억제기법, 교통량 억제기법, 노상주차 억제기법 등 다양한 기법들을 도입한다.
  - 주행속도 억제기법: 굴절 및 굴곡기법, 충격효과기법, 시각효과기법
  - 교통량 억제기법: 차도차단기법, 교통량 규제기법, 시각적 처리기법
  - 노상주차 억제기법: 최소한의 주차공간을 한정하거나 포켓주차, 지그재그식의 교차주차대를 설치할 수 있고, 단주bollard를 설치하여 노상주차를 방지한다.[22]

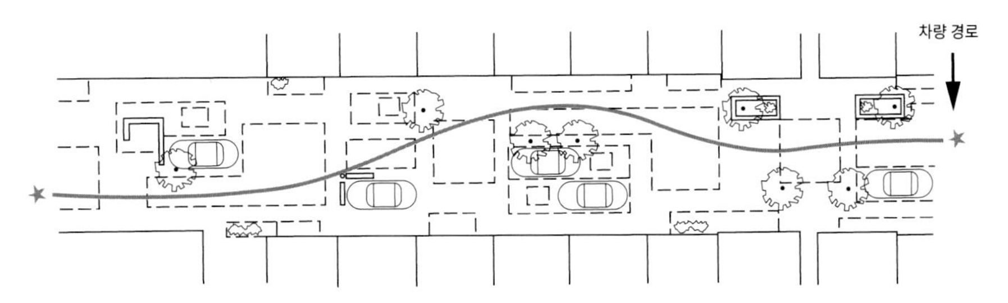

그림 5-44
보행자 도로계획
출처 : Lynch & Hack, 1984

- 보차혼용도로와 보행로의 연속
  - 도로를 보행자와 차량 구별 없이 함께 사용하는 것은 실용적이나, 교통량이 어느 정도 이상이면 혼란과 충돌의 위험이 있다.
  - 시가지에서 도로가 좁고(6m 이하), 차량통행량이 적고, 국지교통이 대부분일 때 혼용으로 하면 별 문제는 일어나지 않는다. 단지 내에서는 보도와 차도를 구분하지만 필지 내에서는 병용이 필연적이다.
  - 시가지나 단지 내에서 보행로는 연속성을 유지해야 한다. 차도의 건널목은 보도는 아니지만 보행공간이므로 교통신호, 그래픽, 레벨 돋우기, 바닥포장재 구별 등의 장치로 주의를 환기하면서 안전을 유지해야 한다. 단지 내나 필지 내에서도 보행로의 연속성을 유지하면서 보행축을 형성하도록 한다.

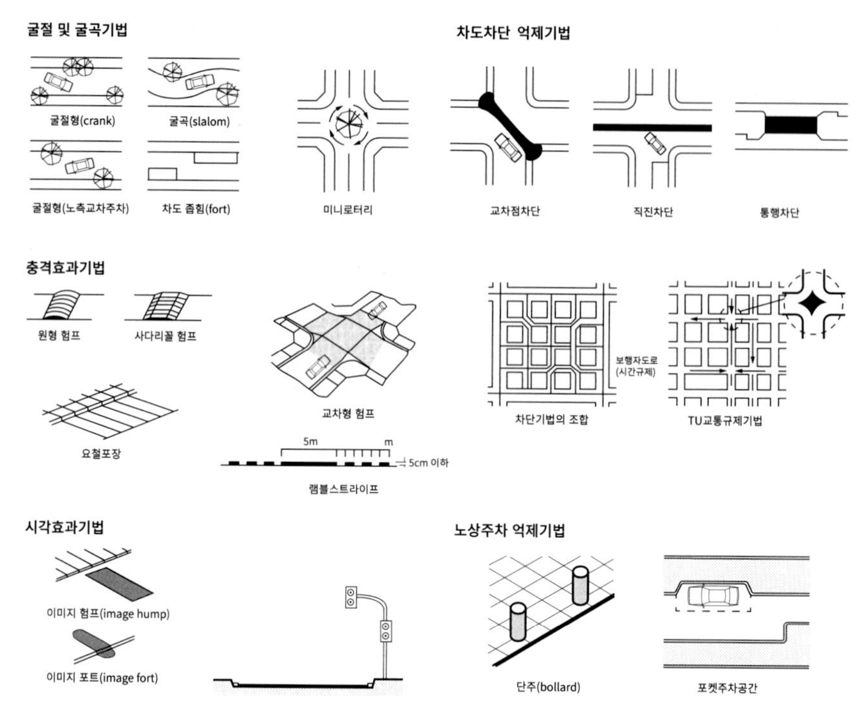

그림 5-45
보차공존도로 설계기법
출처: 김영환, 2009

보행로의 설계

- 기본적으로 보행로는 기능, 안전, 편의, 흥미를 고려하여 설계한다. 통행량, 방향, 시계를 염두에 두고 통경, 목, 거리, 계단, 옥외공지를 정하며, 안전, 보안, 편의를 고려하여 경사도, 바닥마감, 조명, 벤치, 그늘을 두고 흥미와 심미성 측면에서 식재, 바닥장식, 가로시설물 등을 도입한다.
- .보행로 폭은 일방향은 1.5m 이상, 양방향은 1.8~3m 이상이 효율적이며, 부지 내에서 위치감이나 방향 인지는 안내판에의 의존은 최소화하고 시각적 느낌에 의해 가능하도록 한다.
- 보행로는 경사도에 따라 평탄로(1/20 이하), 경사로(1/20~1/10), 계단(1/2 내외)이 있다.

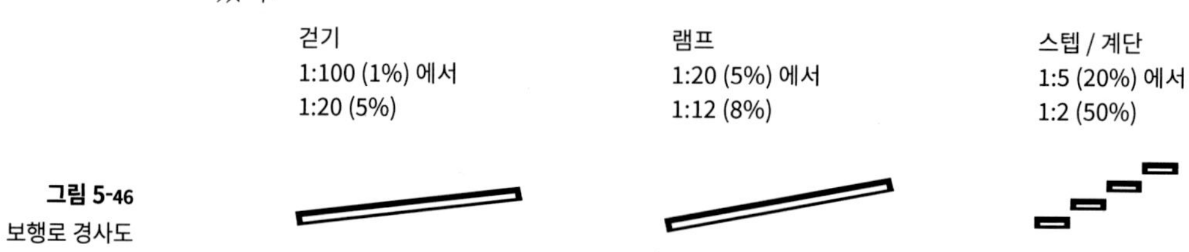

그림 5-46
보행로 경사도

- 장애인을 고려하여 차도, 보도, 건물입구 간에 단차가 있으면 경사로(1/12 이하)를 두며 차도와 보도 사이의 연석은 높이 15cm 이하로 한다.
- 일반계단에서는 챌판과 디딤판의 규격은 일정해야 하며 그렇지 않으면 헛디뎌서 넘어질 위험이 매우 크다.
- 외부계단은 일반적으로 실내계단보다는 챌판과 디딤판의 규격을 늘려야 하는데 보행동작에서 보폭과 보속의 스케일이 크기 때문이다. 디딤판이나 챌판의 규격 증감이나 경사도의 완급을 자유로이 하며, 난간대나 계단참을 고려하지 않을 수도 있다.

• 보행로의 재료는 기능과 비용을 고려하여 정한다.
- 연질보도soft : 흙, 잔디, 잔자갈 위주이며, 정원, 놀이터, 공원에 유용하다. 표면의 불규칙과 성질로 인해 침식되기 쉽고, 경량교통에만 견디며, 장애인의 휠체어 이동은 불편하다. 초기비용과 유지비용은 매우 적거나 유동적이다.
- 합성보도variable : 코블스톤cobblestone, 판석flagstone, 나무 데크 등 콘크리트바닥 위에 합성수지의 부드러운 처리로 쿠션을 둔 것이다. 운동코스로서의 부드러운 바닥면을 유지하는 것이 주된 목적이지만 자연스럽지 않은 쿠션과 빠른 마모와 분해 불가능은 문제가 되고, 비용이 많이 든다.
- 경질보도hard : 아스팔트, 콘크리트, 타일, 보도블록이나 벽돌을 촘촘히 깐 포장 등이 전형적이다. 표면은 내구성, 매끈함, 규칙성을 갖는다. 팽창 및 수축줄눈(1cm 미만)을 두며, 휠체어의 이동은 부드럽다. 초기비용이 많이 들지만, 유지비용은 상대적으로 낮다.

그림 5-47

▲◀ 코블스톤 Cobblestone
©2012 phlogPhlog_04069 @http://wvs.topleftpixel.com/photos/2008/01/prague_streetcar_corner_cobblestones_01.jpg

▲▶ 대리석 Marble
©2008 Alley of a neighboorhood near the park by Chadica from Jerusalem, Israel @https://commons.wikimedia.org/wiki/File:Alley_of_a_neighboorhood_near_the_park_(2688962160).jpg

▼◀ 판석 Flagstone
출처: @http://www.diystart.com/wp-content/uploads/2011/07/1._a_dry_laid_flagstone_patio-300x225.jpg

▼▶ 마사토 Decomposed Granite Soi
출처: https://commons.wikimedia.org/wiki/File:Decomposed_granite_path.jpg

주차장계획

주차장 계획시 고려사항

- 주차장은 소요면적이 크고 부지와 건물의 면적과 계획, 그리고 비용에 큰 영향을 주기 때문에 법규 확인과 비용검토를 하는 것이 필수적이다.
- 주차장의 진출입로와 시설방식은 우선적 고려사항이다. 옥외주차는 넓은 부지면적에서 가능하며, 건물 내로 한다면 주차층, 진출입 통로의 배치와 주차로의 연계, 그리고 구조에 유의하여 부지계획을 하게 된다.
- 건물, 지형과의 관계를 고려하고 주차장 형태와 차량동선을 검토한다.
- 도시경관 측면에서 차폐screening를 고려해야 한다.
- 장애인주차와 서비스동선, 비상동선을 고려해야 한다.

주차 유형 및 방식

• 주차장 유형

주차장의 유형에는 옥외주차장, 건물 내 주차장, 주차전용건물, 주차구조물 등이 있는데 순환, 안전, 비용에서 적절해야 한다. 도로를 기준으로 하면 노상주차장on-street parking과 노외주차장off-street parking이 있다.

• 주차장 구성

주차장은 주차칸, 주차통로, 진출입로로 구성되는데 길이, 폭, 높이, 전후 돌출물, 회전반경 등에서 적절해야 한다. 부지에 승용차 외에 버스나 트럭이 진입한다면 주차장의 제원은 특별히 정하여야 한다.

• 주차 방식

승용차를 기준한 주차 1대의 주차칸과 통로의 적정 규격과 특징은 다음과 같다.

- 직각주차(주차칸 2.5m×5.0m, 통로폭 6.0m) : 면적 대비 효율성이 가장 크며, 막다른 지역에서 2방향 통행을 가능하게 하기 때문에 편리하다

- 평행주차(2.0m×6.0m, 통로폭 5.0m) : 주차는 어렵고 주차칸이 길어야 하지만, 도로가를 활용하기에 쉽다.
- 사각주차(2.5m×6.0m, 통로폭 5.0m) : 폭이 좁은 공간에 유용하며, 직각주차장 보다 1m의 폭을 감소시킬 수 있다
- 일렬로 늘어선 주차 : 차량 두 대를 가까이 근접시킬 수 있기 때문에 공간 이용의 효율면에서 유리하다.

구분	너비	길이
경형	1.7미터 이상	4.5미터 이상
일반형	2.0미터 이상	6.0미터 이상
보도와 차도의 구분이 없는 주거지역의 도로	2.0미터 이상	5.0미터 이상
이륜차전용	1.0미터 이상	2.3미터 이상

표 5-5
평행주차형식의 경우

구분	너비	길이
경형	2.0미터 이상	3.6미터 이상
일반형	2.5미터 이상	5.0미터 이상
확장형	2.6미터 이상	5.2미터 이상
장애인전용	3.3미터 이상	5.0미터 이상
이륜자동차 전용	1.0미터 이상	2.3미터 이상

표 5-6
평행주차형식 외의 경우

주차대수 1대에 대한 면적기준은 직각주차 주차칸 12.5m²에 통로 12.5m²를 감안하면 25m²는 잡아야 한다. 이 경우 주차장의 연면적은 위락단지나 공동주택을 기준하면 건물연면적(주차장 불포함)의 1/4 정도에 이르게 된다.

구분	법정 주차면적	비율	주차장 필요면적
지상층 주차장	12.5㎡	200%	25㎡
지하층 주차장		300%	37.5㎡
8대 이하의 소규모 주차장		150%	18.75㎡

표 5-7
주차대수 1대에 대한 면적기준

그림 5-48
주차방식

직각주차

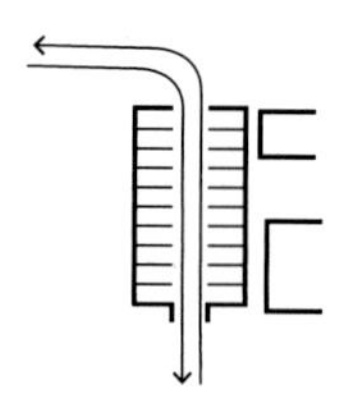

양방통행로의 경우, 양쪽 주차공간에의
진출입을 위해서, 직각주차 방식을 적용해야 한다.

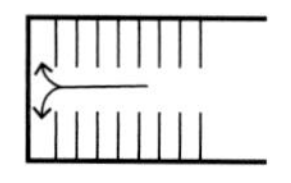

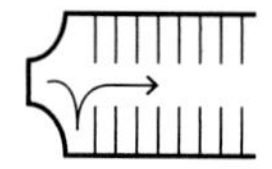

통행로가 순환형이 될 수 없을 경우, 차량의 갇힘을
방지하기 위해서 끝부분에 회전 공간을 확보해야 한다.

사각주차

일방통행로, 한 쪽에만
주차칸이 설치되는 경우,
사각주차가 좋다.

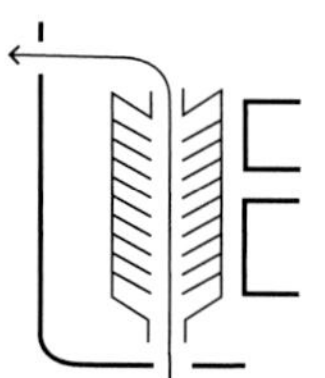

일방통행로, 양측 주차칸의 경우,
사각주차가 좋다.

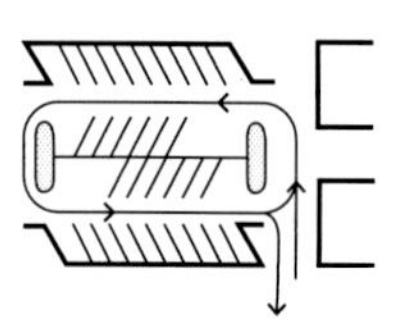

일방통행로, 다중 주차장의
경우 역시 사각주차가 좋다.

평행주차

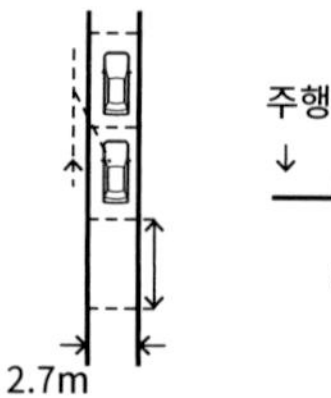

평행주차 방식은 차량 통행량이 적고
저속 운행하는 도로로서 직각주차장을
설치하기에는 도로용지 폭이
충분하지 않은 곳에 설치하기에 적합하다.

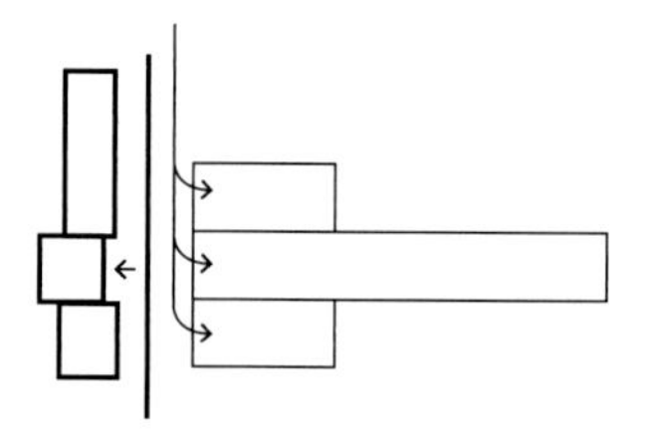

여러 개의 짧은 주차장을 설치하는 것이
한 개의 주차장을 길게 만드는 것보다
좋다(주차장 최대 길이 약 120m 이하)

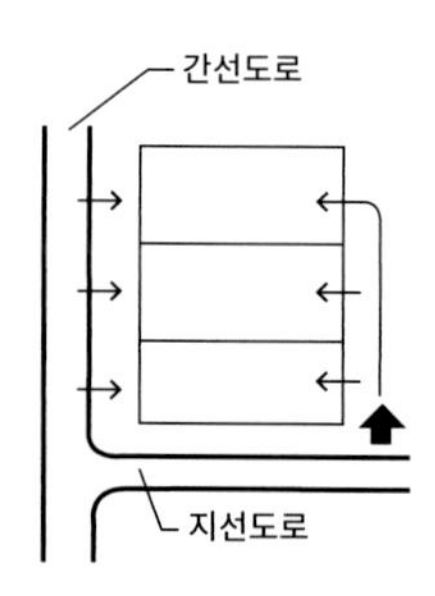

주차장 진출입로를 여러 곳에 설치하면
(특히 주요 간선도로의 경우)
혼란, 교통 장애, 사고 위험이 있다.
대형 주차장에는 신속한 소통을 위해서
진출입로를 하나 더 설치하는 것이 필요하다.

주차장의 설치기준

• 노외주차장

- 토지이용현황, 노외주차장 이용자의 보행거리 및 보행자를 위한 도로상황을 고려하여 이용자에게 편의를 도모한다.
- 단지조성사업에 따른 노외주차장은 주차수요가 많은 곳에 설치하며, 가급적 공원, 광장, 대로변 및 상가의 인접지역 등에 연접하여 배치한다.
- 주차대수 400대를 초과하는 규모의 노외주차장의 경우 주차장의 입구와 출구를 각각 따로 설치한다.

• 주차구획 기준

- 일반주차장 : 2.5m × 5.0m
- 장애인주차장 : 3.5m × 5.0m, 장애인용은 휠체어 사용이 가능하게 주차칸 폭을 넓히고(3.5m), 입구에서 가장 가깝고 안전한 위치에 설치한다.
- 평행주차식 : 2.0m × 6.0m

• 주차장의 구조

차량출입로는 보행자 안전을 고려한다면 3.5m 정도로 제한한다.

부지에 따라서 주차장을 몇 개의 주차구역으로 조성하는 경우에 주차구역은 순환로에 의해 연속되게 하며, 회전은 줄이고, 막힌 통로는 없앤다. 보행자의 안전 및 편리를 위해 접근통로, 바닥표시, 바닥처리를 하며 필요한 경우에는 보행브리지나 데크를 둔다.

옥외주차장은 평탄지라도 빗물 배수를 위한 경사가 필요하며(1/20 또는 5% 이하), 상이한 레벨을 연결하는 경사로에서는 종단부근에서 시야가 상하좌우로 확보되게 한다. 경사로의 경사는 직선구간은 1/6(17%) 이하로, 곡선구간은 완화하여 1/8(12%) 이하로 한다.

지하주차장은 내부의 환기와 보안 외에도 경사로 출입구에 충분한 에이프런 apron을 두어 시계와 안전을 확보한다.[23]

표 5-8
건축물 부설주차장
출처: 주차장법 시행령 [별표 1]

시설물	설치기준
1. 위락시설	• 시설면적 100m^2당 1대(시설면적/100m)
2. 문화 및 집회시설(관람장을 제외한다), 판매 및 영업시설, 의료시설(정신병원 · 요양소 및 격리병원을 제외한다), 운동시설(골프장 · 골프연습장 및 옥외수영장을 제외한다), 업무시설(오피스텔을 제외한다), 공공용시설중 방송국	• 시설면적 150m당 1대(시설면적/150m)
3. 제1종 근린생활시설(건축법시행령 별표 1 제3호 바목 및 사목을 제외한다), 제2종 근린생활시설, 숙박시설	• 시설면적 200m^2당 1대(시설면적/200m^2)
4. 단독주택(다가구주택을 제외한다)	• 시설면적 50m^2 초과 150m 이하 : 1대 • 시설면적 150m^2 초과 : 1대에 150m^2를 초과하는 100m^2당 1대를 더한 대 수[1+ {(시설 면 적 -150m^2)/100m^2}]
5. 다가구주택, 공동주택(기숙사를 제외한다), 업무시설중 오피스텔	• 주택건설기준등에관한규정 제27조제1항의 규정에 의하여 산정된 주차대수. 이 경우 오피스텔의 전용면적은 공동주택의 전용면적 산정방법을 따른다.
6. 골프장, 골프연습장, 옥외수영장, 관람장	• 골프장 : 1홀당 10대(홀의 수10) • 골프연습장 : 1타석당 1대(타석의 수x1) • 옥외수영장 : 정원 15인당 1대(정원 15인) • 관람장 : 정원 100인당 1대(정원 100인)
7. 그 밖의 건축물	• 시설면적 300m^2당 1대(시설면적/300m)

그림 5-49
선유도공원

■ 오픈스페이스 계획 Open Space Plan

오픈스페이스는 사회적 접촉을 위해 가장 중요한 도시공간이다. 따라서 심리적 개방성 및 생태적 연속성을 고려해야 한다. 오픈스페이스 계획은 건물과 함께 전체적 배치체계에서 일관된 질서나 축을 유지해야 하며 부지 전체를 입체적으로 조성하고 공간조직을 강화하는데 기여한다.

▌오픈스페이스 계획방향

| 환경적, 경관적 측면

도시환경과 자연환경, 그리고 인간의 생활환경이 상호 복합적으로 조화되도록 접근한다. 공원녹지네트워크 구축, 자연자원의 적극적 활용, 접근성 및 활용도를 높이는 방향으로 계획한다.

| 커뮤니티 측면

지역 거주자 상호간에 사회적 접촉을 고양하기 위해 이용자의 특성을 고려한 오픈스페이스를 형성한다.

| 위락활동적 측면

놀이, 운동, 휴식, 산책 등의 위락활동이 다양하게 펼쳐질 수 있도록 옥외위락활동의 총체적인 유형을 정확하게 파악하고 접근한다.

▌오픈스페이스의 영역별 특성

오픈스페이스를 접근성accessibility과 점유방식claim에 따라 공적public, 반공적semi-public,반사적semi-private, 사적private공간으로 분류할 수 있다.

- 공적 공간 : 모든 사람들이 이용할 수 있는accessible to all peoples광장, 공원과 같은 공공 모임 공간, 인도와 가로와 같은 연결 공간
- 반공적 공간 : 단지 내 속한 사람들만 접근 가능한 공간. 특정 개인의 소유 불가능, 집단에서 강한 일체감과 소속감을 느낄 수 있는 영역 (집합주택의 진입로, 어린이놀이터, 주차시설 등)
- 반사적 공간 : 개인소유, 물리적인 접근에 대한 통제, 방어가 가능하지만 시각적으로 타인에게 열려있는 영역 (개별 주호의 입구, 전정, 테라스, 발코니 등)
- 사적 공간 : 앉고, 쉬고, 먹고, 정원 가꾸기 등을 할 수 있는 공간 (중정, 후정 등)

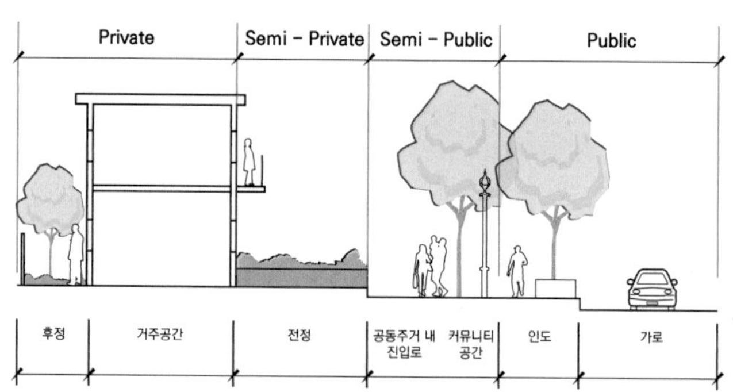

그림 5-50
접근성과 점유방식에 따른 오픈스페이스의 영역 분류

그림 5-51
반사적 공간_ 테라스

배치기법[24]

핵화 Focalization

위치로 보아 산발적으로 흩어져 있고 형태와 기능이 동일하지 않은 여러 구성요소 중에서 규모가 가장 크거나 활동이 활발한 요소 또는 시각적으로 가장 지배적인 요소를 오픈스페이스의 체계의 핵, 또는 초점으로 설정하여 그 요소의 영향이 주변으로 확산되게 한다.

결절화 Nodalization

방향성이 서로 다른 오픈스페이스 구성요소들이 서로 만나서 형성되는 결절점에 다양한 특성과 용도를 복합적으로 배치한다.

위요 Encirclement

핵의 영향권 범위를 뚜렷이 하여 오픈스페이스의 성격을 부각시키기 위해 천변녹지, 도로연변 녹지대 등의 띠형의 오픈스페이스 요소로서 그 주변을 둘러싼다.

중첩 Superimposition

정연한 인공 환경의 질서위에 자유롭고 가변성이 큰 오픈스페이스 체계를 중첩함으로써 도시의 인공성과 정형성을 완화시키고 접근성이 좋은 오픈스페이스 체계를 형성한다.

관통 Penetration

중첩과 유사한 개념이나 보다 강력한 선형의 오픈스페이스 요소가 인공환경 속을 명쾌하게 뚫고 지나감으로써 중첩의 효과를 이루고 인공성과 단조감을 극복한다.

연속 Sequence

오픈스페이스 체계를 형성하는 가장 중요한 개념으로서, 각 오픈스페이스마다 독립되고 완결된 활동과 체험을 선형으로 연결하여 이용자가 시간의 흐름에 따라 보다 풍성하고 충체적인 체험을 얻도록 한다.

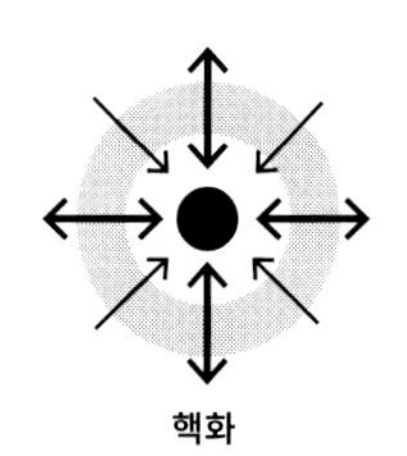

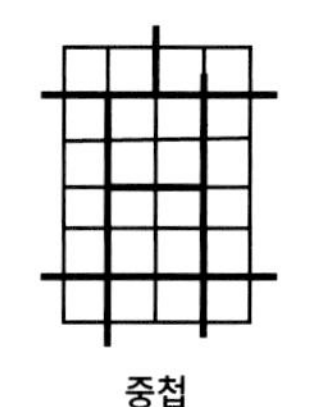

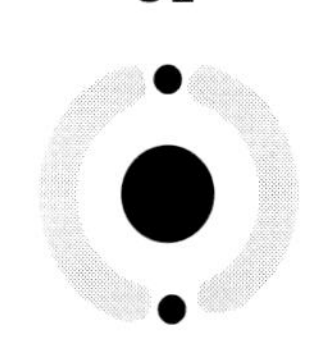

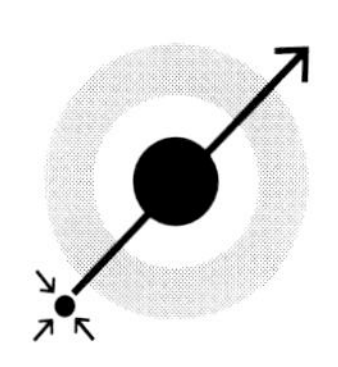

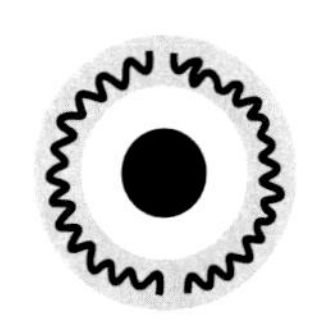

오픈스페이스 배치기법
출처: 김영환, 2009

오픈스페이스의 유형

공원 Park

- 공원은 자연경관을 보호하고 시민의 건강·휴양 및 정서생활을 향상시키기 위한 공간으로, 휴식, 여가활동 등 이용자의 정적 및 동적 옥외활동을 수용할 수 있도록 자연적 요소를 기반으로 한 옥외활동 공간을 마련하도록 계획한다. 크게 생활권공원과 주제공원으로 나누고 세부적으로 소공원, 근린공원, 수변공원, 역사공원, 채육공원 등이 있다.
- **소공원** pocket park

도시나 마을의 길모퉁이나 보행자 공간의 일부 등의 자투리땅에 조성하는 공원으로, 포켓파크, 쌈지공원, 한평공원 등 다양한 유형으로 확대되고 있다. 그러한 개념으로 최초로 조성된 곳이 미국의 페일리 파크Paley Park다. (그림 5-52 참조)

그림 5-52
페일리 파크 Paley Park
출처: ©2016 paley-park-tree-canopy by amandadluhy @https://www.pps.org/places/paley-park

페일리 파크는 1967년경 미국 맨해튼의 페일리 일가 소유의 빌딩 사이 사유지에 조성된 것이었다. 390㎡(약 120평)의 크기의 자투리땅에 벽면 폭포와 담쟁이덩굴, 활엽수, 탁자와 의자들을 배치하여 빌딩숲이 아니라 폭포 소리 가득한 자연의 숲에 와 있는 듯한 분위기를 만들었다. 회색 도시의 자투리 공간을 자연과 휴식과 소통의 공간으로 전환시킨 환경 개선으로 포켓 파크의 효과를 증명했고, 미국에서 가장 훌륭한 공공장소 중 하나로 꼽힌다.

• **근린공원** neighborhood park

근린거주자 또는 근린생활권으로 구성된 지역생활권 거주자의 보건·휴양 및 정서생활의 향상에 기여함을 목적으로 설치된 공원이다. 최근 근린공원에 대한 지역주민들의 니즈가 커지고 있으므로 환경성, 접근성, 기능성을 고려한 계획이 이루어져야 한다. 토지이용, 동선, 시설물배치, 식재계획에 있어 각 기능간의 상호관계를 고려해야 한다.

그림 5-53
런던 그린 파크 Green Park_London
출처:@httpscommons.wikimedia.orgwikiFileGreen_Park,_London_-_April_2007.jpg

그림 5-54
성남 제 1공단 근린공원

• **선형 공원** linear park

폭에 비해 길이가 긴 형태적 특성을 가지는 공원으로, 이러한 특성으로 인해 상대적으로 높은 접근성을 지니며 주변 지역과 연계된 공간을 제공할 수 있다. 하천변, 고가도로 하부, 폐철도 부지, 폐도로 등을 활용해 건설할 수 있다. 대표적인 예로 뉴욕의 하이라인(High Line), 서울로7017 등이 있다. 하이라인은 뉴욕시에 있는 길이 1마일(1.6 km)의 선형공원으로 폐철도 선로를 재생하여 전 세계적으로 주목받고 있는 명소가 되었으며, 서울로 7017은 1970년 만들어진 서울역고가도로가 2017년 17개의 사람이 다니는 길로 재생된 도시공원이다. (그림 5-55, 5-56 참조)

그림 5-55
◀ 뉴욕 하이라인(전)
▶ 뉴욕 하이라인(후)
High Line, New York
출처: (좌) ©2008 history_photo3 @ https://www.thehighline.org/history/
(우) ©2004 @https://commons.wikimedia.org/wiki/File:Highline_NYC_4546199798_2fb244ec8b.jpg

그림 5-56
서울로 7017
출처 : https://commons.wikimedia.org/wiki/File:Seoullo_7017_02.jpg

| **공원** Plaza, Square

- 도시의 중심부에 세워져서 공동체 모임에 쓰이는 열린 공간이며 시청광장, 시민광장, 도시광장, 공공광장, 플라자 등의 각기 다른 명칭으로 쓰인다.

▲ **그림 5-57**
캄피톨리오 광장
Piazza del Campidoglio
출처: ©2012 Campidoglio (4885395266) by Campidoglio @https://commons.wikimedia.org/wiki/File:Campidoglio_(4885395266).jpg

◀ **그림 5-58**
산마르코 광장
Piazza San Marco
출처: ©1993 Piazza San Marco 16 Sett 1993 01 by Infrogmation @httpscommons.wikimedia.orgwikiFilePiazza_San_Marco_16_Sett_1993_01.jpg

| 정원 Garden

- 식물을 중심으로 자연물과 인공물을 배치하고 전시 및 재배, 가꾸기 등이 이루어지는 공간이다. 국가정원으로부터 옥상정원에 이르기까지 다양한 정원이 존재한다. 특히 옥상정원은 열섬효과 완화 등의 환경적인 효과도 있으면서 도심의 녹색 휴식처로 최적의 힐링 장소가 된다.

그림 5-59
순천만 국가정원
출처: 순천시 제공

그림 5-60
평촌서울나우병원 하늘정원

| **마당** Courtyard

- 건물이나 벽으로 둘러싸인 지붕이 없는 공간으로 주거 뿐 아니라 상업시설, 공공시설 등에서도 사용된다. 주거의 마당은 손님을 맞이하는 공간이기도 하고, 가족들이 함께하는 활력의 장소가 되기도 한다. 또한 비움의 공간으로 사색과 계절의 풍요로움을 느끼는 공간이기도 하다.

▲ **그림 5-61**
마당_일두 정여창 고택

◀ **그림 5-62**
코벤트 가든 Covent Garden

| 내부 공간 확장으로서의 오픈스페이스 Open Space

- 내부와 외부의 사이공간in-between space개념을 갖는 공간으로, 전통 한옥의 마루나 발코니, 테라스, 중정이 대표적인 예이다. 중정은 내부공간의 일부로서 실들의 소통을 원활하게 하고 자연 채광과 자연 환기의 적극적인 유입을 통해 공간을 풍요롭게 만든다.

그림 5-63
내·외부 사이공간 역할을 하는 마루_일두 정여창 고택

그림 5-64
내부공간 확장으로서의 테라스_평촌서울나우병원

| 녹지계획 Green Space Plan

녹지는 기능에 따라 완충녹지, 경관녹지, 연결녹지로 구분되고 있다.(「도시공원및녹지등에관한법률」제35조 참조) 녹지는 도시의 생태적 안정성을 확보하기 위해 필수불가결한 요소이므로 공원, 하천, 가로수길 등과 연계하여 생태 네트워크를 구성하는 것이 바람직하다.

• 완충녹지

공장, 사업장 등에서 발생하는 공해가 주거지나 교육·연구시설에 미치는 악영향을 차단·완화하거나 상충되는 토지이용조절, 재해 등의 발생시 피난을 목적으로 설치하는 완충녹지는 해당지역의 풍향과 지형에 대한 고려가 우선되어야 한다.

간선가로변 완충녹지의 경우, 주거지 변에는 마운딩mounding녹지대를 조성하여 주거환경에 악영향을 최소화하며, 주거지 내 조경지와 산책로 등을 통해 연결시키면 그 기능을 확대시킬 수 있다.

그림 5-65
완충녹지_송도 컨벤시아대로
출처: https://map.naver.com/v5/?c=14096731.3301497,4492222.2923678,17,0,0,0,dha&p=sHhSOM0yO_DOIp1A5jUF4Q,-4.67,-4.58,80,Floa

• 경관녹지

도시의 자연적 환경을 보전하고 이미 훼손된 지역을 복원·개선함으로써 도시경관 향상을 도모하는 경관녹지는 도시의 자연환경 보전을 목적으로 설치하는 경우와 주민의 일상생활에 있어 쾌적성과 안정성 화보를 목적으로 설치하는 경우로 구분된다.

그림 5-66
경관녹지
출처: https://www.maxpixel.net/Park-City-Landscape-Buildings-Green-Architecture-4229872

- **연결녹지**

단지내 공원·녹지와 일상생활의 동선이 연결되도록 공원과 공원, 공원과 녹지, 녹지와 녹지간 네트워크를 형성하고 도시의 공원·녹지체계로 확대 연계시킴으로써 녹지의 양적, 질적 수준 제고에 필수적 요소가 되고 있다.

연결녹지는 숲, 하천으로 연결되어 야생 동·식물의 일시적, 영구적 서식지 및 생태이동통로로서 기능하는 경우와 주요 공원 및 녹지를 주거·상업지역 및 공공시설에 연결시켜 도시민의 건강증진 및 여가기회 증대, 안전성 및 쾌적성을 증진시키는 녹도로서 기능하는 경우로 구분할 수 있다.

그림 5-67
연결녹지_동천변그린웨이도시숲
출처:전남도

그림 5-68
광교호수공원

■ 경관계획 Landscape Plan

경관은 부지와 건축물의 기능과 성격을 종합적으로 드러내며, 지역사회에서 중요한 사회적 기능을 가질 수 있다. 경관의 특성을 폭넓게 이해하고 그 방향을 생각하는 작업은 사이트 디자인에서 가장 중요한 일이 된다.

▌경관계획의 기본방향

| 목표

프로젝트의 기능과 설계 주제를 고려하여 경관적 정체성을 위한 이미지를 설정한다. 이를 위해 지역의 역사적·문화적 맥락도 함께 고려되어야 한다. 이미지를 구체화시킬 수 있는 목표를 설정하고 경관성에 초점을 맞추어 계획하여야 한다.

| 추진전략

경관계획의 기본방향을 구체화하고 실현할 수 있는 방안을 제시한다. 프로젝트 유형에 따라 보존, 재생적 관점에서 전략 수립이 필요하다. 경관분석은 경관자원

분석, 경관요소분석, 경관구조분석, 경관가시권분석으로 나누어 경관분석을 수행한 후 경관 저해요소의 극복수단이나 잠재력을 강화할 수 있는 방안이 제시되어야 한다.

| 경관의 유형

▲**그림 5-69**
조망경관_성남 제1공단 근린공원

▼**그림 5-70**
가로경관_분당 정자동 시각통로

• 자연경관

자연경관은 녹지중심의 그린경관과 물중심의 블루경관으로 나눠진다. 자연경관은 장소성과 상징성을 극대화시키기 위해 가장 중심에 위치하여 거점경관요소로 사용하기도 한다. 단지중앙에 공원이나 분수와 같은 시설을 배치하여 조망점과 조망경관의 역할을 담당한다.[25]

• 인공시설물경관

단위건축물이나 건축물군이 지배적인 경관요소로 작용하고 이를 조망할 수 있는 이동경관통로인 가로와 보행로가 있으며, 정적인 경관장소인 광장 등의 오픈스페이스가 있다. 특히 가로경관의 경우 경관축과 시각통로, 그리고 시각적 연속성 역할을 담당하고 가로시설물을 통해 장소경관을 형성한다.

경관구상

경관분석을 바탕으로 경관구상의 방향을 설정한다, 경관구상도는 대상지뿐만 아니라 주변지역까지 포함하여 경관계획에 관련된 내용을 종합적으로 나타낼 수 있도록 다음과 같은 내용 중심으로 작성한다.

경관권역 : 단지의 토지이용과 기능에 따른 경관권역을 설정하여 권역별 테마와 함께 장소성을 시각적으로 구성한다.

그림 5-71, 5-72는 용인 보라택지개발지구의 권역별 경관계획에서 사용된 이미지 특화구상으로 점, 선, 면을 이용한 지역경관계획을 도출한 것을 보여주고 있다.[26]

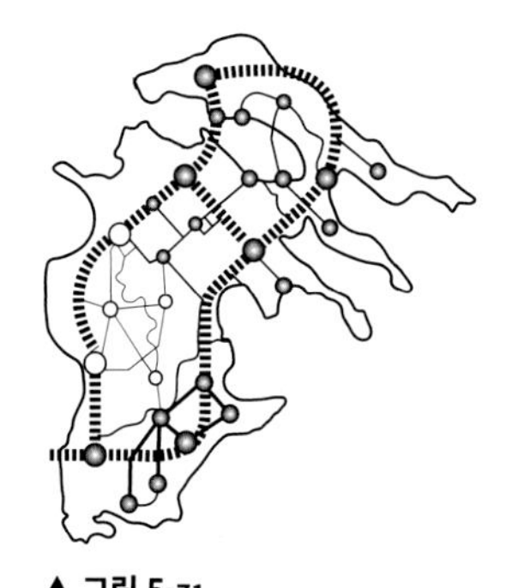

▲ 그림 5-71
경관권역구분도
출처: 한국도시설계학회, 2009

면(권역)

선(네트워킹)

점(랜드마크)

◀ 그림 5-72
경관권역계획-면, 선, 점

- 경관축

분석에서 나타난 다양한 축을 계획적 구상으로 표현하며 통경축, 자연녹지축, 보행축 등이 포함된다.

- 경관거점

특정공간이나 시설에 경관적 가치부여와 이를 중심으로 경관의 위계를 표현한다. 이는 주요 조망점으로 활용하는 동시에 조망대상으로도 계획할 수 있고, 진입구로부터 공간 및 시각적 연계성을 통해 단지의 중심적 혹은 권역의 중심적 역할을 담당할 수 있도록 한다.

- 입체성

대상지내 계획된 시설과 공간의 입체화와 주변의 경관의 연계성을 계획하는 것으로 도시조직 안에서의 스카이라인, 거리에 따른 조망구조, 파노라마경관, 도시벽 등에 대한 모습을 3차원적 조감도면 형식으로 표현한다.

• **경관시뮬레이션**

- 경관시뮬레이션은 도로, 공원, 교차로 등의 주요 조망점에서 사람 눈높이에서 보이는 조망을 위주로 제작한다.
- 특정경관계획의 경우, 주요 조망점에서의 조망과 경관축, 경관거리점 등의 주요 대상에 대한 경관 변화를 판단하거나 예시에 필요할 경우나, 환경영향평가를 위해 필요한 경우 작성한다.

표 5-9
경관 시뮬레이션 예시도
출처: 노량진 I 재정비촉진구역 주택재개발정비사업 환경영향평가보고서

조망점 3	위치 : 고구동산(노량진근린공원) 내	이격거리 : 0.3km
사업시행 전 (현황사진)		
사업시행 전 (경관시뮬레이션)		

- 사업지구 북동측 노들역 입구(노들나루공원)에서 조망하였으며, 사업지구내 고층의 주택건축물 입지로 서측에 인접하여 계획중인 본동 장기전세주택사업(33층)과 더불어 경관변화 및 영향이 불가피할것으로 예상됨
- 건축물 전면부의 공개공지 녹지계획으로 풍부한 녹음이 계획되어 가로환경 개선으로 긍정적인 경관 변화가 예상됨

■ 시뮬레이션 전

■ 시뮬레이션 후

경관분석

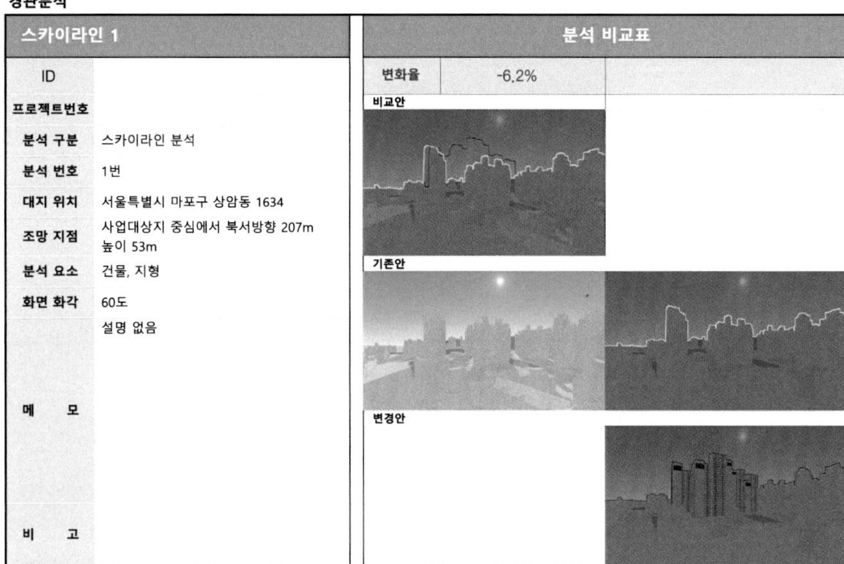

스카이라인 1	
ID	
프로젝트번호	
분석 구분	스카이라인 분석
분석 번호	1번
대지 위치	서울특별시 마포구 상암동 1634
조망 지점	사업대상지 중심에서 북서방향 207m 높이 53m
분석 요소	건물, 지형
화면 화각	60도
메 모	설명 없음
비 고	

분석 비교표	
변화율	-6.2%
비교안	
기존안	
변경안	

경관분석

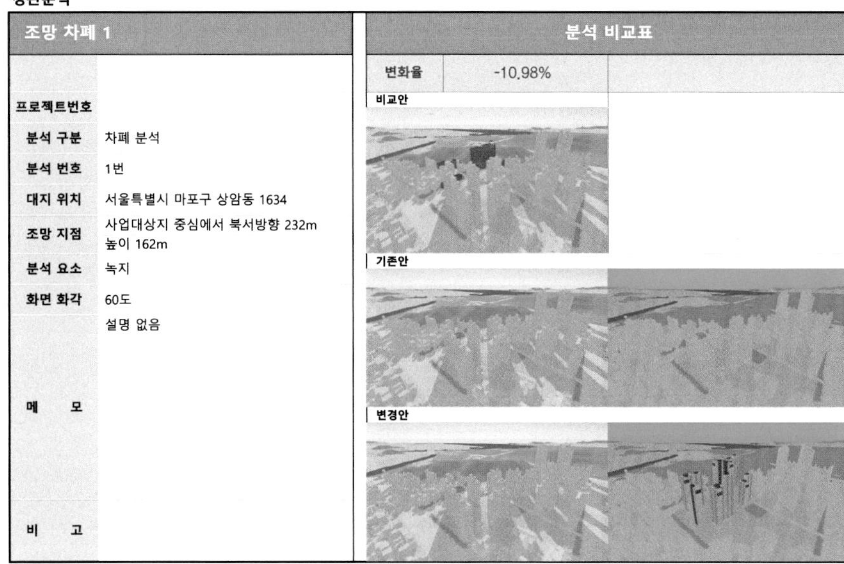

조망 차폐 1	
프로젝트번호	
분석 구분	차폐 분석
분석 번호	1번
대지 위치	서울특별시 마포구 상암동 1634
조망 지점	사업대상지 중심에서 북서방향 232m 높이 162m
분석 요소	녹지
화면 화각	60도
메 모	설명 없음
비 고	

분석 비교표	
변화율	-10.98%
비교안	
기존안	
변경안	

그림 5-73
경관시뮬레이션 (예시도)_
출처: 텐일레븐의 인공지능 건축설계 솔루션 빌드잇(BUILDIT)

| 도시경관의 접근방법

도시경관은 도시형성의 작용의 결과이자 축적물로서 시각적으로 감지된다.
도시경관은 도시를 직접적으로 구성하는 건축물과 외부공간뿐 아니라 도시의 여러 활동이나 독특한 분위기, 문화적 취향, 이미지 등 비물리적, 비시각적인 요소를 포함한다.

· 시각적 접근[27]

- 시각적 접근은 구체적인 대상물의 형태나 공간적 특징을 분석한다.
- 고든 쿨렌Gordon Cullen의 연속적 시각serial vision(그림 5-74)은 관찰자와 대상자간의 관계를 관찰자의 입장에서 연속적 시각, 장소, 내용으로 구분하여 삽화와 함께 도시경관을 분석한 것이다.

그림 5-74
연속적 시각 Serial Vision
출처: Cullen, 1961

To walk from one end of the plan to another, at a uniform pace, will provide a sequence of revelations which are suggested in the serial drawings opposite, reading from left to right. Each arrow on the plan represents a drawing. The even progress of travel is illuminated by a series of sudden contrasts and so an impact is made on the eye, bringing the plan to life (like nudging a man who is going to sleep in church). My drawings bear no relation to the place itself; I chose it because it seemed an evocative plan. Note that the slightest deviation in alignment and quite small variations in projections or setbacks on plan have a disproportionally powerful effect in the third dimension.

· **인지적 접근** [28]

- 인지적 접근은 도시는 개인적인 이미지가 겹쳐져서 하나의 공적인 이미지를 형성한다고 본다. 인지지도cognitive map는 자신이 기억하고 있는 일정 장소를 그린 지도로서 실제의 지도와 차이가 난다. (그림 5-75 참조)

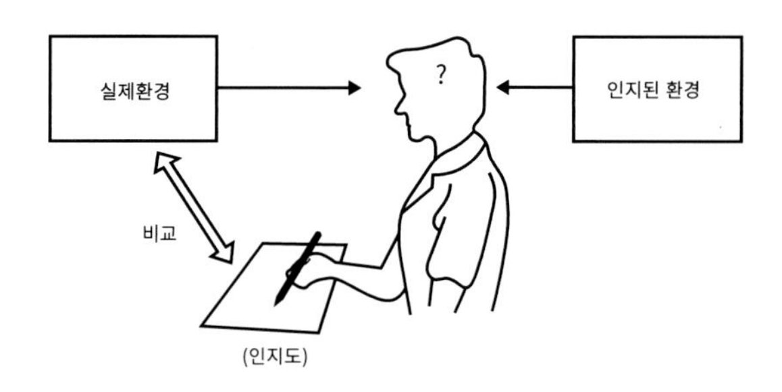

그림 5-75
인지지도
출처: 김영환, 2009

- 케빈 린치Kevin Lynch는 시민의 심상에 자리 잡고 있는 도시의 심적 이미지mental image연구를 통해 도시의 시각적 특징을 분석하여 도시의 이미지를 구성하는 5개 요소를 도출하였다. (그림 5-76 참조)

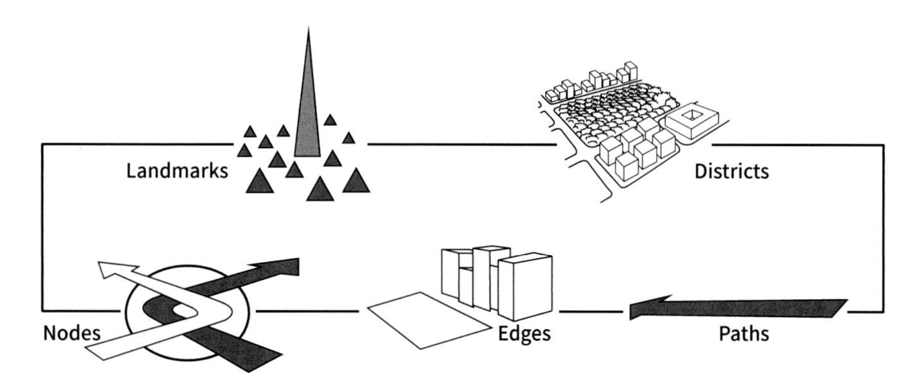

그림 5-76
케빈 린치의 5가지 도시이미지
출처 : Lynch, 1960

- 통로 path : 사람과 차량이 이동하는 동선통로이며, 거리·보도·골목·오솔길 등이 해당된다.
- 경계 edge : 해변, 담 등 서로 이질적인 영역의 경계를 의미한다.
- 결절점 node : 통로의 교차로와 같이 여러 방향의 흐름이 모이는 곳으로, 사람들

이 모여 커뮤니티가 일어날 수 있는 장소를 포함한다. 대표적인 예로 뉴욕의 타임스퀘어, 서울시청광장이 있다.

- 랜드마크 landmark : 지역의 대표성으로 인지되는 상징적 존재로 남산타워와 같은 수직적 랜드마크와 뉴욕의 센트럴파크와 같은 수평적 랜드마크가 있다.
- 지구 district: 고유의 식별성을 갖는 면적인 영역으로 고유의 정체성이나 성격으로 구별되는 도시의 비교적 큰 구역을 의미한다. 강남의 테헤란로 업무지구, 북촌 한옥마을 지구 등이 대표적 예이다.

그림 5-77
통로 Path _ 남이섬 메타세콰이어길
출처: http://www.wetravel.kr/bbs/board.php?bo_table=galeri&wr_id=58&page=4&device

그림 5-78
경계 Edge _ 분당 탄천변

그림 5-79
결절점 Node _ 파리 개선문
출처: @https://amazetravel.com/tour-item/classic-france/

그림 5-80
랜드마크 Landmark _ 남산타워
출처: @https://www.wowtv.co.kr/NewsCenter/News/TravelRead?articleId=959788

그림 5-81
지구 District _ 경주 양동마을
출처: @경주문화관광, 관광지, 양동마을 https://www.gyeongju.go.kr/tour/page.do?mnu_uid=2695&con_uid=280&cmd=2

경관과 지각요소

경관은 관찰자가 일정한 거리를 두고 관조하는 것으로 그 결과로 형성되는 심상, 혹은 이미지로 대표된다.
경관과 지각요소의 관계를 크게 공간의 감성sense of space, 장소성sense of place, 그리고 시간의 감성sense of time의 3요소로 나누어 볼 수 있다.
경관의 지각에서 이들 3요소는 서로 영향을 미친다.

"Sensing is being alive…
Sensed quality of a space is
an interaction between its form and its perceiver."
- Kevin Lynch

사이트 디자인은 부지환경에 대해 2차원적 계획에서 3차원적 사고를 거쳐 설계의 영역에 도달한다. 위에서 언급한 요소들을 기반으로 의도적 해결을 시도한다.

공간의 감성 Sense of Space

공간은 3차원 확장체이며 모든 감각을 통해 지각할 수 있다. 공간은 어떤 물체 또는 다른 공간과 관계를 맺으면서 그로부터 그 공간의 의미를 얻기도 한다. 공간은 바닥, 천장과 같은 수평요소와 벽과 같은 수직요소로 구성되지만, 조망view이나 전망vista요소들과 공간을 연결할 수 있다.
공간은 빛, 색채, 질감, 스케일로 한정되는데 실제 지각은 공간적 착각에 의해 조정될 수 있다. 외부의 빛은 시간, 계절, 기상조건에 따라 달라지는데 이는 경관의 형태, 색채, 질감에 영향을 주게 된다.
공간에는 사람의 감성을 움직이는 힘이 있다. 극적인 공간 연출로 감동시키기도 하고 추모심이나 신앙심을 불러일으키기도 하고 때로는 감정을 평화롭게 만들기도 하면서 내적 다양성을 만들어낸다.

- **비움** void
  - 사람들은 넓고 빈 공간에서는 압도되는 느낌을 받거나 자유나 행동의욕을 느끼기도 한다.
  - 구축과 비움이라는 관계 속에서 루이스 칸Louis Kahn이 설계한 솔크 연구소Salk Institute와 같이 비움으로 얻게 되는 명상과 사색의 공간을 창출하게 된다.

그림 5-82
비움으로 얻게 되는
명상과 사색의 공간_
솔크 연구소 Salk Institute

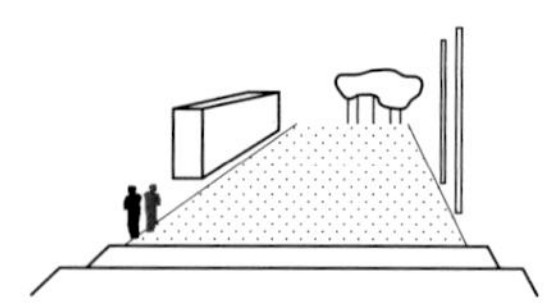

위요 요소

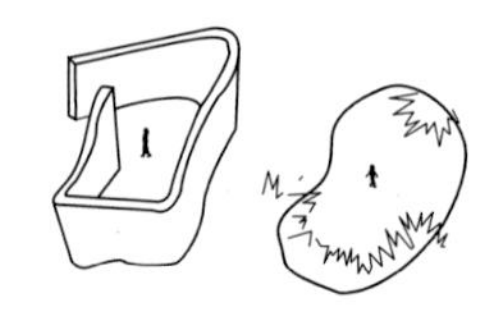

위요는 가벼운 것으로부터
육중한 것까지 다양하다.

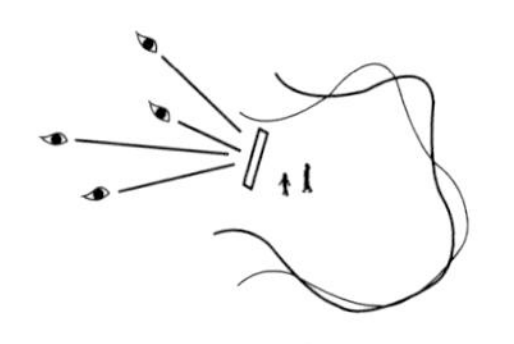

작은 칸막이만으로도 충분히
위요감을 제공할 수 있다.

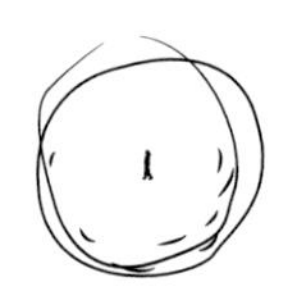

여러 요소를 평면에 흩어 놓아
위요감을 조성할 수 있다.

위요감 형성 방법

출처:Simonds & Starke, 2006

• 위요 enclosure

- 위요enclosure란 어떤 지역이나 현상을 둘러싼다는 뜻이다. 그렇게 함으로써 둘러싸여 생기는 아늑한 느낌인 위요감sense of enclosure을 형성하게 된다.
- 외부공간은 개방된 상태에 경관상의 여러 요소로 한정된다. 보통 건물 매스에 의해 위요되며, 더 나아가서 나무, 언덕, 낮은 난간, 볼라드 선, 땅바닥의 질감 변화로도 한정된다. 위요 요소는 무제한이며, 어떤 경우에는 하늘 또는 지평선으로만 한정될 수 있다. 외부공간의 위요 요소는 시각적 제안으로 충분하며 반드시 시각적 차폐나 물리적 차폐일 필요는 없다.

"The most important thing in a room or square is sense of enclosure."
- Camillo Sitte

• 비율과 스케일 proportion and scale 29

- 스케일이란 인체치수에 근거된 비교측정의 시스템이다.
- 외부공간에서 인지거리는 공간 기능에 관련된다. 100m 거리는 활동인지의 최장거리이며 축구장의 관람석이나 교통안내판의 설계에 반영되고, 12~24m 거리는 얼굴표정의 감지거리이며 야외공간을 위해 적합한 스케일로 마을의 광장이나 어린이놀이터의 규모에 적용될 수 있다. 최단의 1~3m 거리는 친밀하면서도 한편으로는 거슬릴 수 있는Intrusive 사적 활동의 거리로써 공원 벤치의 배치에 적용할 수 있다. 이렇듯 사이트 디자인은 실내계획과는 전혀 다른 스케일의 지각을 요구한다.
- 편안한 위요감을 위한 높이와 폭의 비례는 1:2 또는 1:3 정도이다.

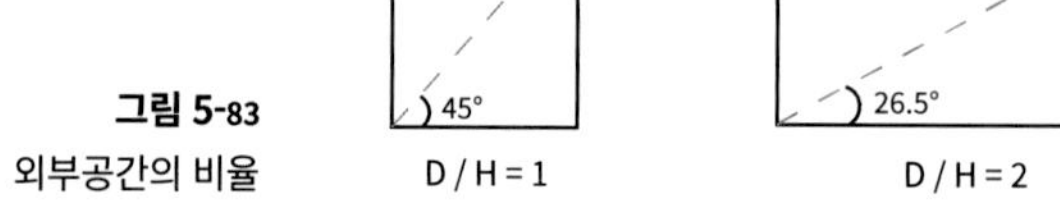

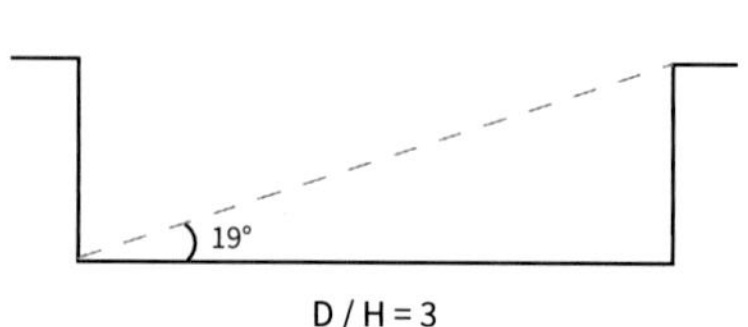

그림 5-83
외부공간의 비율

그림 5-84

◀ 긴장감있는 외부공간 스케일 _ 유민미술관

▶ 친근한 외부공간 스케일 _ 베를린 주거단지

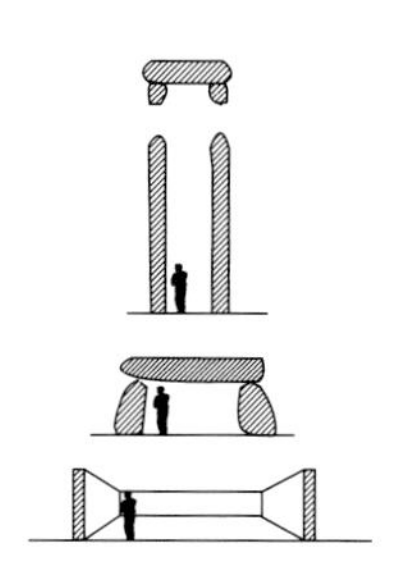

비움과 스케일

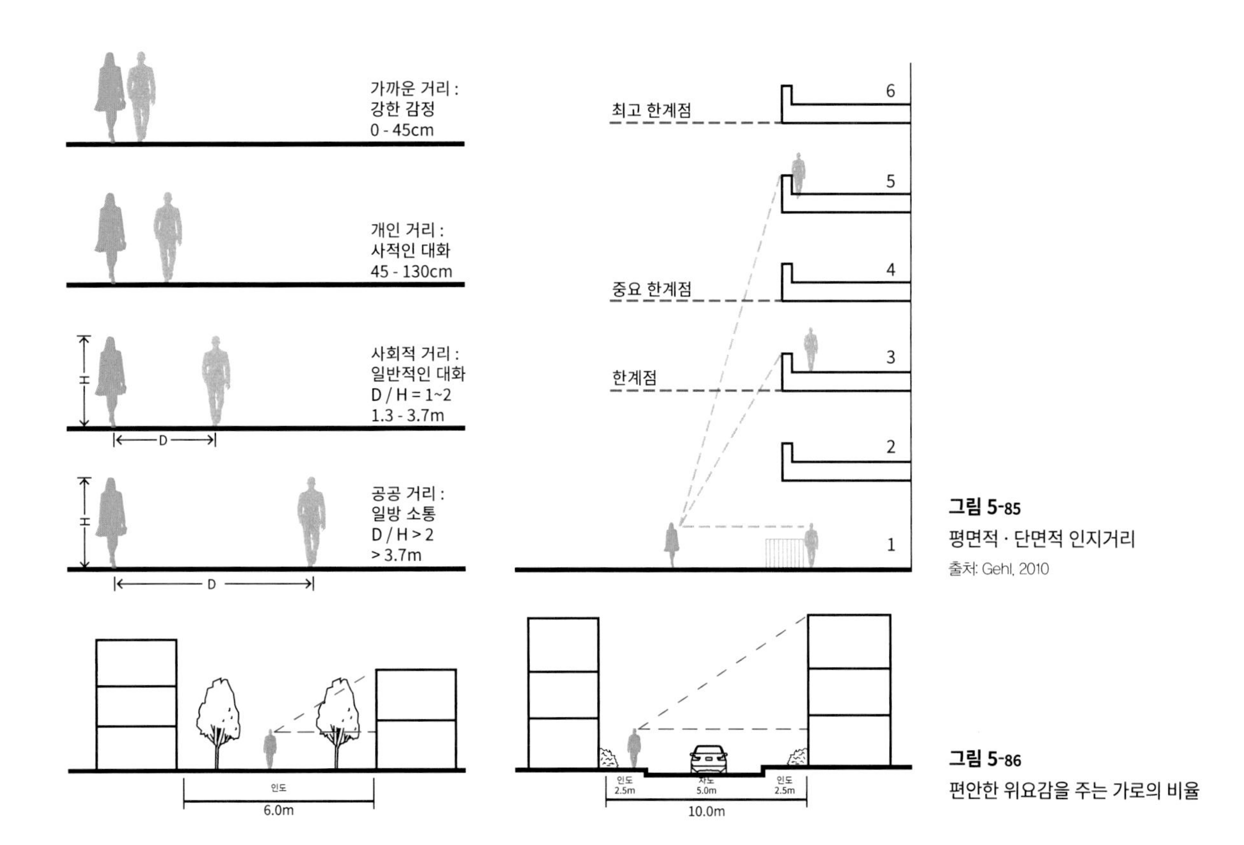

그림 5-85

평면적 · 단면적 인지거리

출처: Gehl, 2010

그림 5-86

편안한 위요감을 주는 가로의 비율

• **매스와 볼륨** mass & volume

매스란 평면적 형상을 바탕으로 구성된 입체적 질량감을 지닌 덩어리를 말한다. 매스가 형태적인 개념인데 비해 볼륨은 3차원적인 공간개념이다. 볼륨은 벽과 바닥, 천장에 의해 둘러싸인 공간이다.

하나의 매스로 무게감과 단순명료함을 표현한 경우와 분절을 통해 휴먼스케일을 부여한 경우 감성적으로 다르게 다가온다.

그림 5-87
하나의 매스와
분절감 있는 매스 비교

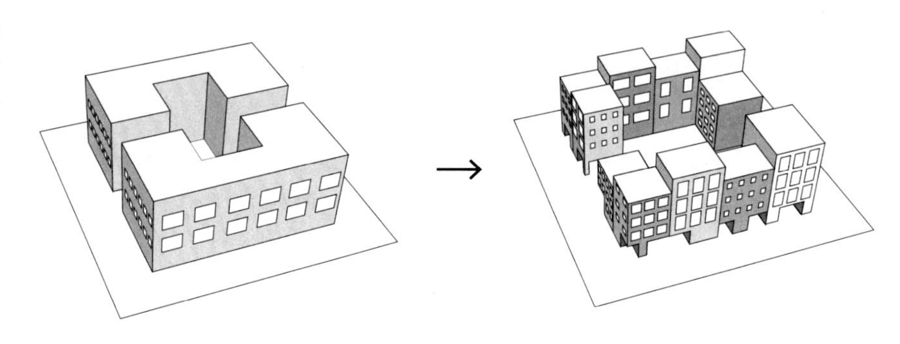

• **빛** light

"The form of space is the form of light. "
- Louis Kahn

건축 공간은 빛과 함께 할 때 더욱더 극적으로 표현할 수 있다. 빛은 태양의 움직임에 따라 그림자 패턴이 달라져 공간의 느낌이 달라지게 한다.

빛은 개념을 선명하게 하거나 흐리게 하고, 실루엣이나 질감을 강조하고, 숨기거나 드러내고, 축소하거나 확장한다.

반사된 빛은 주변 환경을 그대로 투영시켜 건물과 주변의 경계를 모호하게 하면서 극적인 감성을 불러 일으킨다. 백라이트backlight는 실루엣을 강조한다.

그림 5-88
빛의 조형_물의 박물관

• **시점** viewpoints

- 시선은 지면의 높이를 약간씩 변화시키거나 불투명체의 위치를 설정함으로써 교묘히 조정할 수 있다.
- 원경은 차경 등의 효과로 의도적으로 보이는 부분을 더 강조되게 할 수 있다.

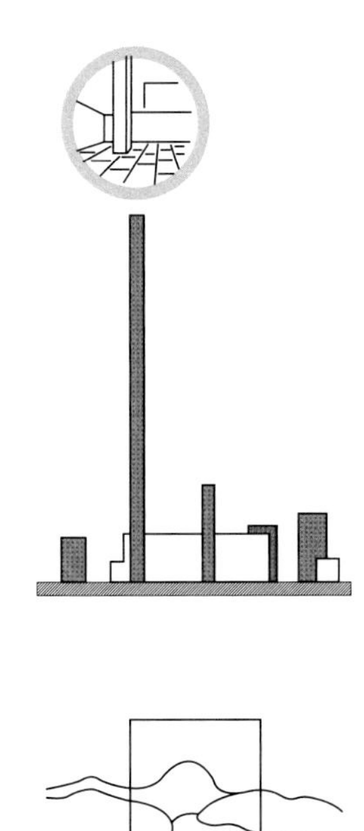

◀그림 5-89
벽의 높이 변화에 따른 시선조정_명례성지

▶그림 5-90
시선조정 및 차경효과

- **시각적 연속성** visual sequences

  - 시각적 연속성은 움직임에 따라 이동하는 사람의 시점에 따른 도시경관의 변화를 말한다. 연속성은 지각의 연속, 자연의 시퀀스를 고려하여 공간구성요소들을 의도적으로 체계화하는 것이다.
  - 기·승·전·결의 구성을 많이 활용하며 이 경우 절정climax의 속성을 잘 설정해야 한다.
  - 외부공간은 일반적으로 움직임 속에서 경험되므로 정지된 한 시점보다는 연속되는 경관의 누적된 효과가 더 중요시된다. 공간이나 시간의 연속은 외부공간 계획의 결정적 요소가 된다.

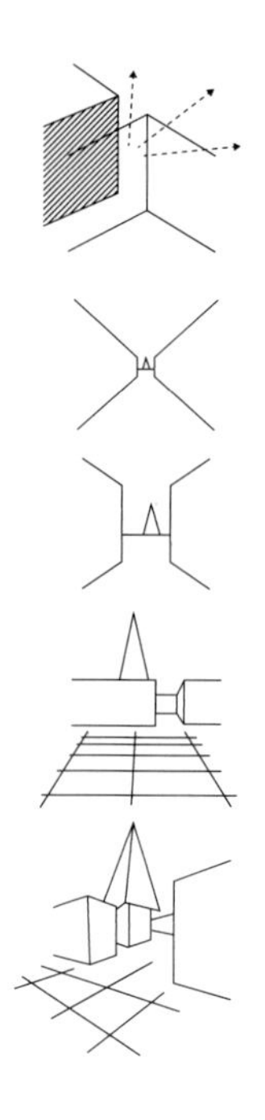

시각적 연속성

그림 5-91
시각적 연속성 1_ 유민미술관

그림 5-92
시각적 연속성 2_ 유민미술관

그림 5-93
시각적 연속성 3_ 유민미술관

그림 5-94
시각적 연속성 4_ 유민미술관

그림 5-95
시각적 연속성 5_ 유민미술관

• 축 axis

- 축은 질서를 의미한다.
- 축은 외부로 지향하게 하는 역동적인 선이다. 축이 놓인 공간이 시점이 되며 축을 따라 움직이는 이동의 출발점이 된다.
- 축은 경관을 압도한다. 도시 스케일에서 통경축, 녹지축, 보행축 등은 강력한 경관요소이다.
- 축은 가까이 있는 공간, 중간 공간, 먼 공간을 하나의 입체공간으로 엮어 준다.

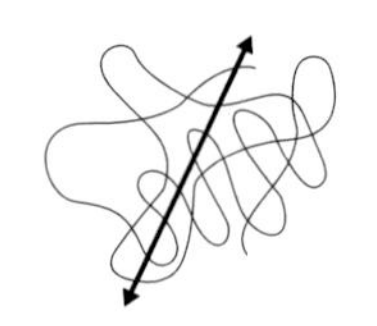

축은 자유로운 평면에 도입하면,
새로운 질서, 축과 연결되는
새 질서가 필요해진다.

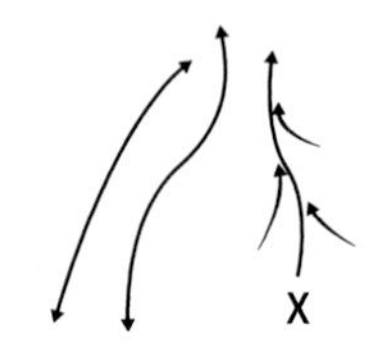

축은 휘거나 굽어져도 좋지만,
결코 갈라지는 일은 없다.

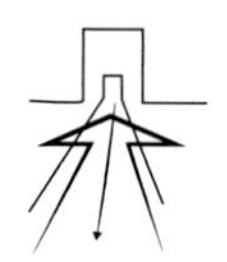

강력한 축에는 강력한 종점이
필요합니다.

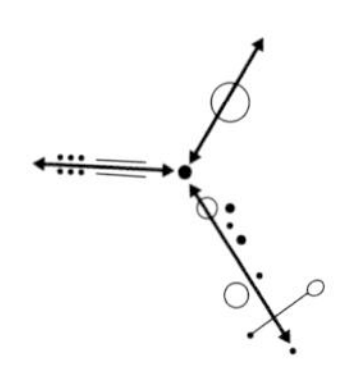

축은 통합하는 역할을 합니다.

축의 성질

그림 5-96
뉴욕 루즈벨트 아일랜드
Roosevelt Island, New York

• 물 water

- 물은 그 자체가 인간에게 중요한 경관이다. 움직이는 물은 삶의 감각sense of life을 일깨우고 정지해있는 물은 평온함과 휴식을 제공하며, 빛과 소리의 유희를 즐길 수 있고 삶과의 친밀한 연결을 느끼게 한다.

◀ 그림 5-97
정적 수공간 _ 알함브라 궁전
Alhambra Palace

▶ 그림 5-98
동적 수공간 _ 예르바 부에나 가든
Yerba Buena Garden
출처: https://commons.wikimedia.org/wiki/File:Yerba_Buena_Gardens_Waterfall.jpg

- 수변공간 waterfront

수변공간은 경계라는 성격을 가지는데, 경계는 선명도와 안정성을 전달하고 확장된 공간에 대한 숨겨진 기대를 불러일으킨다.

강, 호수, 저수지, 개울 등 수변공간은 사람들에게 힐링을 제공하며 어메티니 amenity 공간으로서의 가치가 무궁무진하다. 이러한 특성을 고려한 설계로 수변경관이라는 중요 자원의 가치를 높일 수 있다.

그림 5-99
감성적 수변공간_
스웨덴 하마비 허스타드
Hammarby Sjöstad

| 장소성 Sense of Place

- 장소란 사전적 의미로 어떤 일이 이루어지거나 일어나는 곳을 말한다. 인간이 관여하여 발생한 특수한 공간으로 인간의 활동에 의해 의미가 부여된 공간이 장소이다.
- 장소성이란 사람들이 느낄 수 있는 그 장소의 독특한 정체성을 의미한다. 장소에는 경험한다는 의미가 내포되어 있는데 장소성에는 지각한다는 의미가 함축되어 있다고 볼 수 있다.

Sense of place is often discussed
in terms of three subcomponents:
place dependence, place identity, and place attachment.
- Jorgensen and Stedman, 2001

- 감각과 장소성

알바로 시자Álvaro Siza가 설계한 "레샤 데 팔메이라(Leça de Palmeira, 1966)"는 도로와 바다 사이의 경계에서 도시에서 자연으로, 청각으로부터 시각으로의 감각적인 전환으로 장소성을 극대화한다.

거친 콘크리트벽으로 이루어진 경사로를 따라 기대와 상상과 함께 파도소리를 들으며 발걸음이 시작된다. 이동할수록 점점 파도소리가 잦아지고 어느덧 물이 지배적인 시야가 되면서 넓은 바다와 하나가 된 수영장이 나타난다. 기존 암석을 최대한 보존하여 수영장과 바다의 경계를 흐려 마치 수영장이 아닌 바다 한가운데 있는 듯한 느낌을 준다.

그림 5-100 레샤 데 팔메이라 Leça de Palmeira - 청각으로 기대와 상상을 극대화함

그림 5-101 레샤 데 팔메이라 Leça de Palmeira - 시각으로 장소성을 극대화함

• **땅의 형상** ground form

- 땅의 형상을 드러내거나 은폐하면서 다이나믹하면서도 흥미로운 경로의 움직임을 만든다.
- 기존 지형에 순응하여 조화로운 경관을 조성하기도 하고 방대한 규모의 추상 조각같은 인공지형을 의도적으로 삽입하여 드라마틱한 경관을 창출한다.

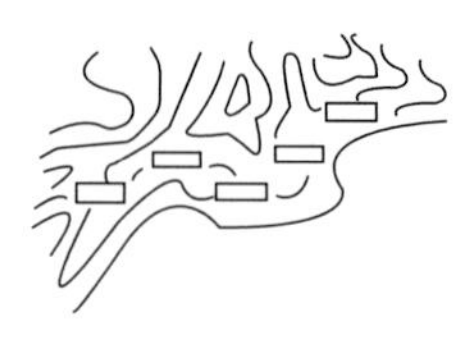

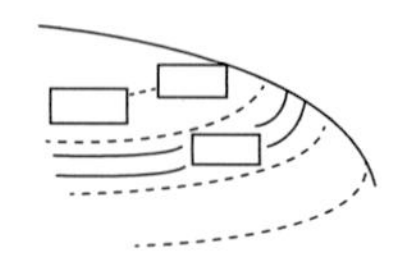

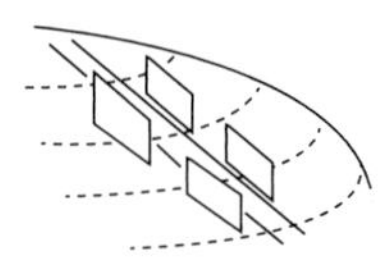

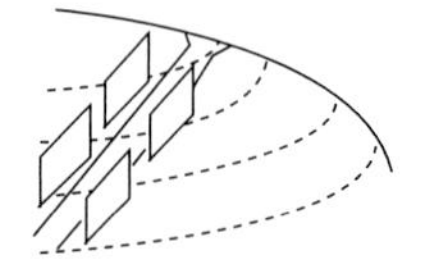

땅의 형상

그림 5-102
오슬로 오페라하우스
Oslo Opera House

시간의 감성 Sense of Time

- 시공간은 우리가 그 안에 존재하는 거대한 차원이라는 점에서 시간의 감각은 공간 형태의 전달만큼 중요하다. 고대의 무덤이나 집터, 오랜시간 있었던 나무 등 옛 것의 흔적은 시간의 감성을 불러일으킨다.
- 옛것과 새것의 병치Juxtaposition of old and new를 통해 시간의 깊이를 느낄 수 있고 감성적인 공유를 하게 된다.

▲ **그림 5-103**
옛 것과 새 것의 병치 _
Juxtaposition of old and new
상하이 신천지
출처: @https://urban-regeneration.worldbank.org/Shanghai

◀ **그림 5-104**
옛 것과 새 것의 병치 _
Juxtaposition of old and new
세인트 폴 대성당
출처: ©2014 @https://pxhere.com/ko/photo/724295?utm_content=shareClip&utm_medium=referral&utm_source=pxhere

06 사이트 그레이딩
Site Grading

"Sensitive grading represents
the best transition between
the existing land and the proposal.
It should be functional, economical, attractive, and ecological."

- H. Paul Wood

■ 지형 조정 Site Grading

지반을 위한 정지grading는 조각가가 땅에 조각을 하듯이 기존의 지형을 조정하여 프로젝트 용도에 적합한 안정된 지형으로 만드는 데 있다. 따라서 땅에 대한 이해에서 출발해야 하며 경사의 적정성, 절토와 성토의 균형, 배수의 원활성, 지형과 생태경관적 조화를 이루어야 한다.
결국 정지는 오랜시간에 걸쳐 유기물질로 풍화된 표토를 제거하는 것이므로 기존 생태환경과 경관을 고려해서 최소화하는 방안을 모색해야 한다.

▌원칙

- 부지 특성을 유지하려면 지형 변경은 최소로 하며 지역 전체의 고유한 경관이 파괴되는 것은 줄인다.
- 특별한 급경사, 돌출 암석, 야생서식처 등은 가능한 한 자연상태로 두며, 정지나 개발에서 제외한다.
- 식생의 손실을 피하고 가식이나 이식으로 보전한다.
- 수정된 지반 형태 위에 재사용하기 위해 모든 표토를 보존한다.
- 절토 및 성토의 균형을 맞춘다
- 배수가 곤란한 완전 평탄화flat grades는 피한다
- 법면은 휴식각angle of repose 이내에서 경사를 정지하여 활동sliding을 방지하며, 구조물에 지표수가 들지 않게 경사를 확인한다.
- 불안정 지반의 사태, 미끄럼, 부분침하에 대비한다.
- 배수 패턴의 잘못된 변경에 따른 침식과 하류의 오염을 피한다.

절토와 성토 Cut and Fill

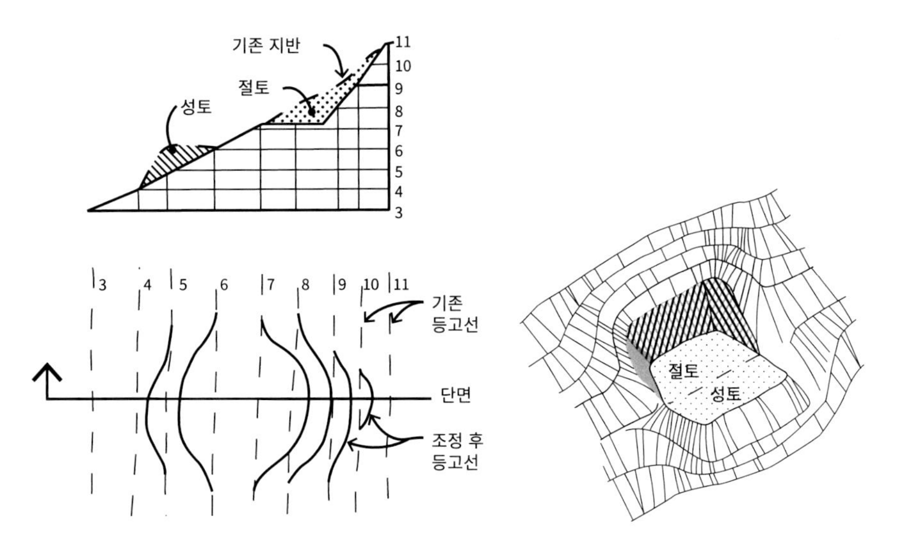

그림 6-1
경사지의 절토와 성토 단면

그림 6-2
절토와 성토의 평면과 입체도

- 절토는 경사지의 흙을 파내어 평지로 만드는 것이다. 우선 지형도에 평평하게 할 부분을 표시하고, 절토사면을 등고선과 경사도를 고려하여 지반 위쪽에 표시한다. 그림 6-2에서 보듯이 계획등고선이 높은 방향으로 뾰족하면 절토부분이다. 평지를 위한 절토는 위쪽의 절토사면을 기존 경사면보다는 급경사로 구축하게 된다.
- 성토는 경사지에 흙을 쌓아 평지로 만드는 것이다. 지형도에 평지를 표시하고, 평지를 지탱할 성토사면을 등고선과 경사도를 고려하여 지반 아래측에 그린다. 계획등고선이 낮은 방향으로 뾰족한 것이 성토부분이다. 저지대에서는 성토가 유일한 해결이지만 지내력 부족, 고비용의 다짐, 배수공사, 침하 또는 침식의 위험에 대응하는 계획을 해야 한다. 급경사지에서는 성토부분의 아래측 사면이 적절한 경사를 유지할 수 없기 때문에 성토가 적합하지 않다.

❚ 정지 계획 프로세스 Grading Process

| 절토와 성토의 균형 찾기

- 우선 절토와 성토가 균형을 이룰 것으로 짐작되는 지반의 표고와 위치를 정한다.
- 절토를 위해 위측의 등고선을 수정하고, 성토를 위해 아래쪽의 등고선을 수정한 후에 절토와 성토의 토량을 계산하여 비교한다.
- 토량이 균형되는 표고와 위치를 찾기까지 위의 작업을 계속한다. 사면의 경사도, 식재 등의 훼손을 최소화할 것 등을 고려한다.

그림 6-3
지반고의 절토 및 성토

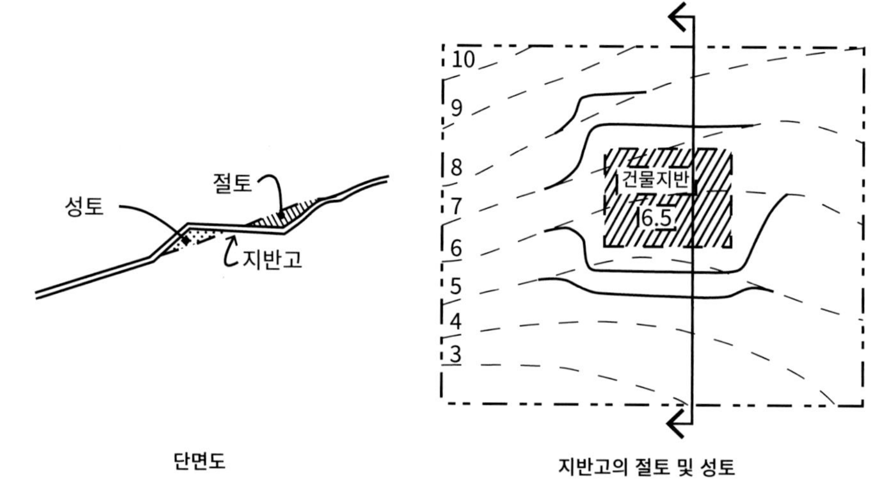

| 지반 정지를 위한 설계도 Grading Plan 작성

- 부지 경계, 기존 지형, 부지 특징을 보여준다
- 안정적인 경사, 배수, 균형 잡힌 절토 및 성토, 그리고 쾌적한 시각적 형태에 대한 고려를 한다
- 절토나 성토의 법면(사면)은 적당한 경사를 유지한다. 등고선 간격이 1m(수직)인 지형도에서 법면의 계획경사도를 1/1.2(수직/수평)로 하려면, 계획등고선은 1.2m(수평) 간격으로 한다. 경사면이 매우 급하면 옹벽을 추가한다.[30]

■ 배수 Drainage

▌배수에 대한 이해

배수란 물의 자연적 흐름을 이용하여 원하지 않는 빗물, 고인 물이나 지하수 등을 모아서 처리하는 작업이다.

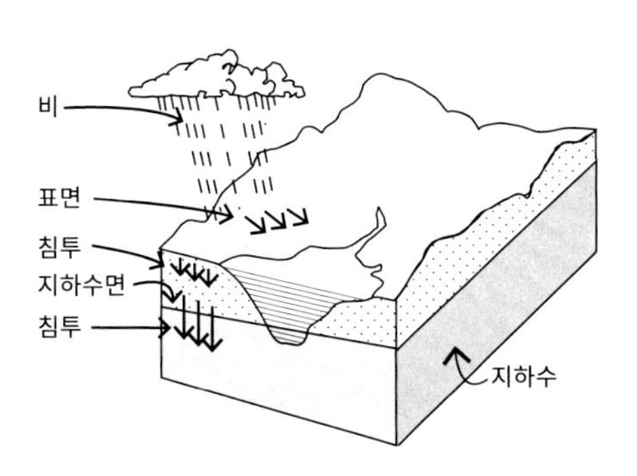

그림 6-4
자연 배수의 흐름

| 물흐름 Body of Water의 방식

부지계획에 있어 물흐름을 어떻게 할 것인가는 매우 중요한 과제 중 하나이다. 물흐름의 방식은 개방형과 복개형이 있다. 물흐름에 대한 선택은 정책적 및 기술적 차원에서 이루어지므로, 계획가는 이 과정에서 자연자원으로서의 물을 이해하면서 기술적 접근을 해야 할 것이다.

| 정지와 배수

- 부지에서 배수는 지형, 경사, 토양조건과 함께 지형조정을 확정하는데 중요한 요건이다. 건물 지반과 도로부지는 빗물로부터 보호되어야 하며, 평지의 넓은 운동장이나 습기가 많은 땅은 배수가 원활해야 한다.
- 부지 정지를 할 때 건물 지반을 조성하고 그 둘레에 배수 도랑을 두어 건물 기단에는 빗물

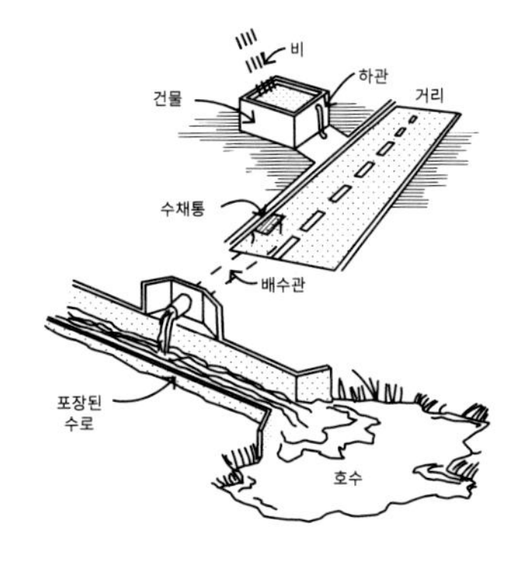

그림 6-5
배수 시스템
출처: W&W, 2006

이 흘러들지 않게 계획한다.

• 부지를 몇 개의 배수구역으로 나누고, 부지 외에서 유입되는 빗물과 지표수도 고려하여 지표배수 시스템을 계획한다. 특별한 부지조건에서는 지중배수를 추가한다.

지표배수 시스템 Surface Drainage Systems

• 지표배수는 강우 또는 지표수를 지하로 침투시키지 않고 직접 배수로로 배수시키는 방법으로, 홍수시 예상배수량을 주 대상으로 계획을 수립한다.
• 지표배수는 개방배수로와 매립배수관을 적절히 사용한다. 지붕의 빗물은 홈통을 거쳐 지면에 도달하여 배수관으로 유도된다. 지면의 빗물은 도랑, 잔디밭, 흙바닥, 포장된 바닥, 집수함, 배수로 등을 거쳐 배수관으로 유도된다. 부지 바깥으로의 배출점에서는 공공도로의 배수로나 배수관에 연결된 후 도랑과 하천으로 유출된다. 대규모단지 부지에서는 지표배수 외에도 유수지, 넓은 식재지역을 둔 노출배수 등으로 우수의 토양침투를 늘리는 방안을 취하기도 한다.
• 지표배수는 저렴한 설치비용과 배수로의 보수가 쉽다는 장점이 있다. 그러나 침식을 줄이도록 설계되어야 하고, 매년 보수작업을 해야 하며, 척박한 하층 토양을 노출시킨다는 단점이 있다. 또한 도랑은 지면에 파인 굴곡을 만들어서 차량, 보행자, 원예장비의 자유로운 진입을 방해할 수 있다.
• 지표배수의 일반적 규칙은 다음과 같다.
  - 지표는 배수를 위해 경사를 가져야 한다. 물은 중력의 방향으로 흐르며, 등고선에 직교하게 흐른다는 점을 고려한다.
  - 배수로는 구조물에서 떨어져야 하며, 대용량의 물은 도로와 평면교차하지 않아야한다.
  - 지표배수의 경사는 공지와 가로는 1/2% 이상, 식재구역은 1~25%, 대규모 포장구역은 1% 이상, 건물인접지는 2% 이상, 배수로는 2~10%, 식재된 둑은 50%까지로 한다.[31]
• 마당, 도로, 건물주변 바닥에 적용한 2개의 경사면이 이루는 접선에 도랑을 두어 물이 흐르게 한다.

▌지표배수의 유형

- 수로 swale : 경사면이나 건물지반 주변에 설치한, 측면이 완만하게 경사진 얕은 수로로, 자연스런 빗물 배수를 유도한다. 등고선 표현에서는 위측으로 뾰족하고 둥근 형태의 가파른 삼각형으로 표현된다. (그림6-6, 6-7 참조)

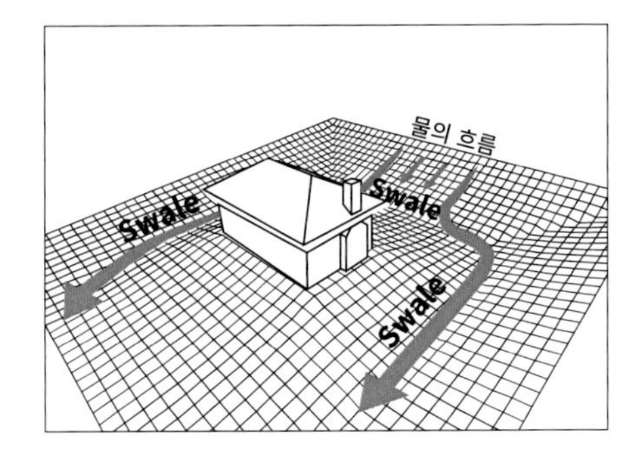

그림 6-6
수로(swale)와 물의 흐름

그림 6-7
수로의 실제모습
출처: 좌(2017 @https://knockoffdecor.com/wp-content/uploads/2017/05/swale-650x488.jpg) 우(@Stormwater Principles & Regulatory Responsibilities, p.7 그림2)

- 경사면 sloping plane : 가장 간단하고, 저렴하며, 상대적으로 평평한 면적을 배수하는 가장 일반적인 방법이다. 한 방향으로 기울어져서 물이 낮은 쪽으로 빠진다.
- 도랑 gutter : 도랑은 계곡을 만드는 두 개의 경사면에 의해 형성되어 물이 계곡을 따라 집수 지점까지 흐를 수 있도록 한다.
- 중앙 흡입구 central inlet : 대규모 평평한 지역, 특히 밀폐된 안뜰이나 파티오 등은 모든 표면이 경사진 중앙 배수구를 사용한다. 이 방식의 단점은 물을 처리하기 위해 집수구 catch basin와 지표면 아래 배관이 필요하다는 것이다.

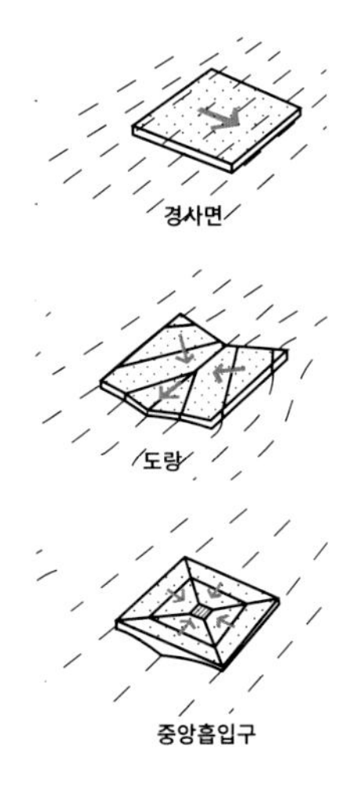

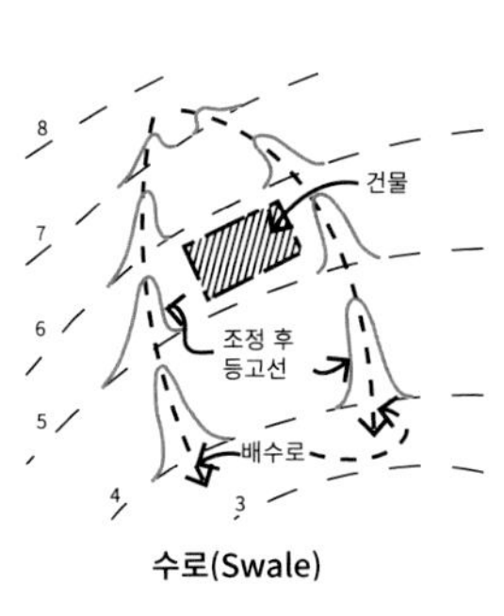

그림 6-8
지표배수의 유형
출처: W&W, 2006

지중배수 시스템 Sub-Surface Drainage Systems

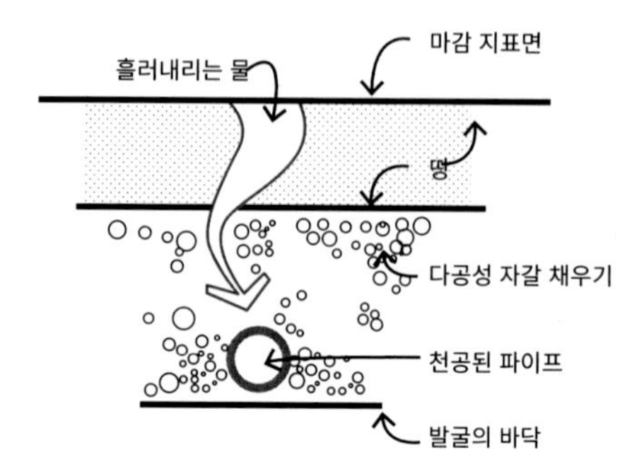

- 지중배수sub-surface drainage는 지하에 매설된 유공배수관을 통해 지하수를 수집, 유출, 처리하여 지하수위를 하강시키는 시스템이다.
- 다습한 토양은 불안정 상태이며, 겨울에는 동결팽창으로 구조물의 기초에 피해를 준다. 습지, 운동장 등의 배수나 제습은 지중배수에 의한다.
- 지중배수는 유공배수관, 배수관, 각종 집수함으로 구성된다. 유공배수관을 자갈층과 함께 땅에 묻고 모래층으로 채우고 덮어서 지중수와 지표수가 스며들어 배수관이나 자연배수 경로에 연결되게 한다.[32]

집수장치의 유형

- 영역 배수구 area drain : 제한된 지역의 낮은 지점에서 물을 모아서 그것을 지하 파이프에 직접 연결하여 전달한다. 금속격자가 있어 이물질 유입과 파이프 막힘을 방지한다.
- 집수구 catch basin :이 장치는 시스템을 막을 수 있는 침전물을 담기 위해 더 깊고 일반적으로 더 크다는 점을 제외하면 영역 배수관과 유사하다.
- 트랜치 배수구 trench drain : 지하 배관으로 운반하기 전에 넓은 띠를 따라 물을 모으는 데 사용된다. 예를 들어 경사진 진입로를 따라 흘러내리는 유출수를 모으는 지하주차장 입구에 적합하다.

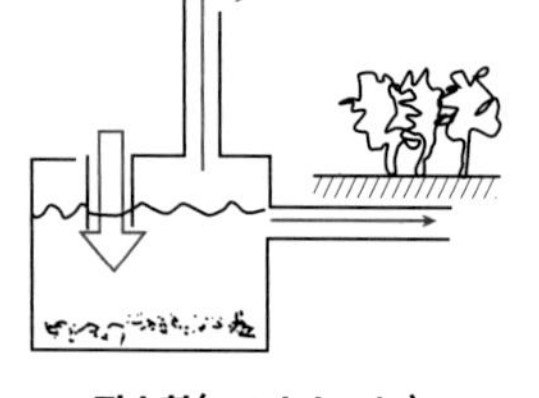

집수함(catch basin)
출처: Lynch & Hack, 1984

영역 배수구 (Area Drain)

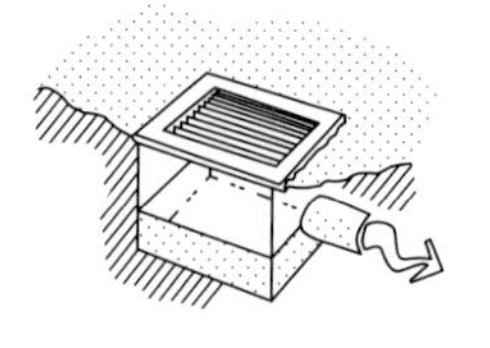

집수구 (Catch Basin)

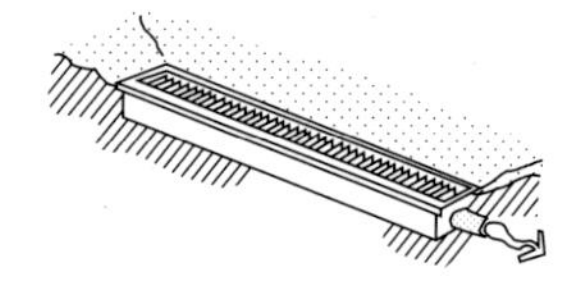

트렌치 집수함 (Trench Basin)

그림 6-9
집수장치의 유형
출처: Weertheimer & Wollan, 2006

■ 사이트 그레이딩 방법론 Site Grading Methodology

사이트 디자인에 있어 땅의 성격을 이해하고 물흐름을 어떻게 할 것인가와 중요한 구조물(건물, 도로, 외부공간 등) 배치를 위해 지형의 조정이 필수적이다. 지형 조정과 물흐름에 대한 선택은 정책적 및 기술적 차원에서 이루어지므로, 계획가는 이 과정에서 자연자원으로서의 땅과 물을 이해하면서 기술적 접근을 해야 할 것이다. 정지grading와 배수drainage는 함께 고려되어야 하는데, 절토 성토의 경제성, 기존 환경에 대한 고려, 빗물배수의 자연적 체계, 부지의 단면계획, 부지 경계의 처리 등을 중요시하게 된다.

▌경사도Gradient에 따른 지형 정지

대지의 경사도에 따른 지형 정지 방법은 다음 표 6-1과 같다.

표 6-1
경사도와 지형정지
출처: 장성준, 2008

경사도(수직/수평)	시작적 느낌	정지	구조물
0~ 1/100(1%)	평탄지	배수 곤란을 해결해야	
1/100(1%) ~1/20(5%)	평탄지	이상적인 부지	
1/20(5%) ~1/10(10%)	완경사지	약간의 정지	1/10은 보도의 최대경사
1/10(10%) ~1/5(20%)	경사지	약간의 절성토와 옹벽	1/8 ~ 1/6는 도로나 경사로의 최대경사
1/5(20%) ~1/3(33%)	급경사지	대량의 절성토와 옹벽	건물지반의 건물층에 따른 분리 시작
1/2			공공계단의 최대경사
1/1.5			성토 토사면의 휴식각
1/1			절토 토사면의 휴식각
1/0.5			암반사면
1/0.1			옹벽

▌옹벽 Retaining Wall 및 사면 처리 Slope Trearment

그림 6-10
옹벽 및 사면처리
출처: W&W, 2006

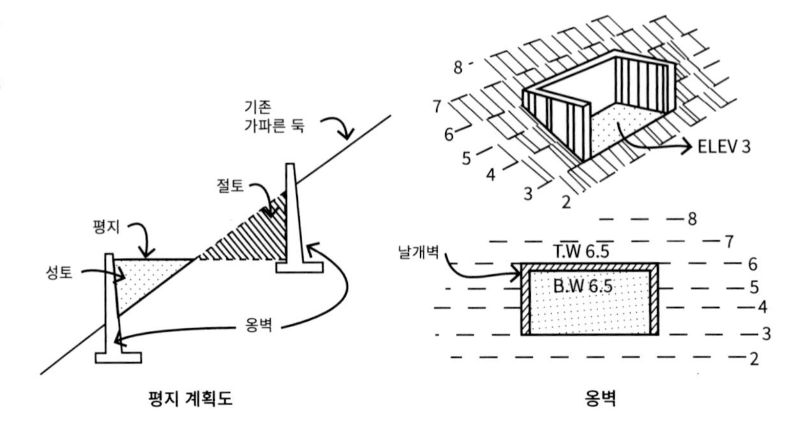

- 부지나 지반의 정지에 있어 주변부 경계는 사면(법면)이나 옹벽으로 처리해야 한다. 경계부를 사면에 휴식각 이하(1/1~1/1.5 이하)로 하면 자연스런 경관이 확보되지만 평탄지반은 준다. 사면은 토사의 활동sliding을 방지하기 위해 고정장치를 두거나 녹화를 한다. (그림 6-10, 6-11 참조)
- 옹벽은 지반이 가파르고 토지가 제한된 경우 도입하지만 고비용이고, 높은 옹벽은 위압적이고 인공적인 경관으로 주변에 드러난다. 경계부는 부지나 지반의 용도와 스케일에 따라 적절히 정할 필요가 있는데 타협적인 것은 하부는 옹벽, 상부는 사면으로 하는 방식이다.(그림 6-11 참조)
- 지형도상에서 옹벽은 양측에 등고선이 몇 가닥 붙는 형식으로 표현되는데 이는 등고선 몇 가닥이 옹벽의 수직면에 함께 모이기 때문이다. 이 경우에는 지형도에서 옹벽의 상단T.W; top of wall, 하단B.W; bottom of wall의 점표고spot elevation는 구별하여 표시할 필요가 있다. 현장에서 옹벽의 양측과 경사지형과의 연결은 옹벽날개와 사면이 옹벽을 감싸는 형태로 된다.[33]
- 수변 구조물은 옹벽, 제방, 교량, 고수부지 등 배수 시스템의 일부인 시설이다. 콘크리트 옹벽 제방이나 콘크리트 주차장은 환경과 경관을 해치므로 되도록 자연재료로 피복하고 조경을 도입하도록 한다. (그림 6-11 참조)

그림 6-11

▲◀ 법면보호블럭

출처:https://blog.daum.net/samankoreacom/20

▲▶ 대구 금호강변 경부고속도로 사면

출처:http://dsinews.co.kr/front/news/view.do?articleId=ARTICLE_00002341

▼◀ 옹벽

출처: https://hantoenc.com/retaining-wall-td/

▼▶ 수변 구조물

출처: 서울시

건물 및 지반 조성

건물을 위한 지반 조성은 부지 내 상황, 기존 및 계획 지반고, 부지 외부와의 관계, 기술적 판단 등 여러 가지 조건을 고려하여 정하게 된다. 건축물은 평지에 위치시키는 것이 가장 경제적이고 안전하며, 배치의 융통성도 크다. 경사지일 경우 정지하여 평탄하게 하는데, 20%이상 급경사지는 피하는게 좋다.
경사지를 정지하여 건물 지반을 조성하고 건물을 배치하는 데에는 표 6-2를 참고하도록 한다.

건물지반은 장축을 등고선과 평행하게 배치한다면 정지작업이 줄어든다. 평지와 경사지가 만나는 부분은 상단과 하단에 고랑을 두어서 빗물을 집수하여 유출되게 한다. 건물지반 표고는 예정 건물의 바닥보다 15-20cm 정도 낮게 정하며, 바깥경사로 하여 비가 와도 벽체로 흐르는 것을 막는다.

표 6-2
경사도와 지형 정지
출처: 장성준, 2008

경사도(수직/수평)	시작적 느낌	정지	구조물
0~ 1/100(1%)	평탄지	배수 곤란을 해결해야	
1/100(1%) ~1/20(5%)	평탄지	이상적인 부지	
1/20(5%) ~1/10(10%)	완경사지	약간의 정지	1/10은 보도의 최대경사
1/10(10%) ~1/5(20%)	경사지	약간의 절성토와 옹벽	1/8 ~ 1/6는 도로나 경사로의 최대경사
1/5(20%) ~1/3(33%)	급경사지	대량의 절성토와 옹벽	건물지반의 건물층에 따른 분리 시작
1/2			공공계단의 최대경사
1/1.5			성토 토사면의 휴식각
1/1			절토 토사면의 휴식각
1/0.5			암반사면
1/0.1			옹벽

도로 조성

도로의 유형

- 경사sloped : 길이 방향으로 경사져 있는 도로이다.
- 편경사pitched : 한쪽 방향으로 경사진 도로이다.
- 중앙골central gutter : 도로 가운데 계곡처럼 골이 파져 있어 등고선이 계곡과 유사하게 그려진다.
- 양측골central crown : 가장 일반적인 도로로 도로 가운데가 볼록하고 양측으로 배수가 된다.

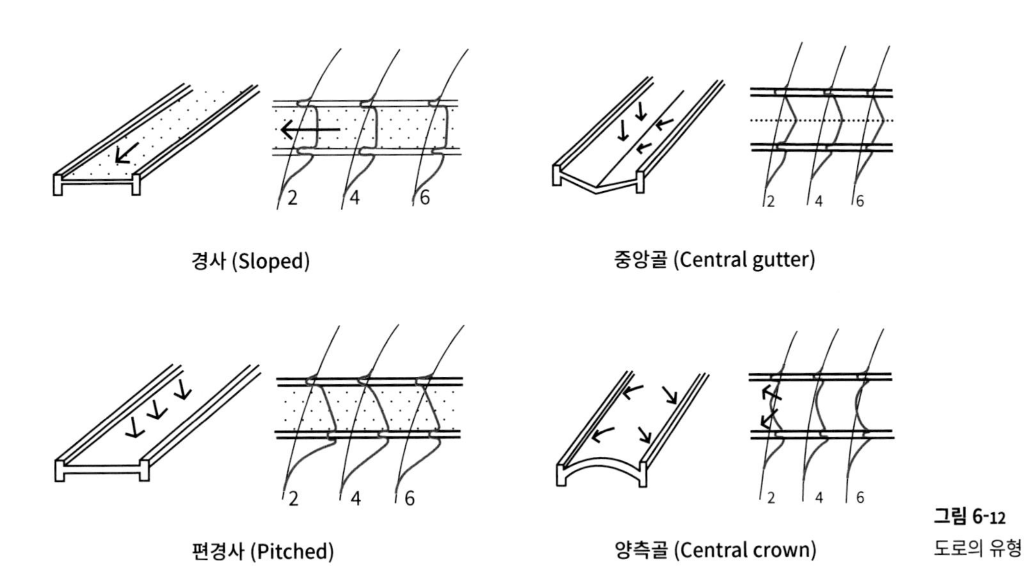

그림 6-12
도로의 유형

도로 정지 방법

- 도로는 가능하면 평탄하게 구축하며, 경사를 둘 경우에는 용도에 맞는 경사도 이하로 해야 한다. 지형도에서 도로를 등고선에 엇평행하게 배치하면 완경사로 되는데 길이가 길어서 면적소모가 많다. 반면에 등고선에 직교시키면 길이가 짧아지지만 급경사로 되어서 토목구조물을 설치해야 한다. 실제로는 이 중간의 적절한 범위에서 정하게 된다. 광활한 부지에서는 통로를 계곡이나 개울을 따르게 하면서 완경사로 오르게 된다.

- 차도, 보도, 차량경사로, 계단 등은 각기 특정의 폭과 경사를 요구한다. 도로의 경사를 일정하게 하려면 지형도에서 도로상의 등고선 간격을 일정하게 하면 된다.
- 경사지 도로 정지 방법
  - 경사지에 도로를 구축하려면 절토나 성토에 의한 정지가 필요하게 된다. 먼저 도로를 지형도에 배치하고 절토와 성토를 고려하여 도로의 정지를 한다.
  - 절토/성토에 의한 정지는 다음과 같다. 도로와 위측/아래측 등고선의 접점에서 도로에 직교하게 등고선을 그린 후에 위측/아래측 등고선에 적당히 구부려서 연결을 완성한다. 이는 도로의 위측/아래측에 절토/성토에 따른 경사면을 필요로 한다. 경사도는 조정될 수 있다.
  - 절토와 성토의 조합에 의한 도로의 정지 방법은 다음과 같다. 도로 중앙부에서 등고선을 도로에 직교하게 긋고, 양쪽에서 적당히 구부려서 등고선에 연결한다. 도로 양측에서 높은 곳은 절토, 낮은 곳은 성토 부분이다. 도로의 등고선 간격은 일정하게 한다.
- 도로는 배수를 위해 약간의 횡경사를 두어야 한다. 도로가장자리의 연석이 양측에 있으면 물이 종방향으로 흘러가기 때문에 트렌치 집수구로 모아서 유출한다. 종방향 배수는 도로바닥의 횡단면이 경사, 편경사, 중앙골, 양측골 중 어느 유형인가에 따라 배수 통로가 달라진다.

절토와 성토에 의한 도로의 정지작업

도로 배수

▌설계시 고려 사항

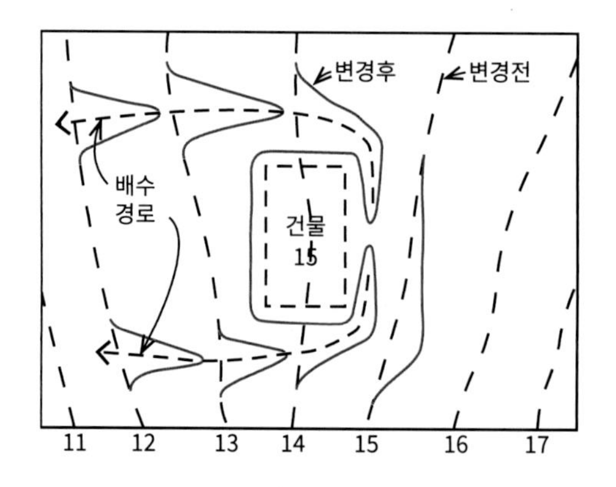

변경 전 등고선
깊이
길이
경사도 = V/H
= 1/50 = 2%
배수 방향

그림 6-13
건축지반 주변 정지 및 지표 배수_
수로를 이용한 방법

기본방향

- 지형도에서 구조물을 배치할 지형계획을 완성하는데 지형조정은 최소한으로 한다.
- 일반적으로 포장된 구역과 일부 식재는 방해를 받지 않고 유지되어야 한다
- 대지 정지를 하는 데 있어 지표수를 배수하기 위해 등고선을 조정해야 한다.
- 지표수는 항상 중력 방향으로 등고에 수직으로 흐른다는 것을 명심한다.
- 배수된 물이 일정한 속도로 흐르도록 수로swale에서 등간격으로 등고를 유지해야 한다.
- 조성하고자 하는 건축지반 주변의 지표수를 배수하려면 낮은 레벨의 등고선이 기본적으로 전체 지반을 둘러싸야 한다. 예를 들어, 건축지반 레벨이 15인 경우, 건축지반 뒤에 레벨 14의 등고선을 그리고 건축지반 주변의 지표수를 배수하기 위해 양측에 수로를 만든다. 건축지반 뒤에 있는 낮은 레벨의 등고는 실제로 배수 도랑draining ditch 역할을 한다.

설계 과정

- 먼저 사이트 그레이딩 스터디에 적합한 스케일로 현황 모형을 만든다.
- 도로의 경사도, 도로와 진입로의 연계를 고려한 레벨 조정을 한다.
- 기존 지형 훼손을 최소한으로 하는 방향으로 건물을 앉히는 계획을 한다.

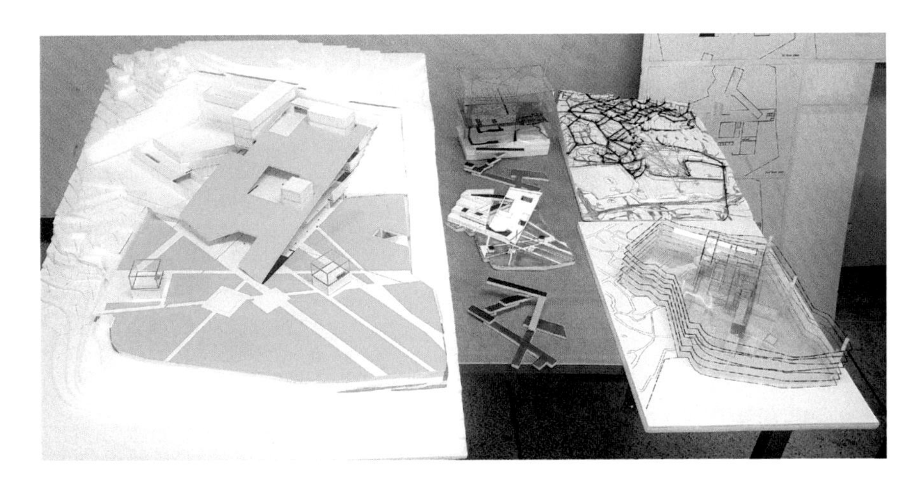

그림 6-14
설계 과정 (예시)

■ 실습문제 Exercise

▌Exercise 1

| 조건

새로운 주차장 부지를 정지(regrade)하고 기존 등고선을 수정하여 표시된 모든 지표수가 북측에 위치된 빗물 배수구 입구까지 흐르도록 한다.

• 포장된 주차장 위에 지표수가 배수구 입구 쪽으로 향하도록 수정된 등고를 계획한다.
- 포장된 진입로에 61 레벨의 마감 등고가 계획된다.
- 포장된 주차구역의 북쪽 끝에는 57 레벨의 마감 등고가 계획된다.
- 포장 주차장의 정지된 경사(regraded slope)는 5%를 초과할 수 없다.

• 비포장구역의 지표수가 포장된 주차장 위로 흐르지 않도록 배수계획을 한다.
- 모든 지표수를 빗물 배수구 쪽으로 향하게 한다.
- 주차장 외부의 정지된 경사는 20%를 초과할 수 없다.

• 추가 요구사항:
- 마감 등고선은 대지 선의 한쪽 끝에서 다른 쪽 끝까지 연속되어야 한다.
- 기존 수목을 최대한 훼손하지 않는다.

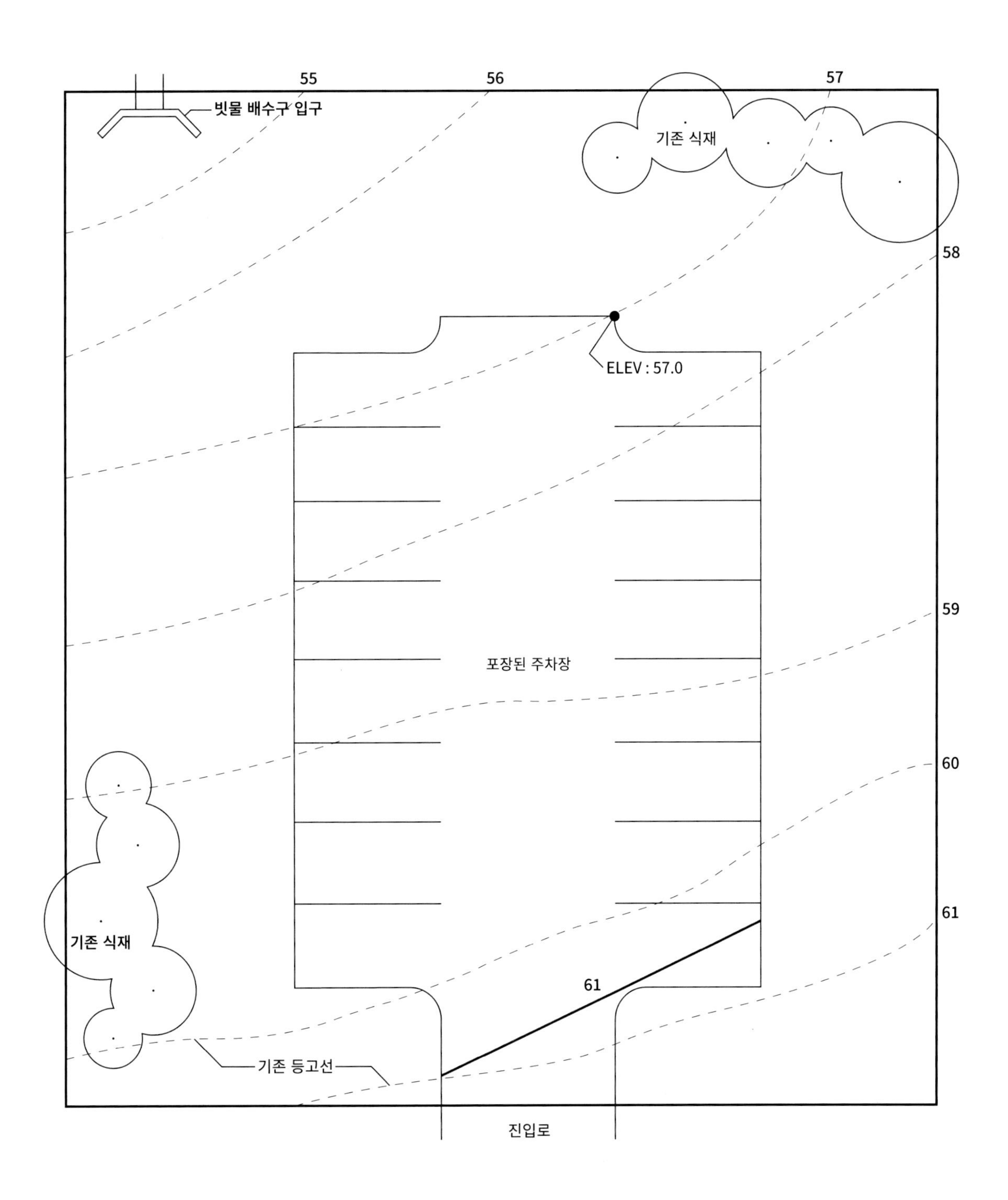
55
56
57
빗물 배수구 입구
기존 식재
58
ELEV : 57.0
포장된 주차장
59
60
61
기존 식재
61
기존 등고선
진입로

| 프로세스

1. 먼저 주차장 내 계획 레벨 61의 등고선이 주어져 있다는 것에 주목한다. 그리고 일정한 경사를 가진 주차장 조성을 위해 57 레벨부터 61 레벨까지 나머지 등고들이 이와 평행해야 한다.

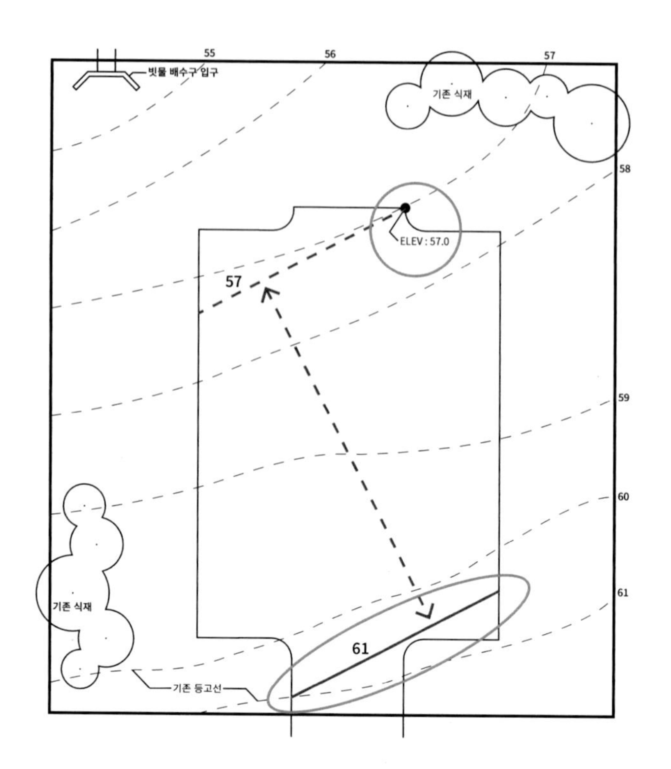

2. 57 레벨부터 61 레벨까지 일정간격으로 등고선을 그린다. 이 때 주차장 내의 정지된 경사가 최고 5%이므로 등고간격을 20m로 한다.(0.05=1/H ∴ H=20m)

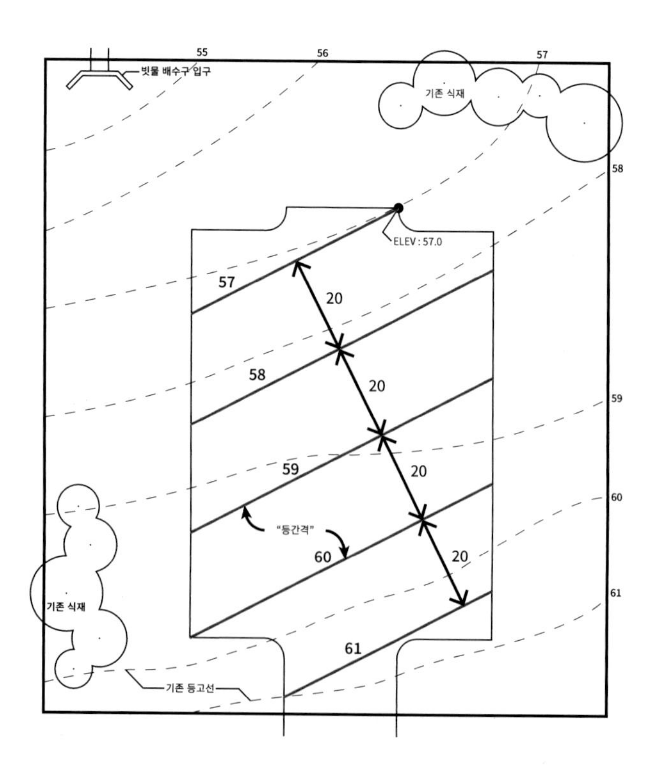

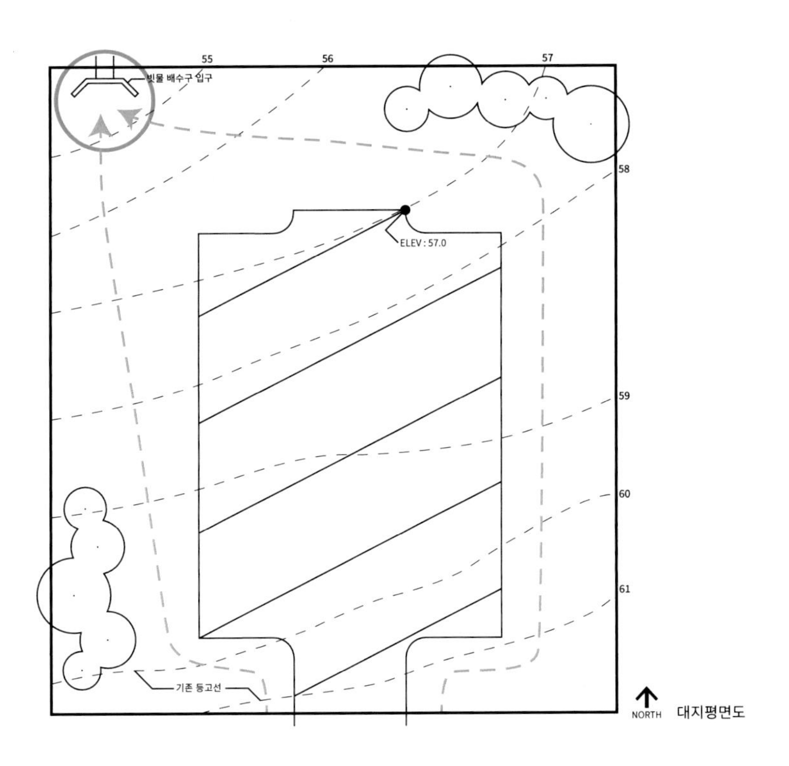

3. 비포장구역의 지표수가 빗물 배수구로 향하도록 주차장 양쪽으로 우회하는 물길(flow line)을 계획한다.

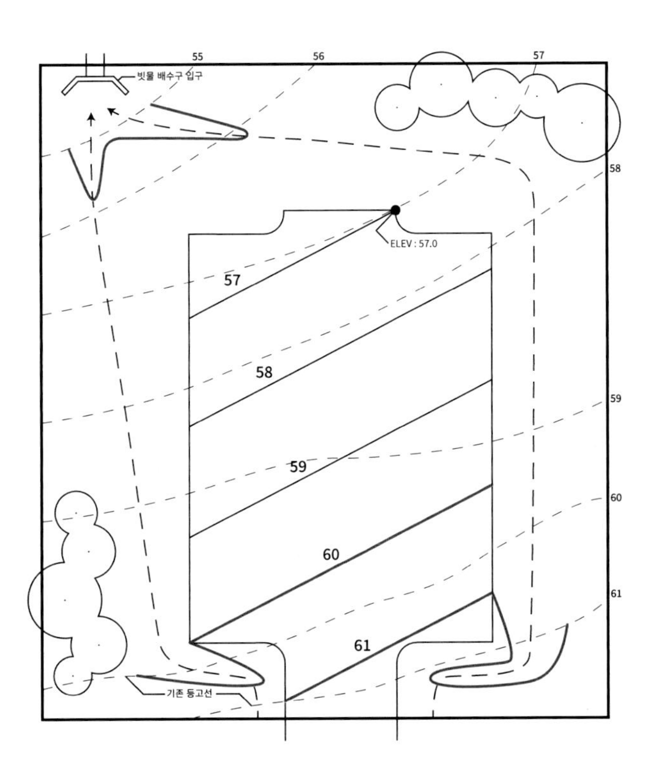

4. 상부레벨에서 흘러내려오는 지표수가 포장된 주차장으로 흐르지 않도록 먼저 61과 60 레벨에서 주차장 양측에 수로(swales)를 만든다. 그리고 레벨 55에서 두 방향의 수로가 빗물 배수구로 모이도록 만든다.

5. 주차장 밖의 정지된 경사가 최고 20%이므로 0.2=1/H ,H=5m 가 된다. 따라서 등고 간격은 5m로 한다. 그 간격으로 등고마다 수로를 조성하고 주차장 내 등고선과 연결하여 연속적인 마감등고선을 만든다.

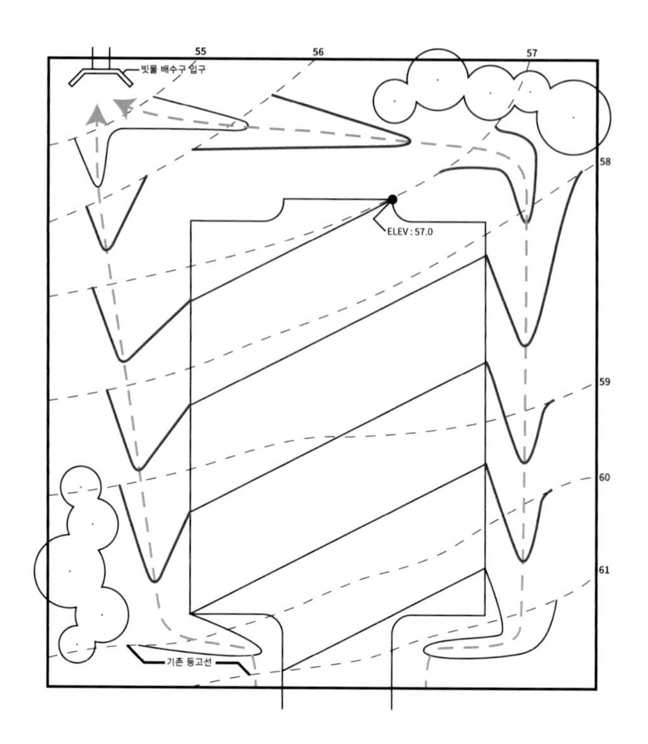

| 완성도

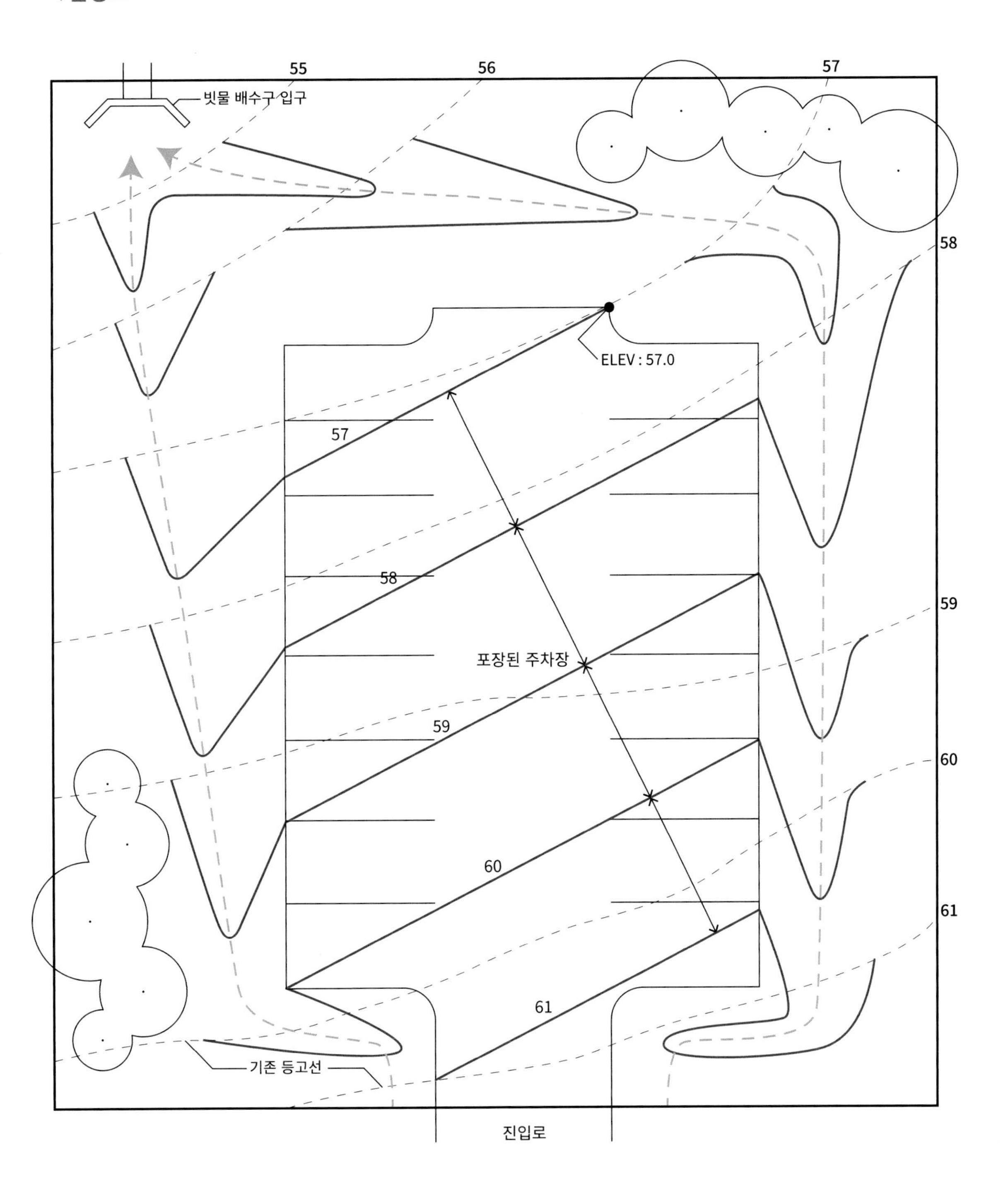
55
56
57
빗물 배수구 입구
58
ELEV : 57.0
57
58
59
포장된 주차장
59
60
60
61
61
기존 등고선
진입로

Exercise 2

조건

도로를 신설하면서 도로위 등고를 정지하고 도로위로 모든 지표수가 흐르지 않도록 계획한다. 도로 배치와 도로 아래 흐르는 기존 배수구를 포함하는 지형도와 필요한 도로 프로필을 확인한다. 필요한 도로 종단을 통합하여 실선으로 수정된 등고선을 그리고 적절한 정지 작업을 나타내도록 한다.

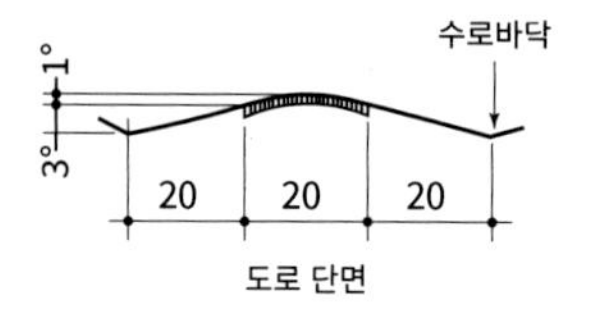

- 포장된 도로위의 배수를위해 수정된 등고를 계획한다.
- 모든 지표수를 배수구로 향하도록 수로를 계획한다.

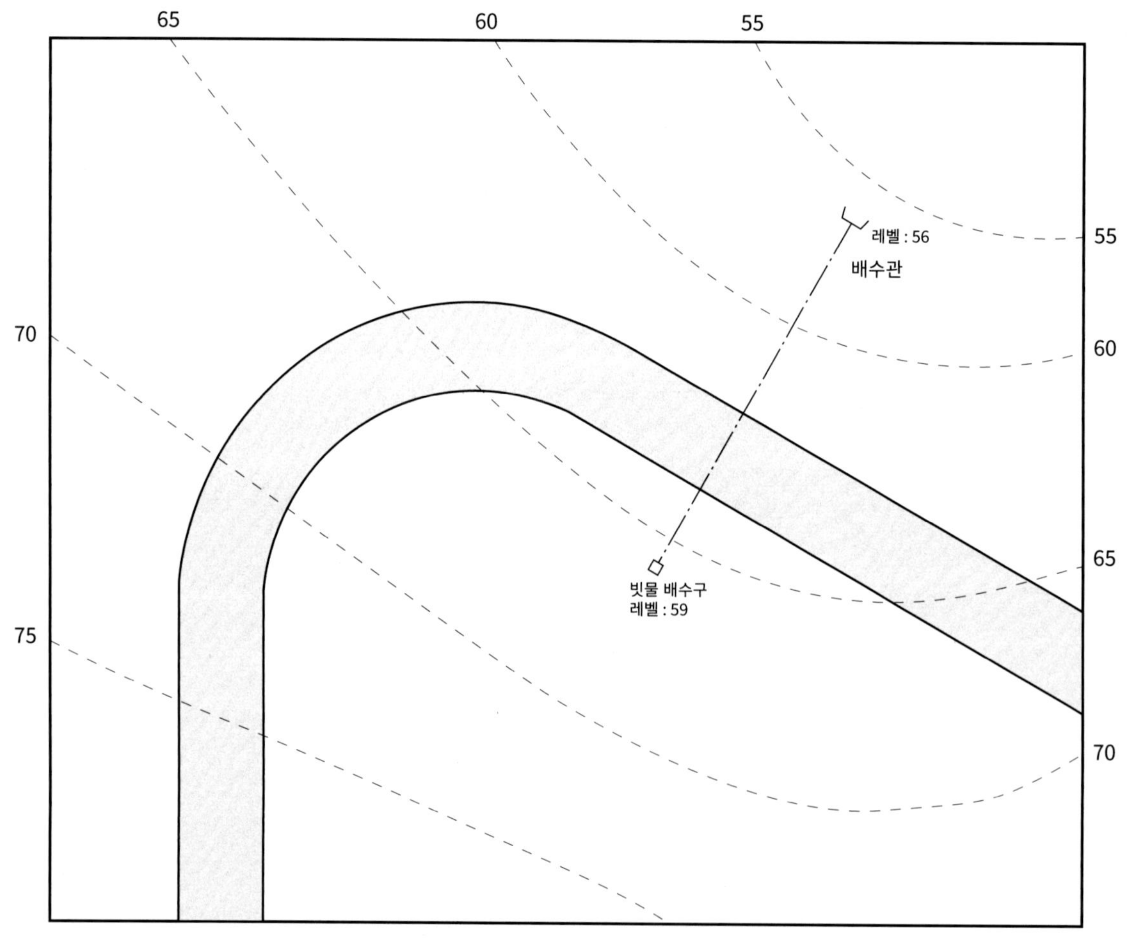

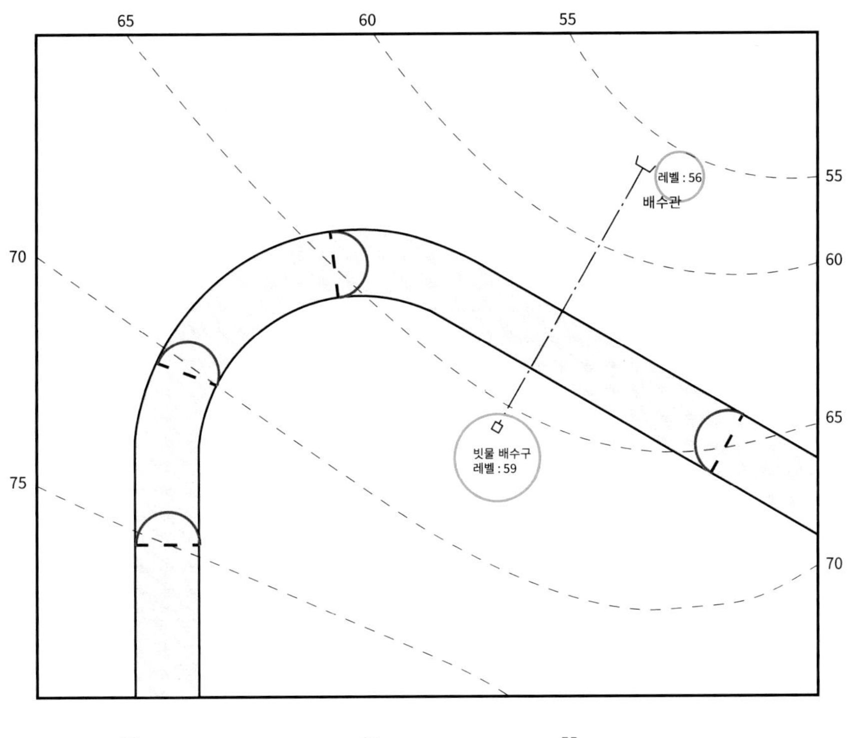

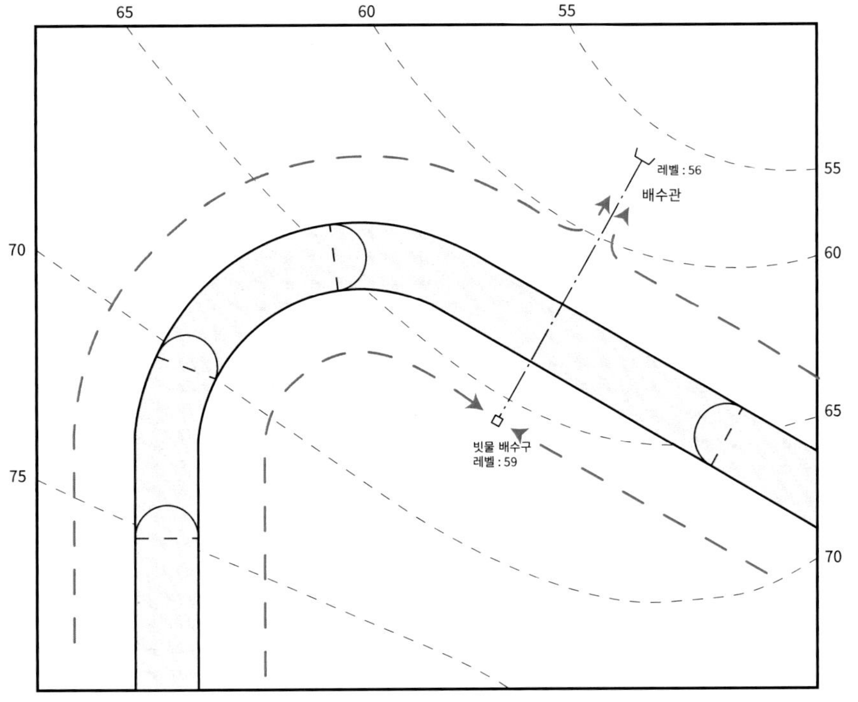

프로세스

1. 먼저 주어진 조건을 살펴본다. 도로 단면을 토대로 도로는 양측골임을 알 수 있다. 도로 위 등고를 정지하기 위해 등고선 75, 70, 65에서 도로 방향에 직교선을 그린다. 그리고 주어진 도로 단면을 근거로 도로 가운데가 볼록하게 등고선을 그려 양측골 도로를 만든다.

2. 모든 지표수가 빗물 배수구 입구 및 배수관을 향하도록 물길을 그린다. 배수 수로는 주어진 도로 단면을 근거로 도로에서 20m 거리의 도로 양쪽 가장자리에 설치한다. 배수구 레벨은 도로 양측에 59와 56이다.

3. 빗물 배수구로 물이 모이도록 60과 65 레벨에서 두 방향의 수로를 만든다.

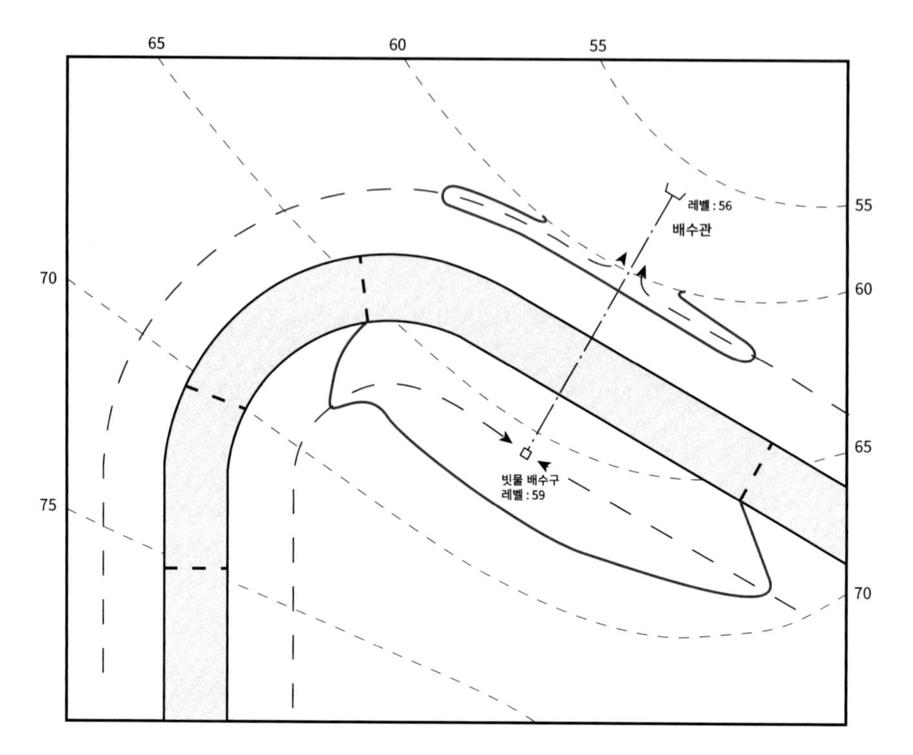

4. 등간격으로 등고마다 수로를 조성하고 이미 만든 양측골 도로 위 등고와 연결하여 마감등고선을 만든다.

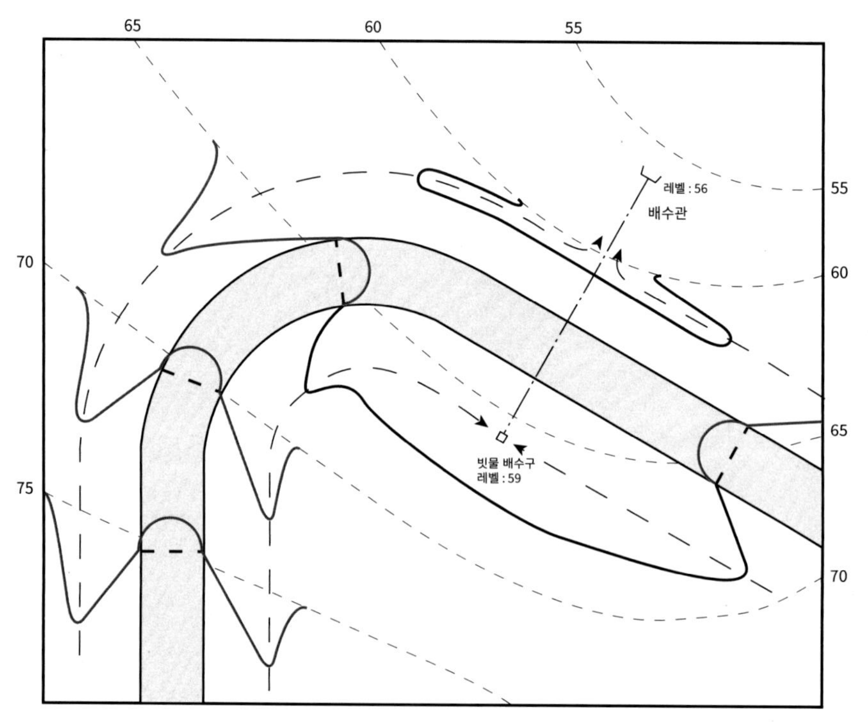

| 완성도

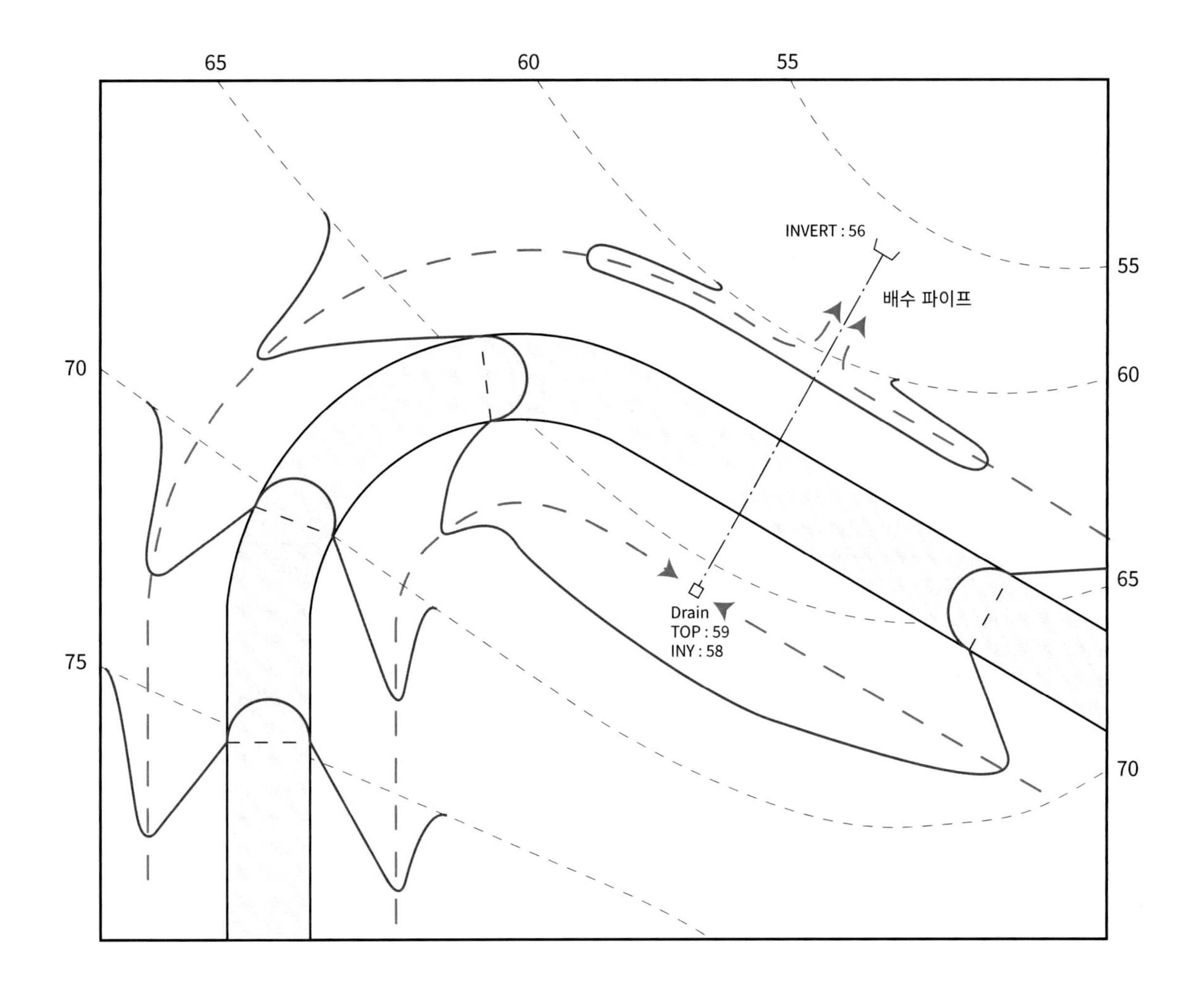

Exercise 3

조건

남쪽에는 기존 접근로와 배수로가 양쪽에 있고 서쪽에 들어설 신축건물과 연결될 새로운 주차장을 계획한다.

- 주차장부지와 진입도로, 인도를 정지한다.
  - 66-72번 마감 레벨을 기준으로 주차장 부지를 정지한다.
  - 포장된 부지에 최고 5% 마감 등고로 새로운 등고선을 계획한다.
  - 도로에서 새 주차장까지 진입도로는 최고 10% 마감 등고로 계획한다.
  - 주차장에서 새 건물까지 인도는 최고 1:20 마감 등고로 계획한다.
- 주차장과 진입도로, 인도위로 지표수가 흐르지 않도록 수로를 계획한다.
  - 물길을 주차장 주변에 형성하고 기존 배수도랑 쪽으로 흐르게 한다

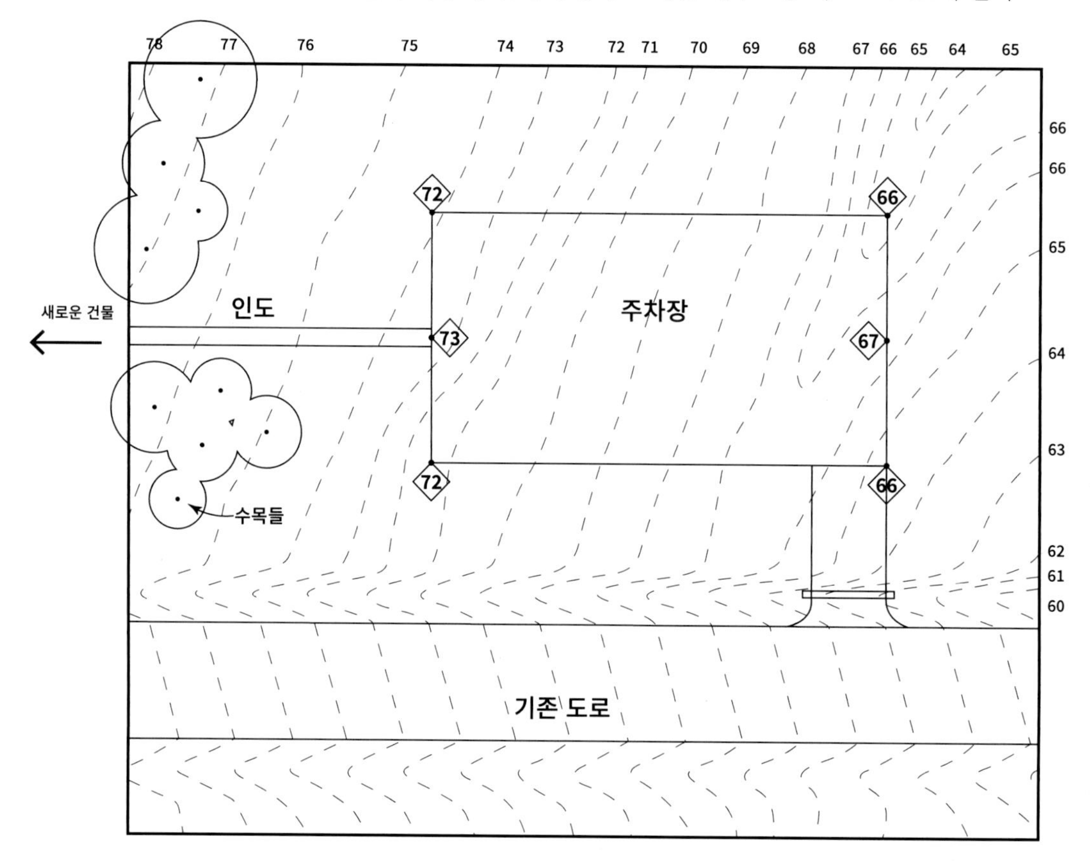

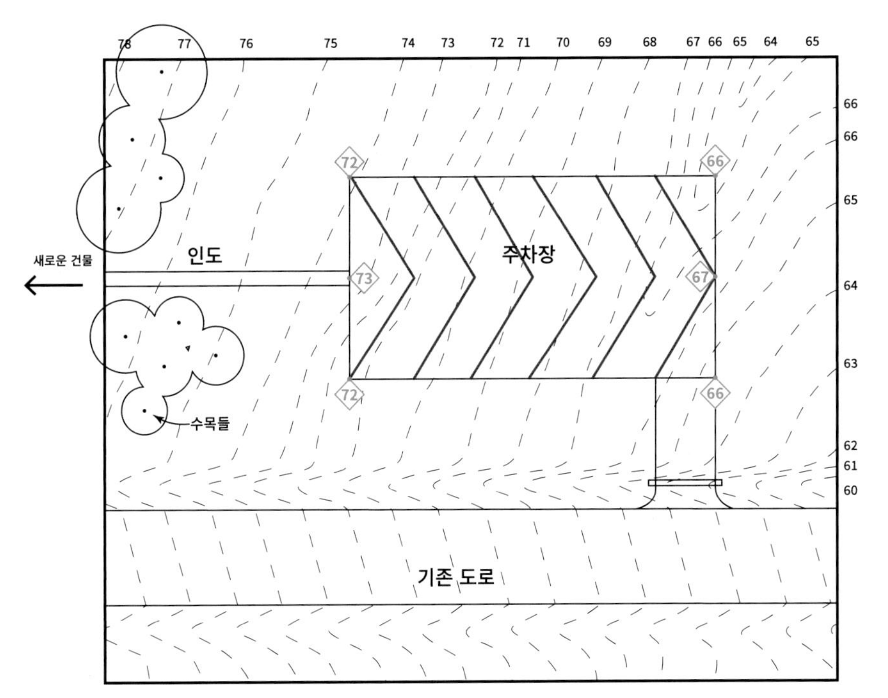

1. 일단 다이아몬드 모양으로 표시된 마감레벨 73, 72, 67, 66에 주목한다. 그리고 주차장 내 등고를 등간격으로 7등분하고 경사가 일정해야 하는 것을 고려하여 직선으로 연결하여 계획한다.

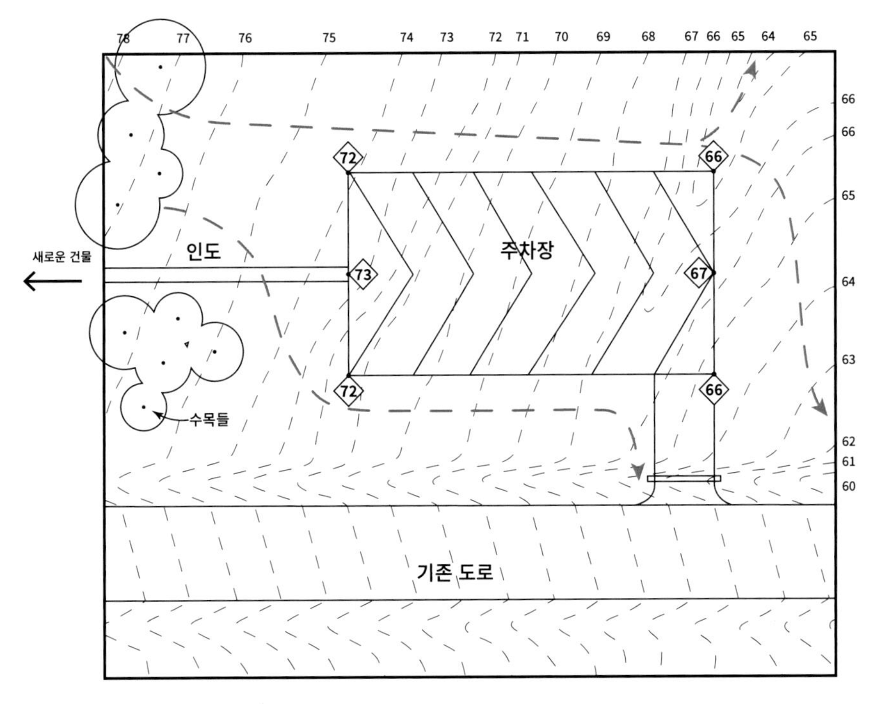

2. 주차장으로 물이 들어오지 않게 주차장 양쪽으로 우회하는 물길을 계획한다.

3. 물길을 따라 배수를 계획하는데, 일단 72 레벨에서 주차장 앙쪽으로 배수가 되도록 수로를 조성하는 것이 가장 중요하다. 그리고 67 레벨에서 주차장 내 등고선과 연결되도록 수로를 만든다.

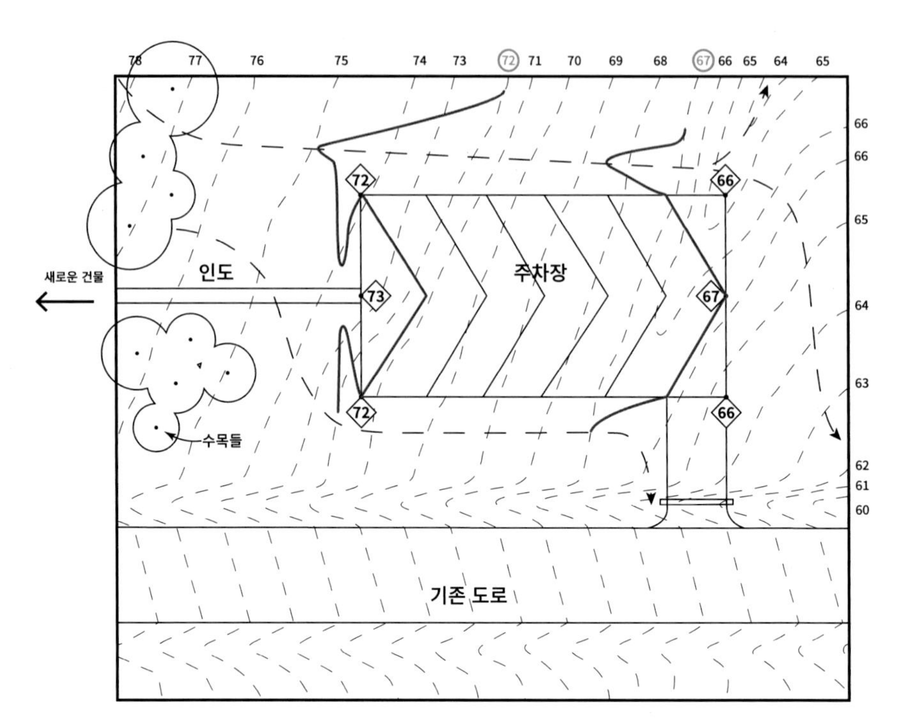

4. 주차장의 스팟 레벨(spot level) 73으로 등고선이 연결되도록 하고 주차장 양측에 등간격으로 수로를 조성한다. 그리고 인도와 진입도로 부분 등고를 정지하고 경사가 급하지 않도록 66, 65 레벨의 등고선을 조정하여 전체적으로 연속적인 마감 등고선을 만든다.

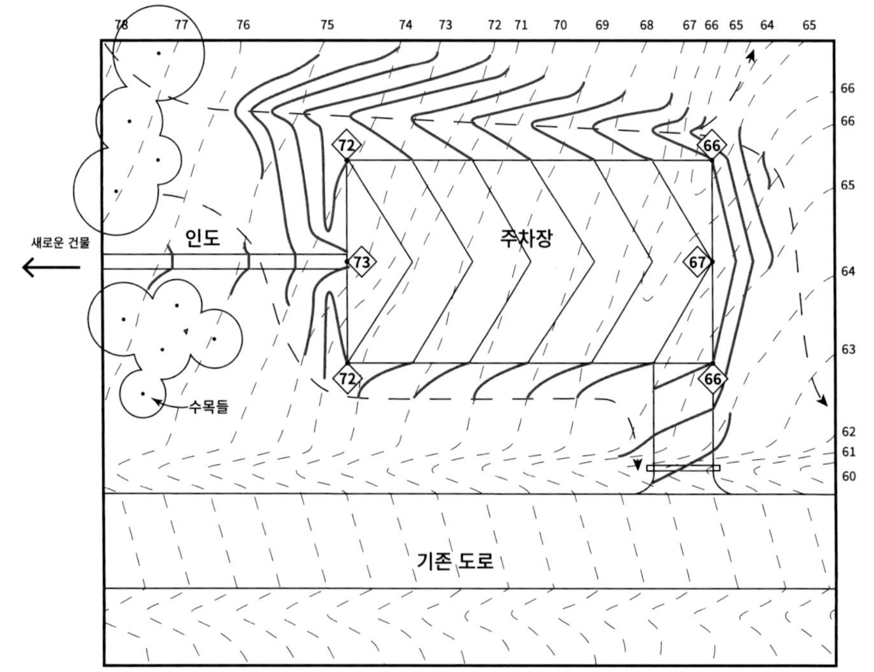

| 완성도

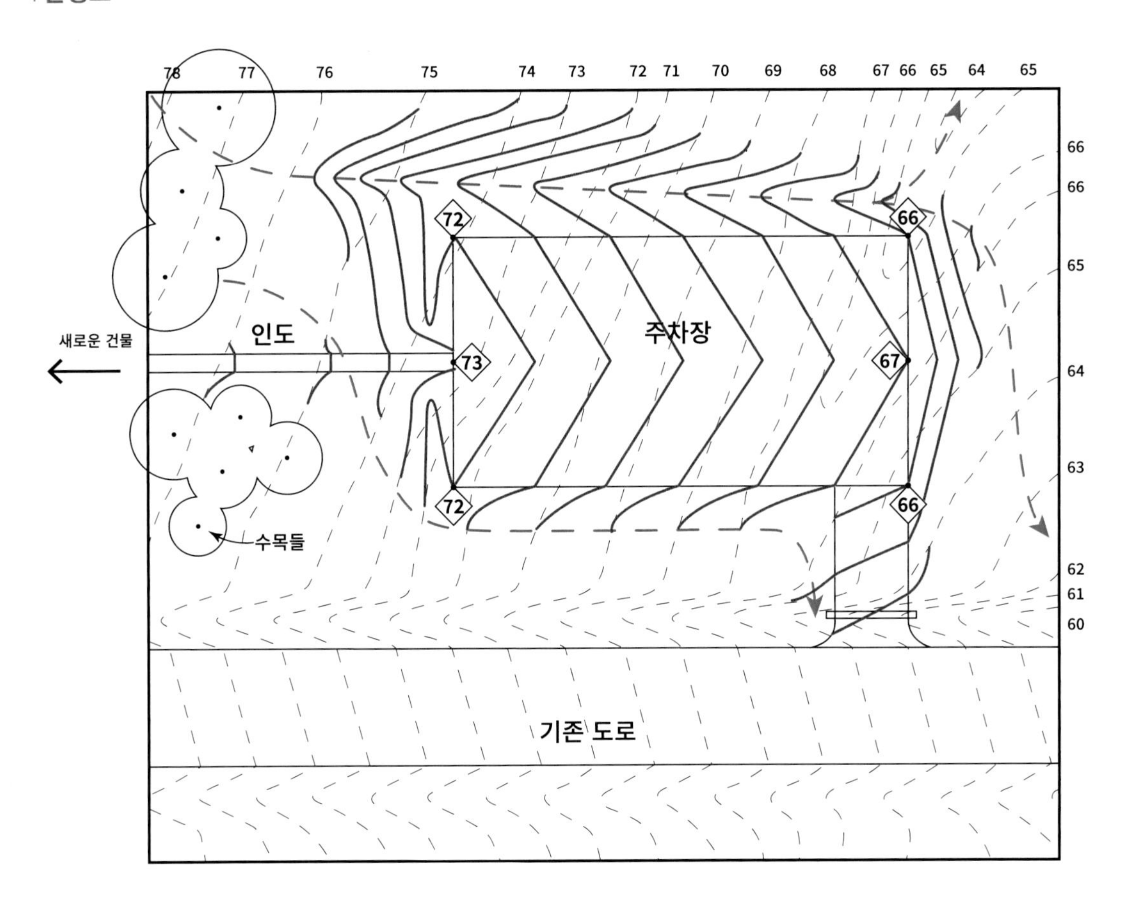
78
77
76
75
74
73
72
71
70
69
68
67
66
65
64
65
66
66
65
64
63
62
61
60
72
66
73
67
72
66
인도
주차장
새로운 건물
수목들
기존 도로

Exercise 4

조건

새로운 전시장과 작업장 부지를 계획하고 실개천 위 3m폭 다리로 연결한다.

- 전시장과 작업장을 30.15 레벨에 계획한다.
- 배수는 실개천으로 향하게 한다.
- 기존 수목에 대한 훼손은 최소화한다.

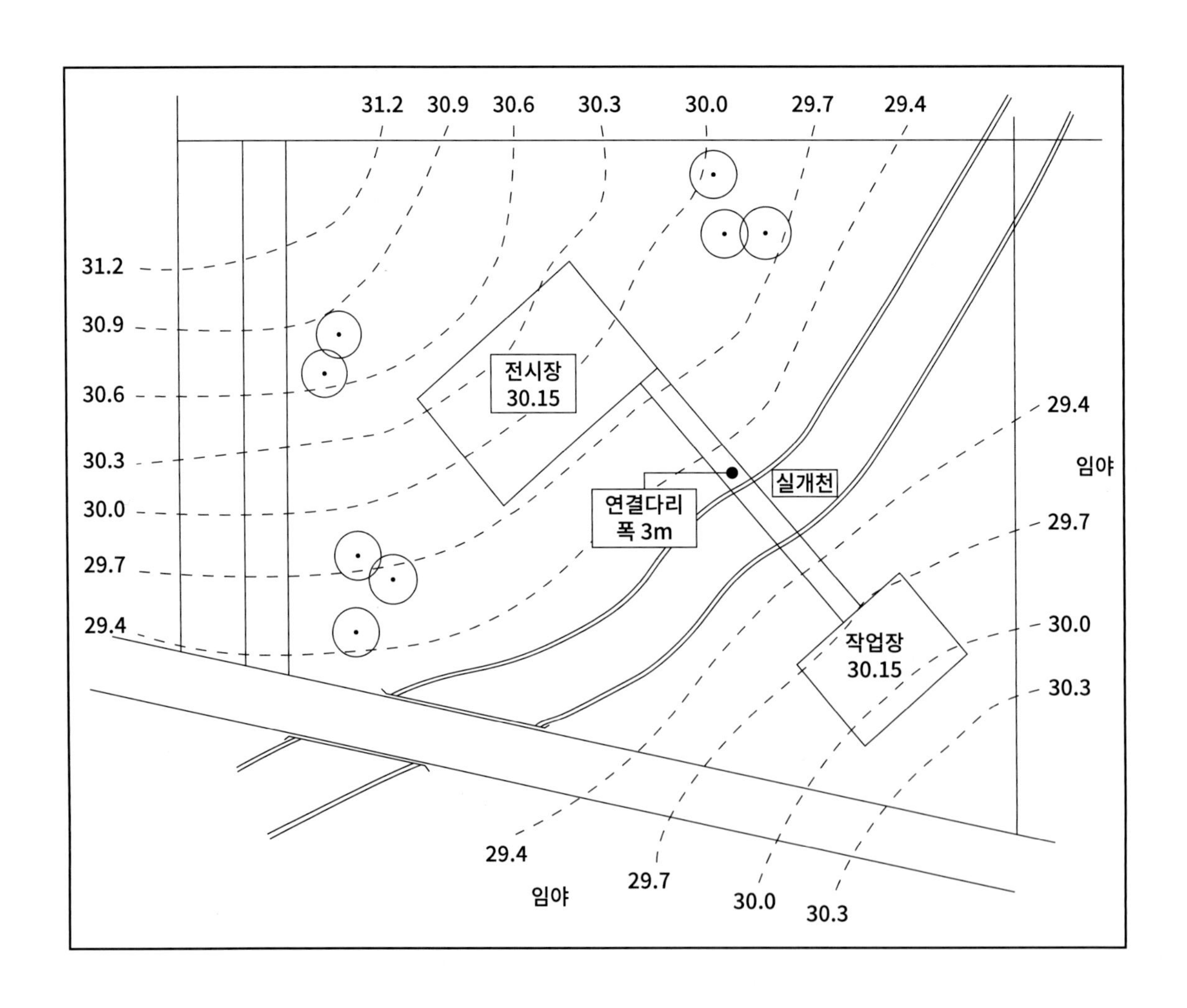

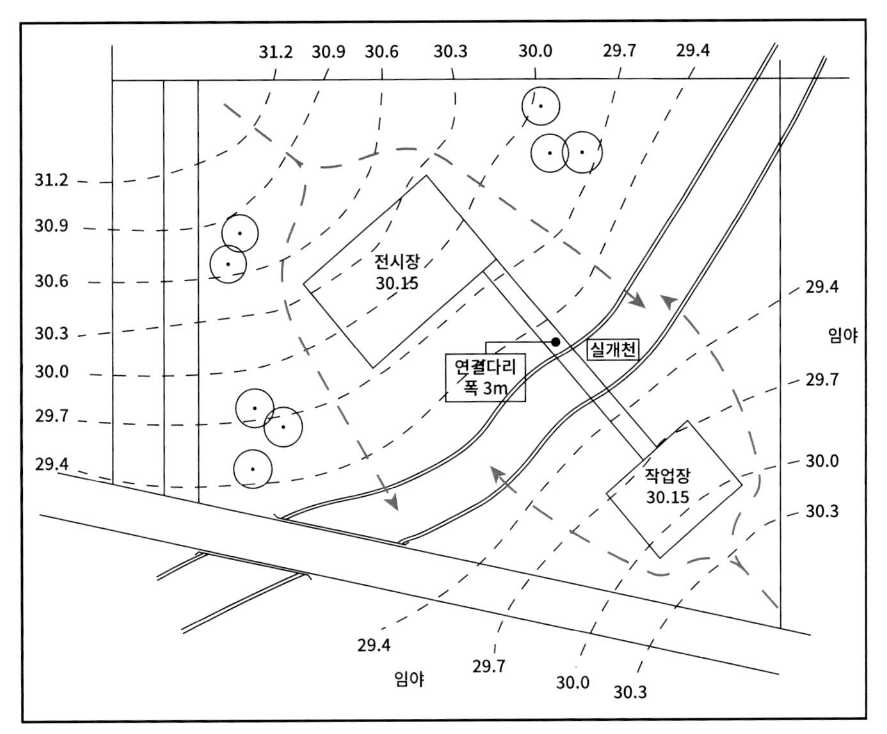

| 프로세스

1. 일단 조성하려고 하는 전시장과 작업장으로 지표수가 들어오지 않고 실개천으로 배수가 되도록 물길을 계획한다.

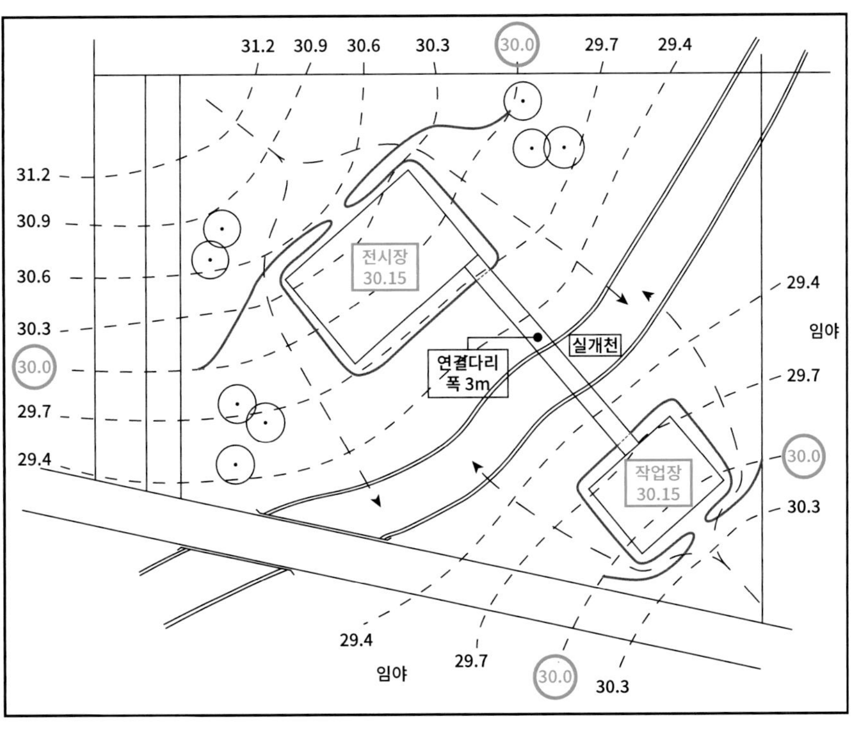

2. 전시장과 작업장의 건축지반 레벨이 30.15라는 점에 주목한다. 건축지반 주변의 지표수를 배수하기 위해 이보다 낮은 레벨인 30.0에서 건축지반을 둘러싸도록 건축지반 뒤에 30.0 레벨의 등고선을 그리고, 건축지반 양쪽에 수로를 만들어 물을 우회시키도록 한다.

3. 30.0 레벨 등고선을 정리한 후 물길을 따라 29.7, 29.4 레벨에서 수로를 만들어 배수를 하고 30.3과 30.6 레벨도 조정하여 등간격으로 등고를 정지한다.

이 때 기존 수목에 대한 훼손은 최소화하도록 한다.

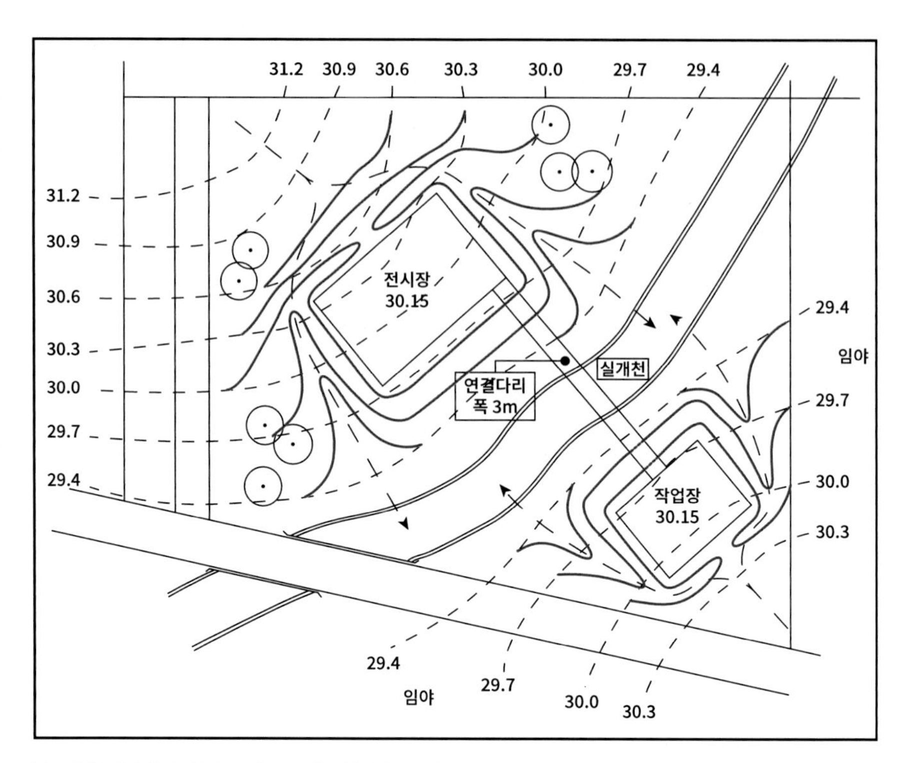

4. 진입로의 배수를 위해 양측골을 만들고 도로 양측에 수로를 만든다. 그리고 전체적으로 연속적인 마감 등고선을 만든다.

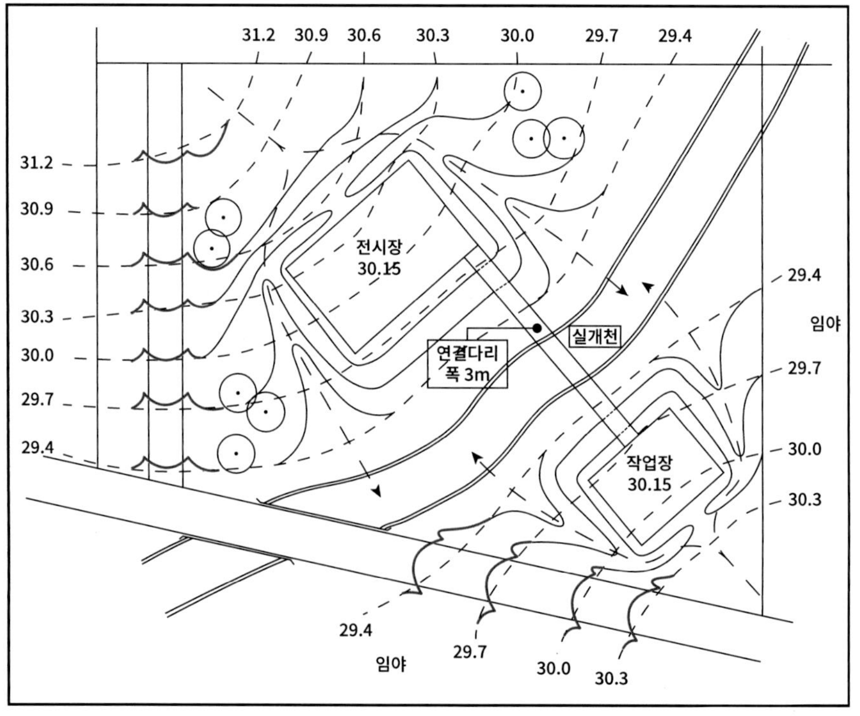

| 완성도

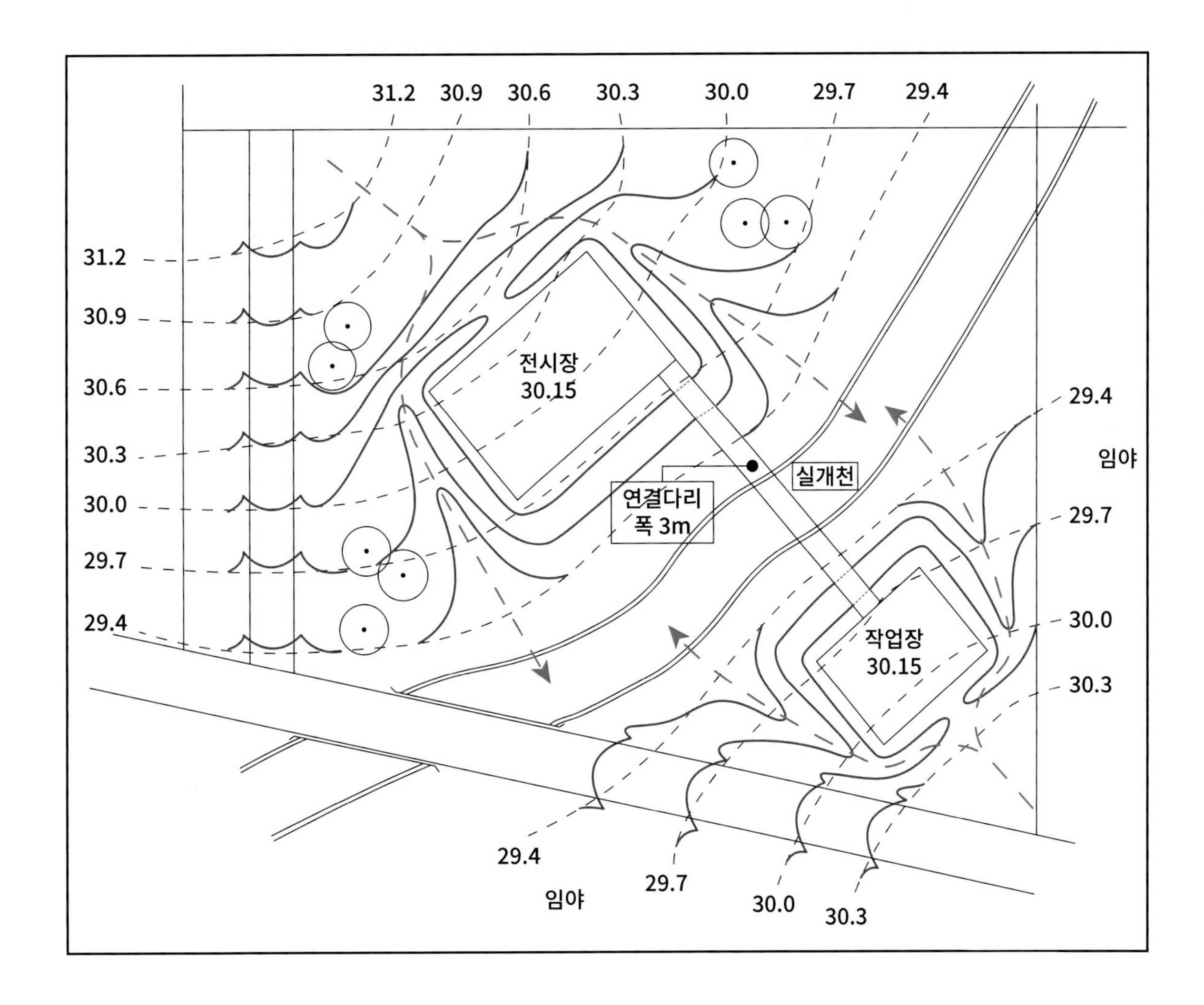

31.2
30.9
30.6
30.3
30.0
29.7
29.4
31.2
30.9
30.6
30.3
30.0
29.7
29.4
전시장
30.15
연결다리
폭 3m
실개천
작업장
30.15
29.4
임야
29.7
30.0
30.3
29.4
임야
29.7
30.0
30.3

Exercise 5

조건

남측 기존 진입로에서 연결되는 새로운 건물과 주차장을 각각 53과 49 레벨에 계획하고 다리로 연결한다.

- 신축 건물은 53 레벨, 주차장은 49 레벨에 계획한다.
- 진입로 배수도 고려한다.

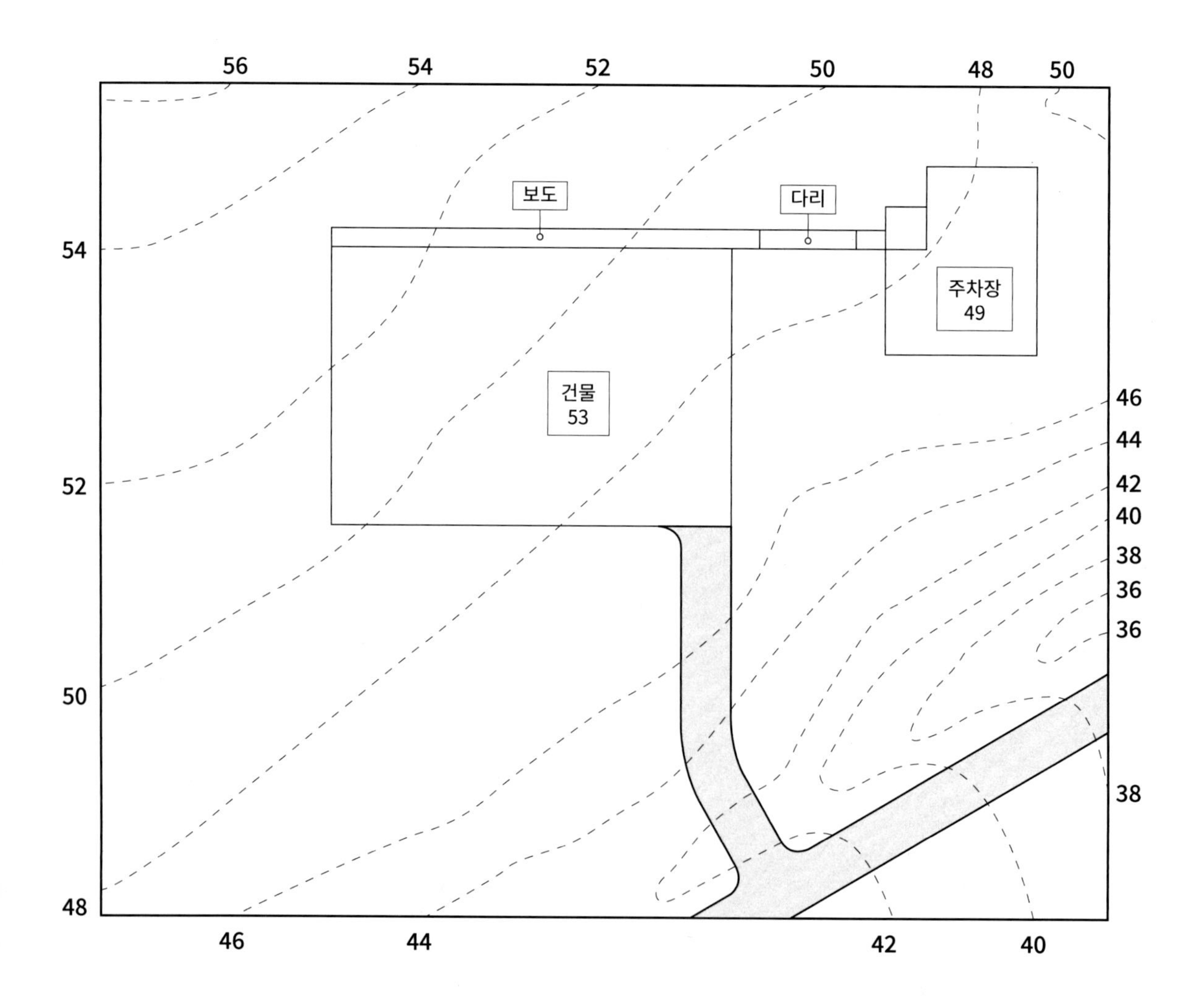

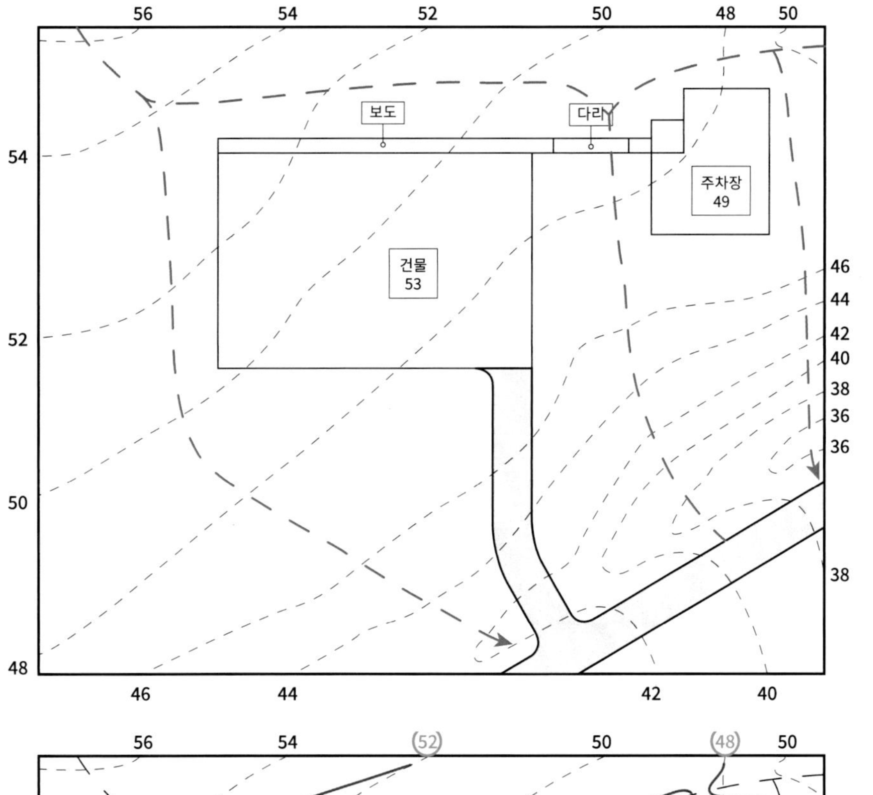

1. 일단 조성하려고 하는 건물과 주차장에 지표수가 흘러들어오지 않도록 물길을 계획한다.

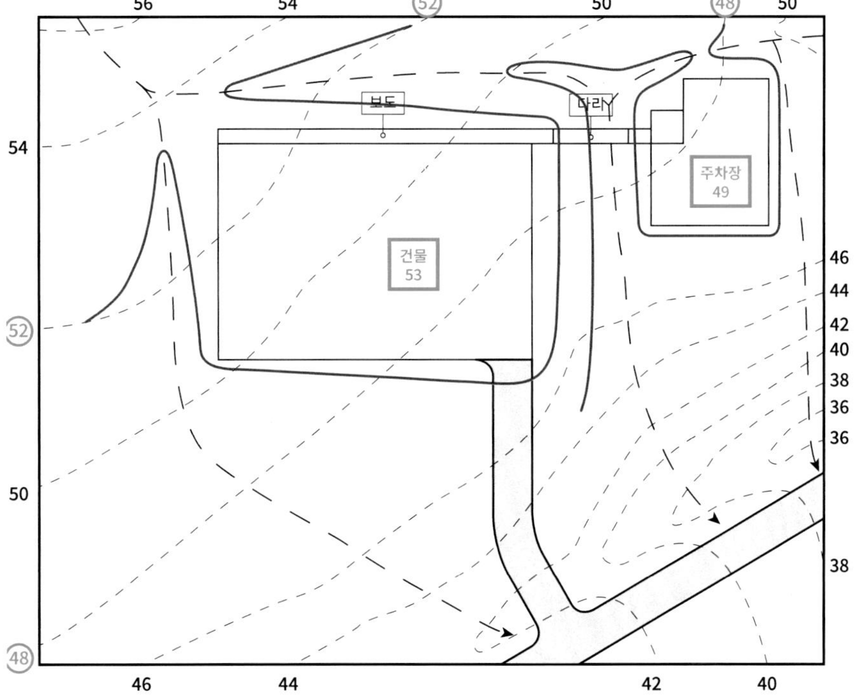

2. 건물의 건축지반 레벨이 53, 주차장 건축지반 레벨이 49라는 점에 주목한다. 건축지반 주변의 지표수를 배수하기 위해 이보다 낮은 레벨인 52와 48에서 건축지반을 둘러싸도록 건축지반 뒤에 52와 48 레벨의 등고선을 그리고, 건축지반 양쪽에 수로를 만들어 물을 우회시키도록 한다.

3. 52와 48 레벨 등고선을 정리한 후 물길을 따라 수로를 만들어 배수를 하고 54 레벨도 조정하여 너무 경사가 급하지 않게 등간격으로 등고를 정지한다.

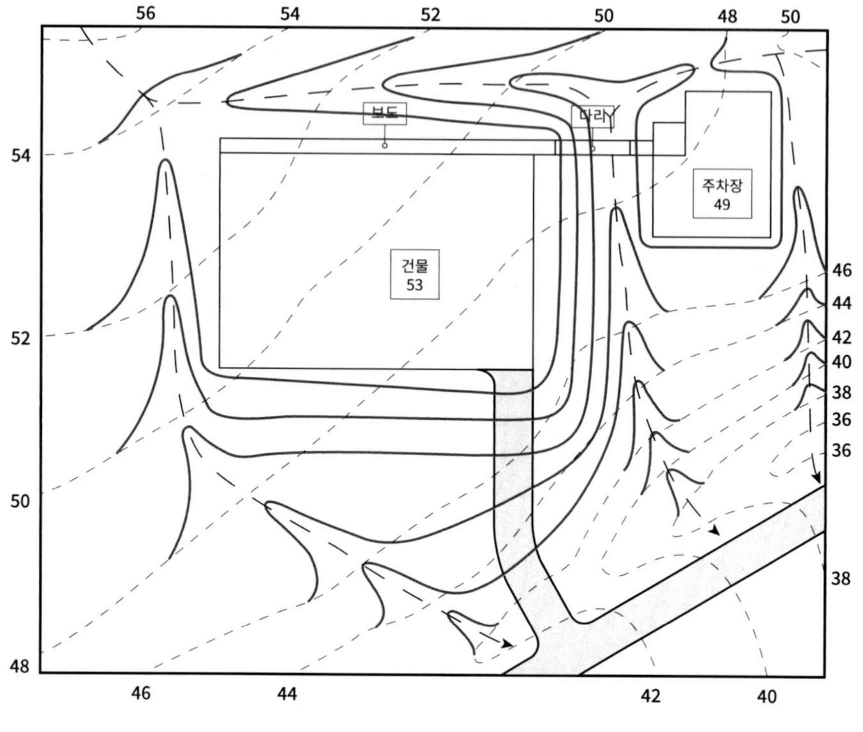

4. 진입로의 배수를 위해 양측골을 만들고 도로 양측에 수로를 만든다. 그리고 전체적으로 연속적인 마감등고선을 만든다.

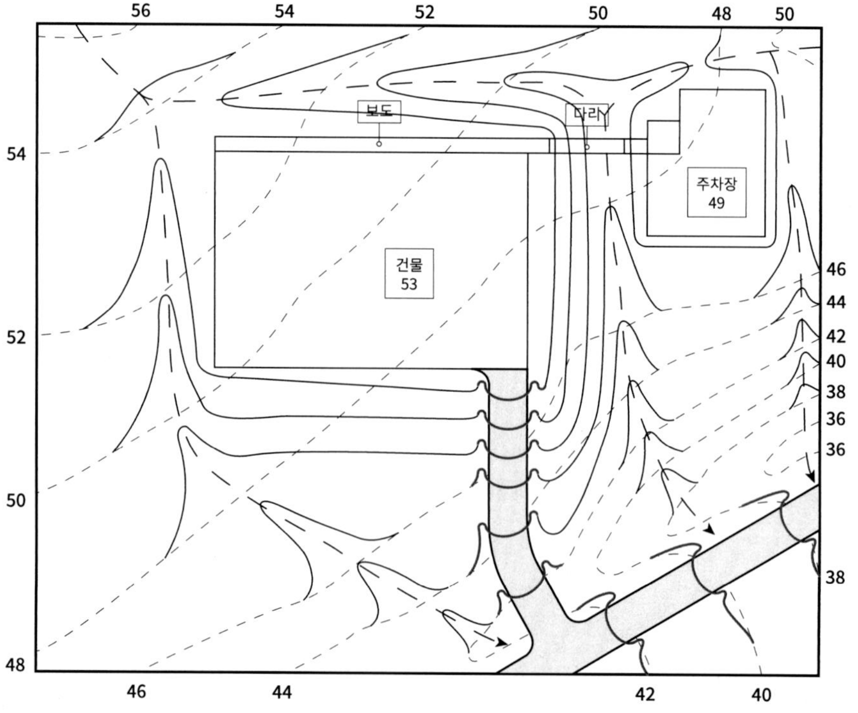

| 완성도

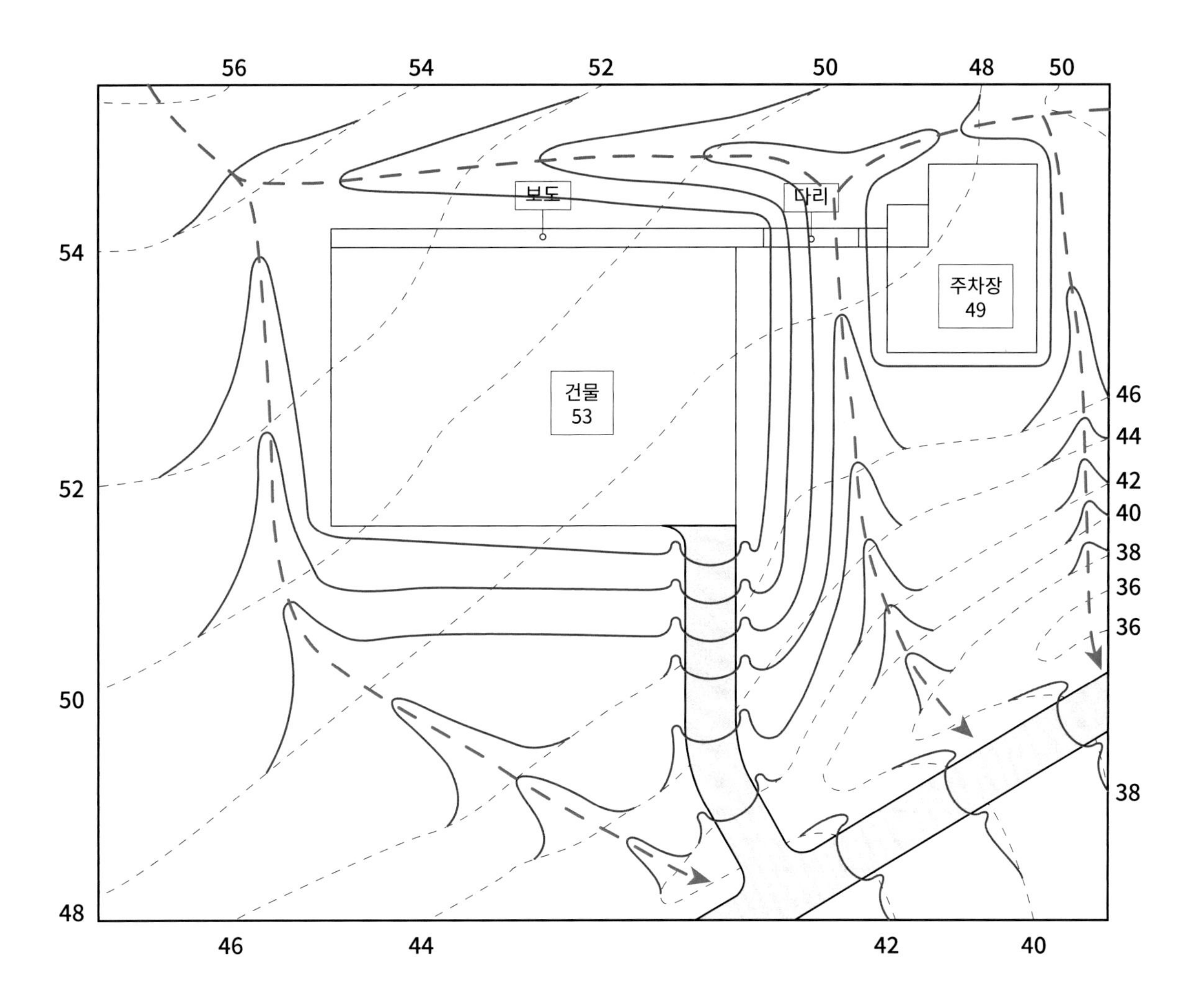

56
54
52
50
48
50
54
52
50
48
보도
다리
주차장
49
건물
53
46
44
42
40
38
36
36
38
46
44
42
40

07 실습과제 및 프로젝트
PRACTICE & PROJECTS

"자연과 조화된 건축, 경관 속의 건축에 부합하고, 서사적, 구축적, 문화적 풍경의 구성을 통해 대지와 자연, 사람의 활동이 어우러진 장소성을 만들어 낸다."

-조남호

인왕산 숲 속 쉼터 / 사진 김용순

7장에서는 본 교재를 통해 진행된 선행수업자료 샘플을 보여주고, 국내건축설계 사무소에서 진행한 계획설계와 실제 준공된 프로젝트를 소개함으로써 창의적이고 통찰적인 해법을 제시한다.

선행 수업자료에서는 사이트 디자인 사례조사 및 리디자인case study & redesign 실습과제를 소개한다. 본 과제들을 통해 제약조건constraints을 극복하고 기회요소opportunities를 살리는 아이디어를 도출하여, 창의적 문제 해결creative problem-solving 능력을 배양하고자 하였다.
사례조사 및 리디자인 과제는 실제 사례의 현장답사와 문헌조사을 수합한 사이트 인벤토리(물리적 속성, 생물학적 속성, 문화적 속성)를 통해 기존 프로젝트를 면밀히 파악하고 사이트 분석을 통해 도출된 요소들을 조합하여 재설계해보는 것을 팀과제로 진행하였다.

계획설계 프로젝트는 국내 설계사무소들에서 진행한 프로젝트로 다양한 용도의 현상설계 당선안, 계획안 등을 포함하고 있다. 각 프로젝트마다 고유의 사이트 조건 및 컨텍스트를 고려하여 배치대안을 검토하고 이 과정을 거쳐 최적안 선정을 한 디자인 프로세스를 보여준다. 이를 통해 수업에서 배운 사이트 인벤토리와 사이트 분석이 실제 프로젝트에 어떻게 활용되는지 습득할 수 있다.

실제 준공된 프로젝트로는 2021년 11월 개방된 "인왕산 숲 속 쉼터"를 소개한다. 이 프로젝트는 한양도성 성벽에 설치된 군인초소에서 숲 속 쉼터로 재탄생되어 폐쇄에서 개방, 반목에서 교류를 상징하게 된 프로젝트이다. 본 교재에서 추구하는 자연과 조화된 건축, 경관속의 건축에 부합하고 서사적, 구축적, 문화적 풍경으로 구성되어 땅과 자연과 사람이 어우러진 장소성을 만들어 낸다. 이러한 점이 높이 평가되어 2021 서울시 건축상 우수상, 대한민국목조건축대전 대상, 한국건축가협회상을 수상하였다.

■ 선행 수업자료 Preceding Class Assignments

▌Case Study & Redesign - 수락행복발전소

참여자 : 김지환, 안인규, 조현민, 이진주

01 Project Summary
Surak Happy Power Plant

위 치	서울특별시 노원구 상계동 996-10, 996-21
설계사	운생동 건축사사무소
발주처	노원구청
시공사	㈜아이렉스 건설
지역 지구	제2종 일반주거지역
주요용도	제1종 근린생활시설
대지면적	296.63m²
건축면적	124.22m²
연면적	283.48m²
건폐율	41.83%
용적률	85.59%
규 모	지하 1층, 지상 3층 (9.0m)
구 조	철근콘크리트구조
외부마감재	노출콘크리트
설계기간	2017.04 ~ 2017.07
공사기간	2017.08 ~ 2018.05

01 Project Summary
Surak Happy Power Plant

N

4m 도로

20m 도로

층별 바닥면적	용도
지하 1층 (29.32m²)	제1종 근린생활시설 (주민공동시설)
지상 1층 (108.92m²)	제1종 근린생활시설 (주민공동시설)
지상 2층 (98.55m²)	제1종 근린생활시설 (주민공동시설, 지역아동센터)
지상 3층 (46.69m²)	제1종 근린생활시설 (주민공동시설, 지역아동센터)
주차계획	283.48/134=2.12대 (23m²)
	법정계획 자주식 2대 설치
조경계획	법정계획 대지면적 5% 이상 (14.88m²)

01 Project Summary
Surak Happy Power Plant

작은 건축, 도시재생

경계 없는 커뮤니티

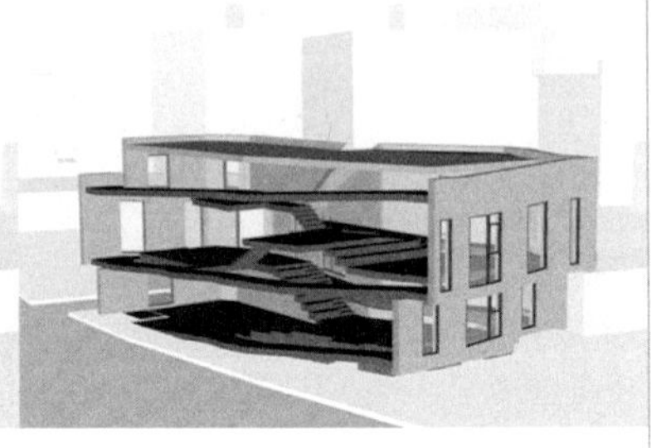

다목적 램프길 [천상병길, 소풍길]

01 Project Summary
Surak Happy Power Plant

작은 건축, 도시재생

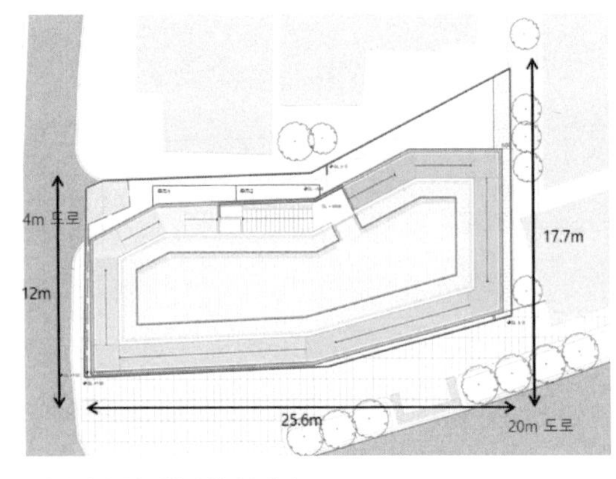

작은 땅에 작은 건축의 물리적 환경

아파트와 연립주택이 밀집된 주거지역에 **생활밀착형 커뮤니티가 부족**

생활문화 만족도가 낮은 도시에 커뮤니티 공간 형성

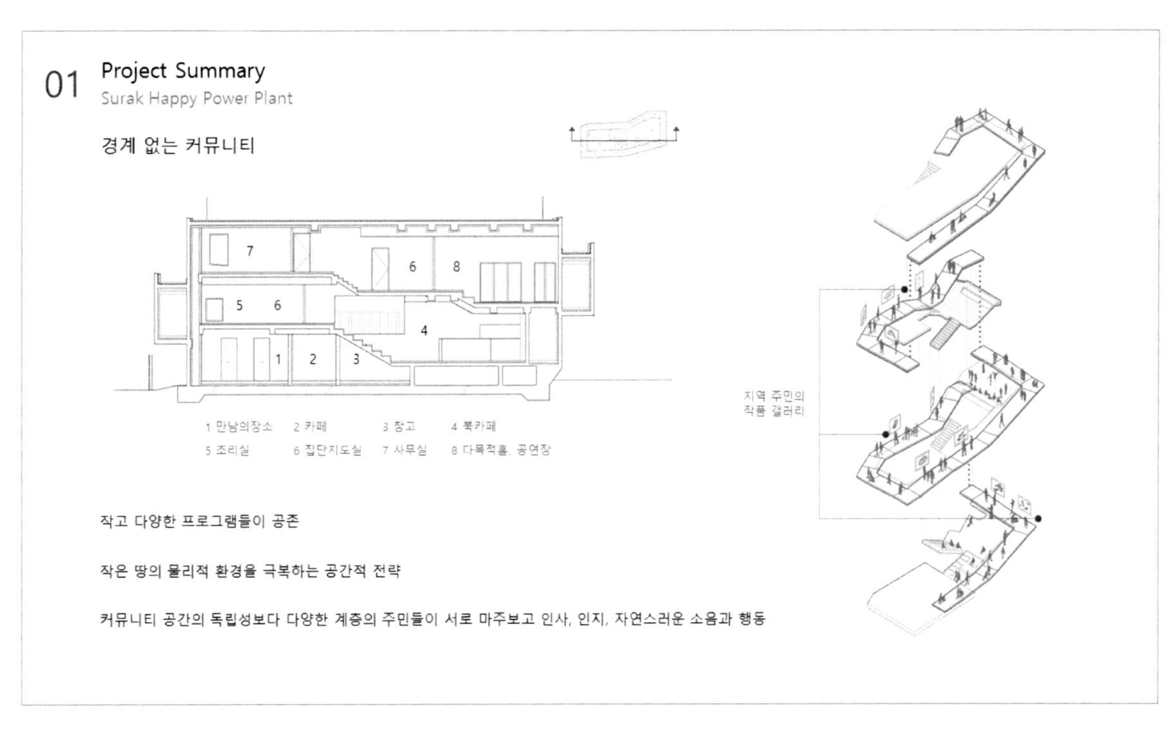
01
Project Summary
Surak Happy Power Plant
경계 없는 커뮤니티
7
6
8
5
6
4
1
2
3
1 만남의장소
2 카페
3 창고
4 북카페
5 조리실
6 집단지도실
7 사무실
8 다목적홀, 공연장
지역 주민의 작품 갤러리
작고 다양한 프로그램들이 공존
작은 땅의 물리적 환경을 극복하는 공간적 전략
커뮤니티 공간의 독립성보다 다양한 계층의 주민들이 서로 마주보고 인사, 인지, 자연스러운 소음과 행동

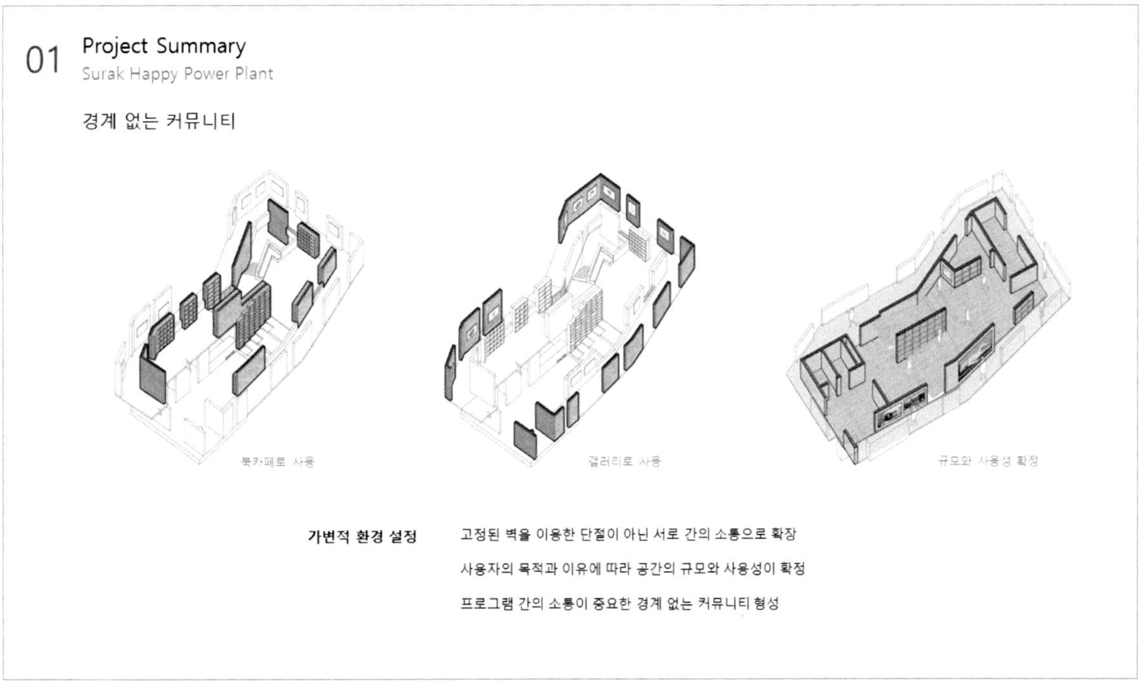
01
Project Summary
Surak Happy Power Plant
경계 없는 커뮤니티
북카페로 사용
갤러리로 사용
규모와 사용성 확정
가변적 환경 설정
고정된 벽을 이용한 단절이 아닌 서로 간의 소통으로 확장
사용자의 목적과 이유에 따라 공간의 규모와 사용성이 확정
프로그램 간의 소통이 중요한 경계 없는 커뮤니티 형성

01 Project Summary
Surak Happy Power Plant

다목적 램프길 [천상병길, 소풍길]

건축법상 장애인을 위한 램프는 건축면적과 연면적에 삽입하지 않는다.

장애인 램프 이름 대신 "다목적 램프길"

지상 1층에서 3층 옥상까지 자연스러운 연계

= 이동의 수단 + 다양한 커뮤니티의 확장 공간

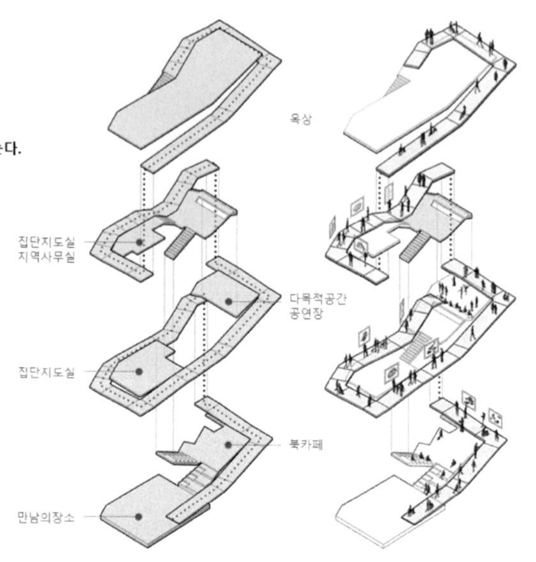

천상병 시인의 갤러리
지역 주민의 작품 갤러리
공연장의 확장 공간
북카페의 확장 공간
천상병 시인의 작품세계에 대한 동경이며 상상의 길

01 Project Summary
Surak Happy Power Plant

천상병공원

천상병 시인이 살았던 노원구 상계동에 그를 기리기 위한 공원 설립

상계동 996번지 일대 480 ㎡

아이들과 함께 노는 모습을 표현한 1.4m 높이의 청동상
시 낭송 무대로 이용하는 정자 "귀천정"
시인의 시를 조각한 시비
육필 원고를 새겨넣은 의자
시인의 유품 보관
시에 자주 나오는 식물을 공원 곳곳에 식재

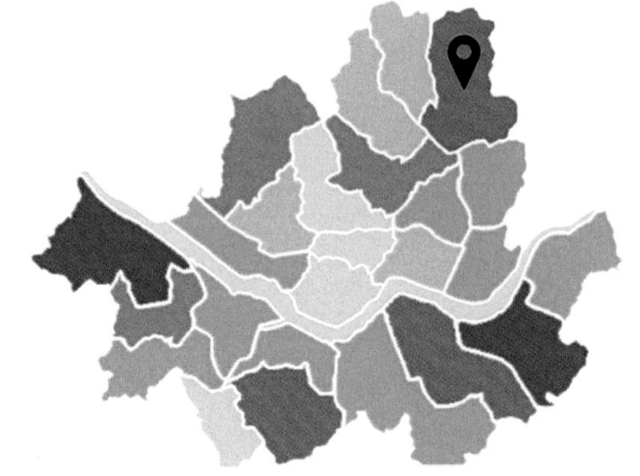

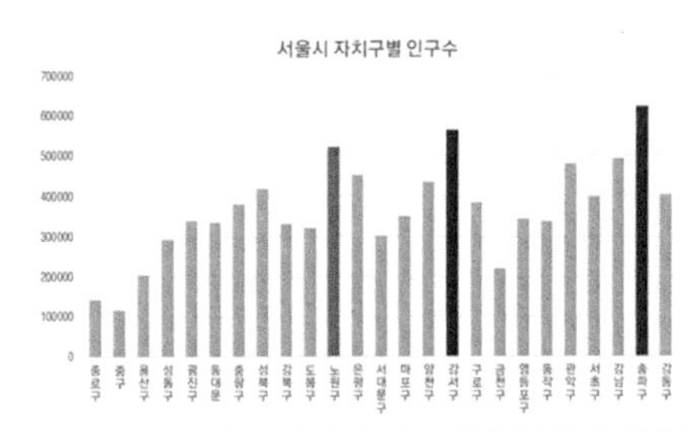

구분	인원 수	서울 자치구 내 순위
노원구 인구수 (2018년)	522,351 명	4위
장애인구 수 (2019년)	27,415 명	2위
고령인구 수 (2018년)	74,077 명	2위
유소년인구 수 (2018년)	62,732 명	3위

서울특별시 25개의 행정구 중 3번째로 인구가 많음
서울특별시 중 강서구 다음으로 사회적 배려 대상자 상당수가 거주
고령 인구 수 3위, 유소년 층 인구 수 3위를 차지함

수락행복발전소 상구네행복발전소 꿈꾸는상계5동행복발전소 원터행복발전소 불암골행복발전소 한내행복발전소 공릉행복발전소

노원구 '행복발전소' 활성화 사업은 주민을 위한 생활밀착형 정책으로 2012년부터 주민들이 주인이 되는 행복공동체의 커뮤니티 거점공간으로 활용하기 위한 활성화 사업에 노력
노원구 행복발전소는 총 11개로 모두 복합문화시설이고 사회적 배려 대상자가 상당수 거주하고 있는 점을 활용하여 수락행복발전소를 건설
주민들과 소통을 하기위한 경계 없는 커뮤니티, 사이트 context를 활용한 다목적 램프길(천상병길=소풍길)을 형성

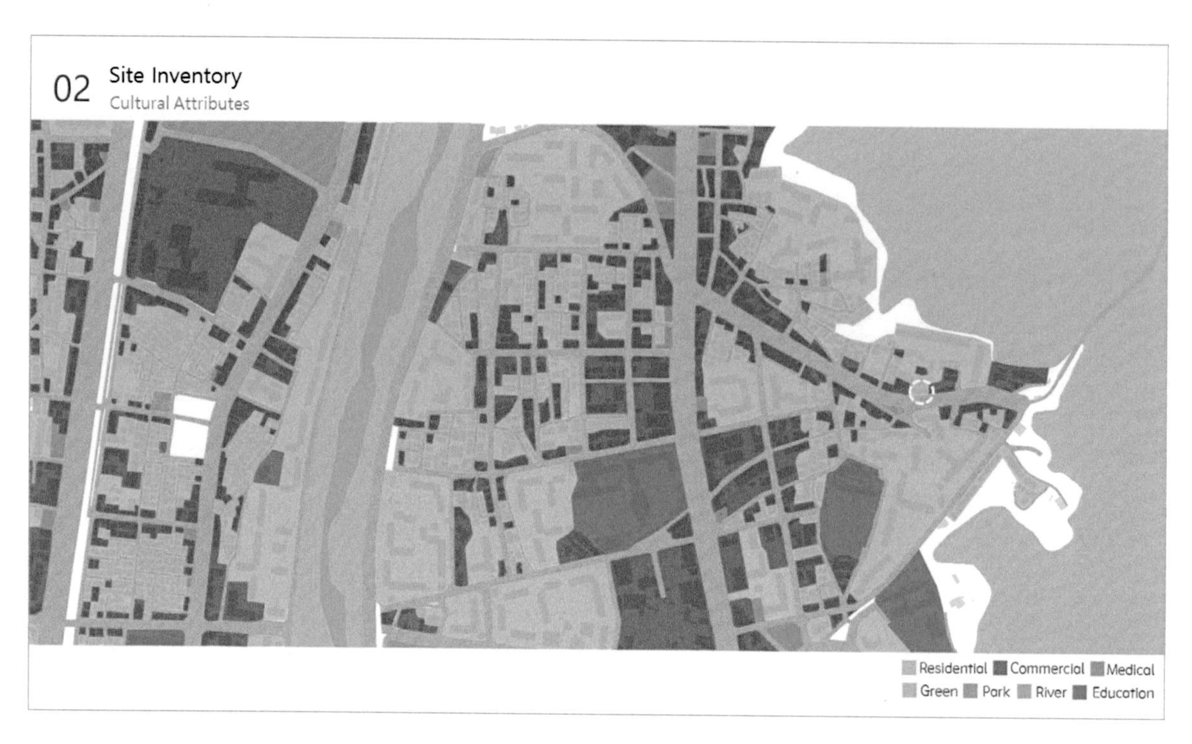
02 Site Inventory
Cultural Attributes
Residential
Commercial
Medical
Green
Park
River
Education

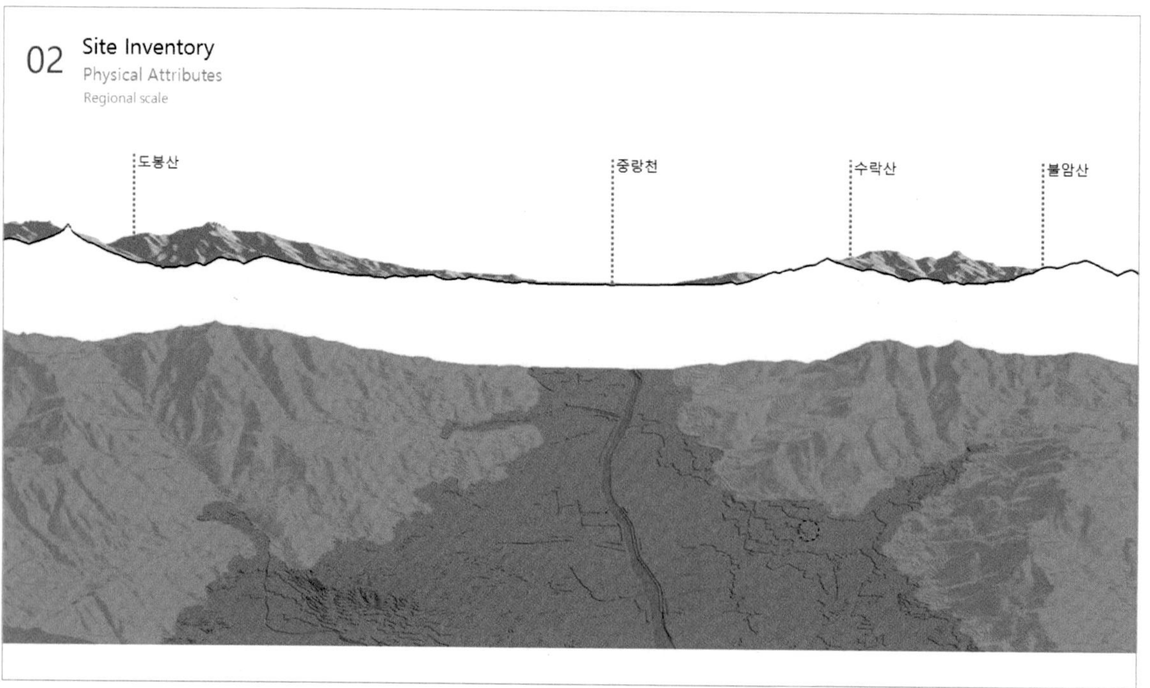
02 Site Inventory
Physical Attributes
Regional scale
도봉산
중랑천
수락산
불암산

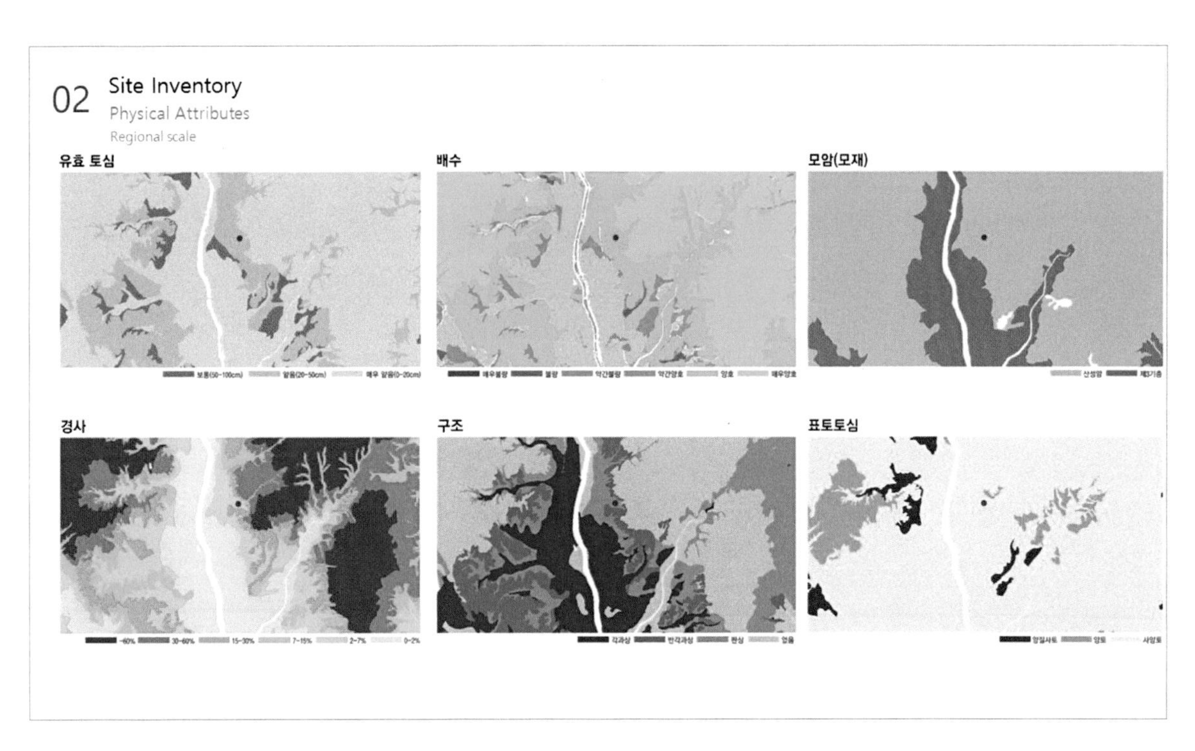
02 Site Inventory
Physical Attributes
Regional scale
유효 토심
배수
모암(모재)
경사
구조
표토토심

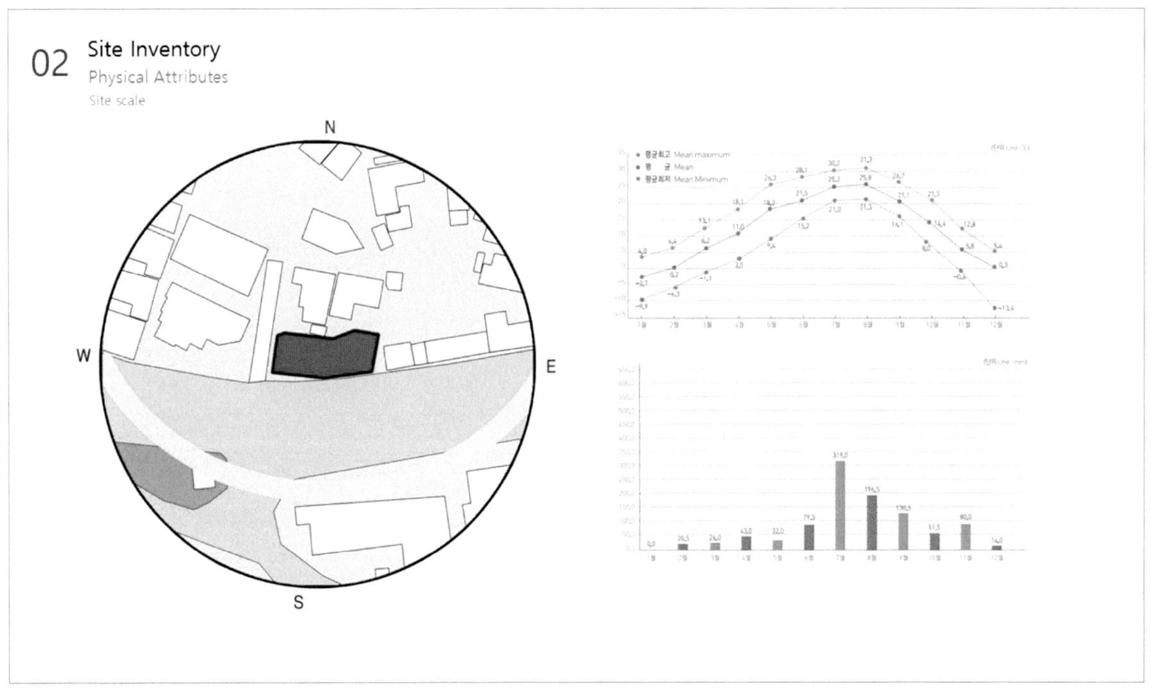
02 Site Inventory
Physical Attributes
Site scale
N
W
E
S

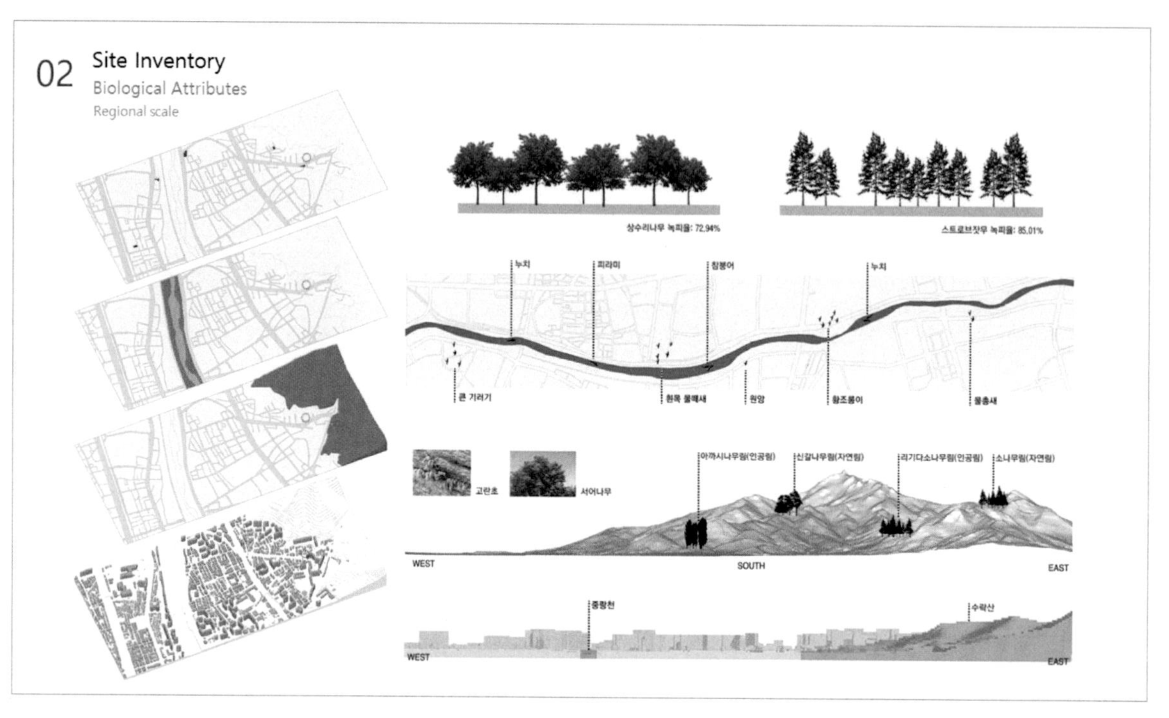
02 Site Inventory
Biological Attributes
Regional scale
상수리나무 녹피율: 72.94%
스트로브잣무 녹피율: 85.01%
누치
피라미
참붕어
누치
큰 기러기
흰목 물떼새
원앙
황조롱이
물총새
고란초
서어나무
아까시나무림(인공림)
신갈나무림(자연림)
리기다소나무림(인공림)
소나무림(자연림)
WEST
SOUTH
EAST
중랑천
수락산
WEST
EAST

02 Site Inventory
Cultural Attributes
Regional scale
노원구
도봉구
상계동
의정부시
남양주시
상계1동
서울 동북부 끝에 위치
1963년 경기도에서 서울로 편입
80년대 빈민촌에서 85년 지하철개통과 함께 택지개발
90년대 상계주공아파트를 비롯한 아파트 개발로 인구 급증
상계동에서 가장 큰 면적
남양주시 청학리, 의정부시와 맞닿음

02 Site Inventory
Cultural Attributes

노원구, 상계주공 등 재건축 안전진단 통과 지원

입력 2021.02.18 17:39 | 수정 2021.02.19 02:43 | 지면 A33

區내 총 124개 노후단지 대상
정부 안전진단 기준 강화에 대응

서울시 노원구가 재건축 정비사업의 속도를 올리기 위해 노후 단지의 안전진단을 지원한다. 정부가 재건축 안전진단 기준을 강화하자 지방자치단체가 도움을 주기로 한 것이다.

노원구는 지난 17일 이 같은 내용의 '노후 공동주택 재건축 실행 지원방안 수립용역'을 발주했다. 노원구는 관내 노후 단지 가운데 6개의 시범단지를 선정하고, 정부의 안전진단 기준을 분석해 주민에게 알리는 등 재건축 지원 방안을 논의할 예정이다.

노원구에서는 1980년대 상계동 등 총 15개 택지개발지구가 조성됐다. 노원구는 2030년까지 총 124개 단지, 11만2320가구의 아파트가 안전진단 대상으로 분류될 것으로 집계됐다. 관내 전체 아파트의 88%가 준공 30년 이상 노후 아파트 단지로 분류되는 셈이다. 이는 서울시 전체 노후 단지의 16%에 달하는 비율이다.

관련기사
- 이틀 만에 1억 뛴 압구정 아파트...재건축 기대감에 초강세
- 속도내는 압구정 재건축...4구역 첫 조합설립
- 서울시, 신반포2차 등 재개발·재건축 조합 20곳 운영 실태 점검

노원구의 안전진단 지원 방안은 정부의 재건축 정밀안전진단 강화 때문에 나왔다. 정부는 올 상반기까지 1, 2차 정밀안전진단 선정·관리 주체를 기존 시·군·구에서 시·도로 변경하기로 했다. 또 2차 안전진단을 할 때 현장조사를 의무화하는 방안도 시행된다.

노원구 재건축 실행 지원방안

구분	내용
목적	안전진단 기준 분석 및 개선 방안 마련
범위	구내 택지개발지구(15개) 총 766만㎡
대상	2030년까지 안전진단 대상 124개 단지
내용	· 안전진단 신청 가이드라인 제시 · 광역 규모별 시범단지 6개소 선정 · 재건축 활성화 위한 행정 지원체계 개선

자료: 노원구청

'안전진단 대상 1위' 노원구, 재건축 지원 나선다

구, '재건축 지원방안' 용역 발주
'30년 안전진단 120여단지 달해

서울시 노원구가 택지개발지구에 조성된 대규모 공동주택 단지의 재건축 시기가 도래함에 따라 지원방안 마련에 나섰다.

구는 지난 17일 노후 공동주택 재건축 실행 지원방안 수립용역'을 발주하기 위한 공고를 냈다. 이번 용역은 상계동 등 대규모 공동주택 단지의 재건축 시행에 필요한 행정지원을 진행하기 위한 방안으로 진행됐다.

노원구 내에는 지난 1980년대 이후 15개의 택지개발지구가 조성됨에 따라 대규모 공동주택 단지가 밀집해 있는 상황이다. 이에 따라 2017년 이후부터 택지개발지구 내 공동주택의 대부분이 재건축 시기가 도래하게 된다.

노원구는 30년 이상이 경과한 재건축 안전진단 대상은 서울시 내 자치구 중에서 가장 많다. 안전진단 대상 단지는 지난해 기준 39개 단지에 5만9,124세대에 달한다. 오는 2025년에는 73개 단지 8만3,000여세대로 증가하고 2030년에는 124개 단지 11만2,000여 세대가 안전진단 대상이 될 전망이다.

문제는 지난 2018년 3월 재건축 안전진단 기준이 개정됨에 따라 주거환경 대신 구조안정성 평가비중이 강화됨에 따라 재건축 사업이 어려워졌다는 점이다. 강남의 경우 안전진단 기준이 강화되기 전에 이미 안전진단을 완료해 순차적으로 재건축이 진행되고 있지만, 강북권은 재건

02 Site Inventory
Cultural Attributes

02 Site Inventory
Cultural Attributes

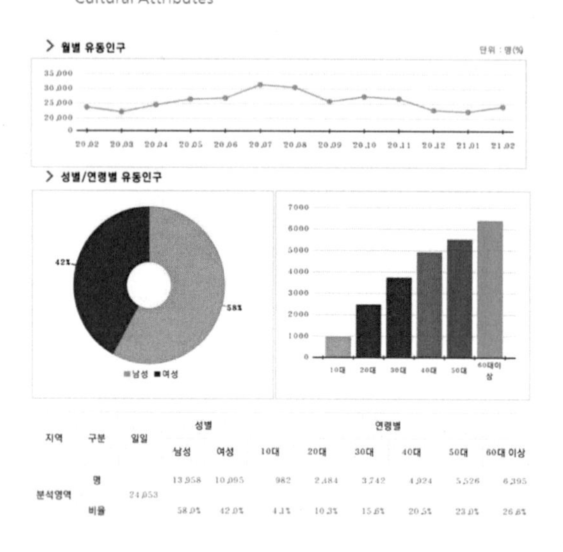

지역	구분	일일	성별		연령별					
			남성	여성	10대	20대	30대	40대	50대	60대 이상
분석영역	명	24,053	13,958	10,095	982	2,484	3,742	4,924	5,526	6,395
	비율		58.0%	42.0%	4.1%	10.3%	15.6%	20.5%	23.0%	26.6%

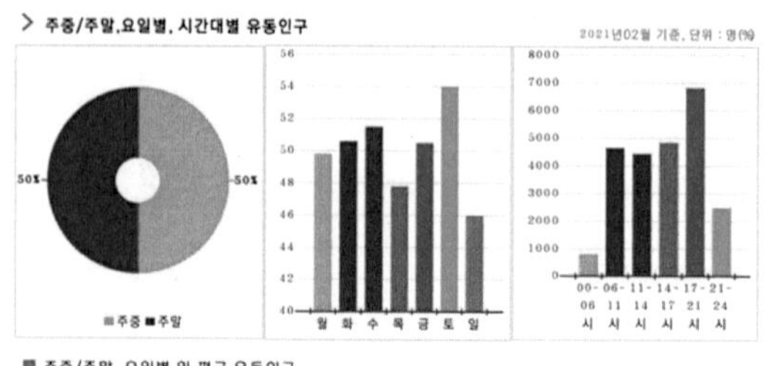

■ 주중/주말, 요일별 일 평균 유동인구

지역	구분	주말/주중		요일별						
		주말	주중	월	화	수	목	금	토	일
분석영역	명	24,038	24,061	23,933	24,319	24,775	22,978	24,304	25,971	22,106
	비율	50.0%	50.0%	14.2%	14.4%	14.7%	13.6%	14.4%	15.4%	13.1%

■ 시간대별 유동인구

지역	구분	00 ~ 06시	06 ~ 11시	11 ~ 14시	14 ~ 17시	17 ~ 21시	21 ~ 24시
분석영역	명	782	4,654	4,439	4,842	6,831	2,506
	비율	3.3%	19.3%	18.5%	20.1%	28.4%	10.4%

02 Site Inventory
Cultural Attributes

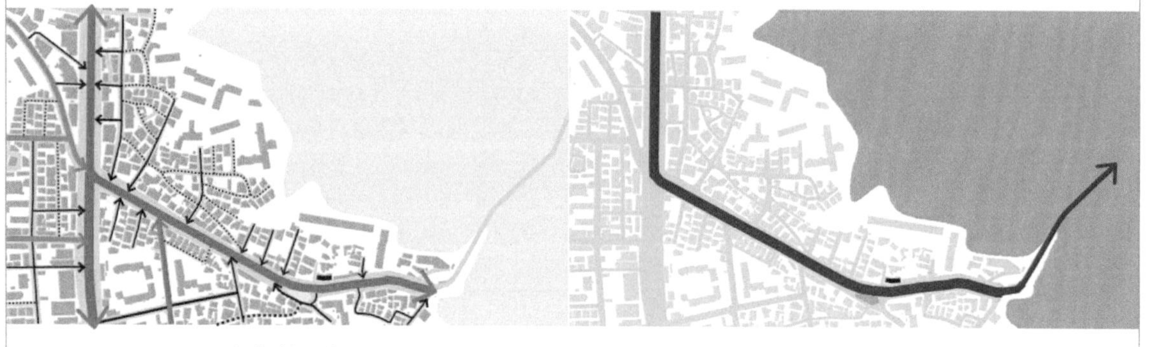

주민 이동동선

등산객 이동동선

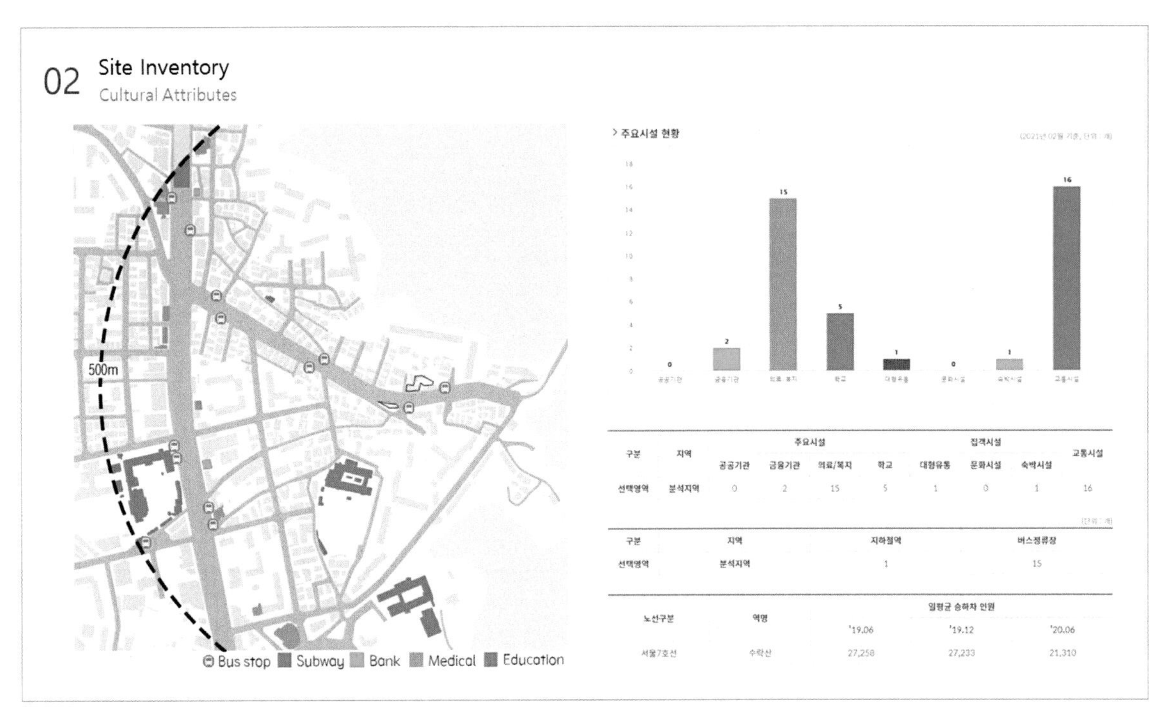

구분	지역	주요시설				집객시설			교통시설
		공공기관	금융기관	의료/복지	학교	대형유통	문화시설	숙박시설	
선택영역	분석지역	0	2	15	5	1	0	1	16

구분	지역	지하철역	버스정류장
선택영역	분석지역	1	15

노선구분	역명	일평균 승하차 인원		
		'19.06	'19.12	'20.06
서울7호선	수락산	27,258	27,233	21,310

03 Site Analysis

S.W.O.T

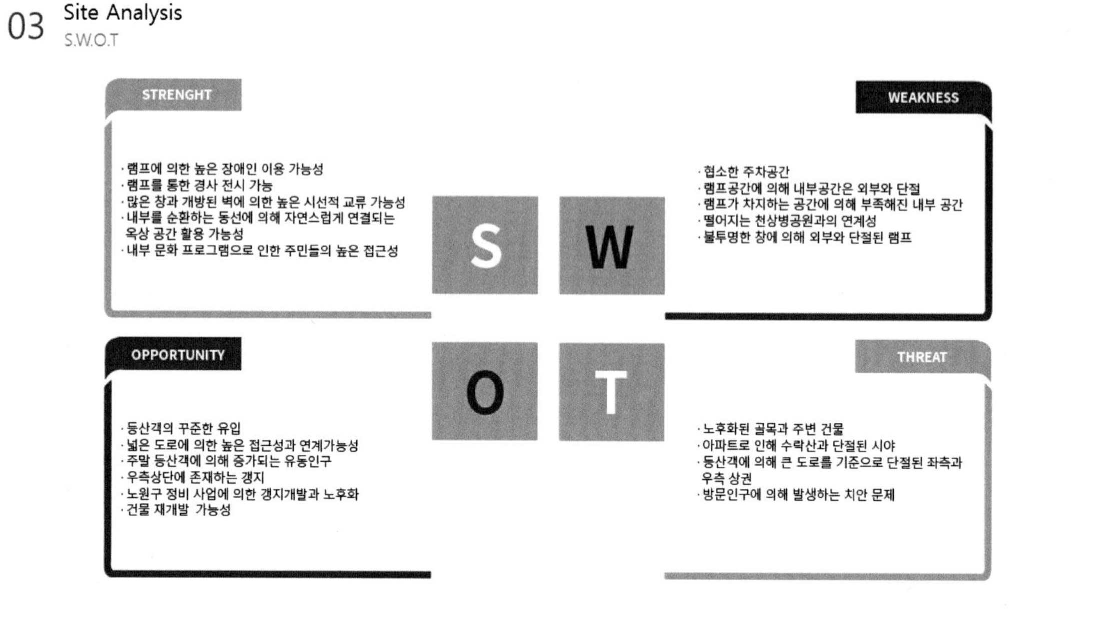

04 Redesign

Diagram

SO 노후화 건물 재개발을 통한 문화 프로그램이 담긴 공간 증축

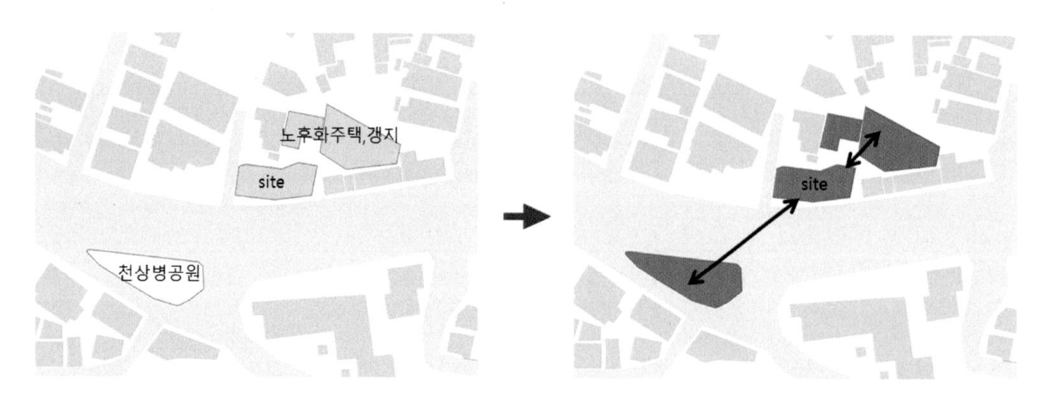

기존 사이트의 전면에는 사용되지 않는 천상병 공원이 있고, 배면에는 노후화 재개발 산업 해당건물과 갱지가 존재함
SWOT 분석에서 정리한 SO 전략을 통해 노후화 건물 재개발을 통한 문화 프로그램이 담긴 공간을 증축하고자함
노후화된 주택과 갱지, 천상병 공원을 활성화하기 위해 사이트와 두 공간을 연결시켜 각 공간의 새로운 흐름을 제안함

04 Redesign
Diagram

SW 램프를 통한 천상병 공원 연계

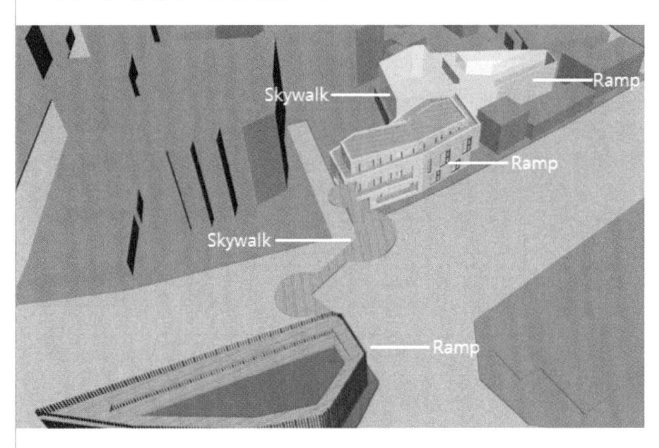

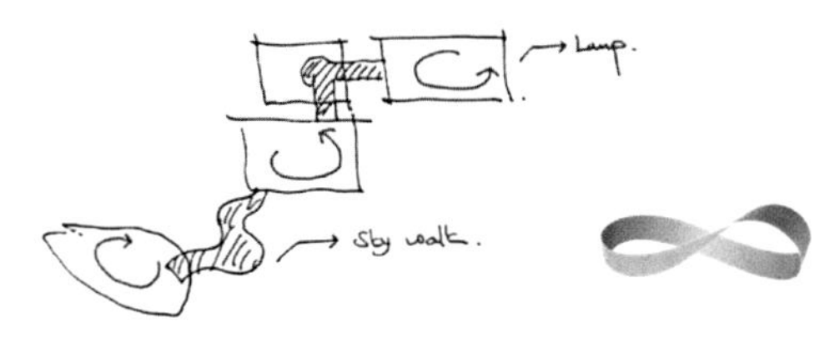

LINK : LAMP + SKY WALK

램프로 구성 되어 있던 기존 건물의 방식을 차용하여 갱지와
천상병 공원에도 내부에 램프의 공간을 제안

스카이 워크를 통해 현 건물과 천상병 공원 갱지를
연결하는 동선을 제안

SW 전략을 통해 천상병 공원을 연계하고자 새로운 흐름을 연결한다는 측면에서 램프와 스카이 워크를 통해 각 공간을 링크함
스카이 워크는 구조적으로 고려해야 하는 부분이 기존 브릿지들과는 달리 도로 위에 위치하여 기둥이 없이 각 공간을 연결해야 하므로 이러한 방안으로 트러스 구조를 통해 장스팬으로 각 공간을 연결함

04 Redesign
Diagram

WO 우측상단 갱지를 이용해 부족해진 내부공간 보완
WT 천상병 공원에 등산객이 이용할 수 있는 쉼터를 만들어 단절된 상권 연결

❶ 수락행복발전소 - 허브 공간

거주민 중심공간과 등산객을 고려한 공간 사이를 연결하는 허브 공간으로 각 공간으로 가기 전 각 공간 사이의 완충적인 역할을 수행

❷ 천상병공원 - 등산객 고려 공간

등산객 잠시 머물거나 휴식을 취하는 용도로 활용 + 신발을 신고 벗기가 어렵고, 먼지와 채취로 인해 외기에서 외기로의 이동을 제안

❸ 노후화 주택 - 링크 공간

허브 공간에서 거주자 중심 공간으로의 이동하는 동선에 내부 정원을 형성하여 지역 주민들에게 쉼터를 제공

❹ 갱지 - 거주자 고려 공간

거주자 중심의 공간은 내밀한 대지 안에 체험 참여 프로그램을 배치하여 문화적 경험을 형성함. 내부에서 내부로 효율적 이동 동선을 구성

04 Redesign
Diagram

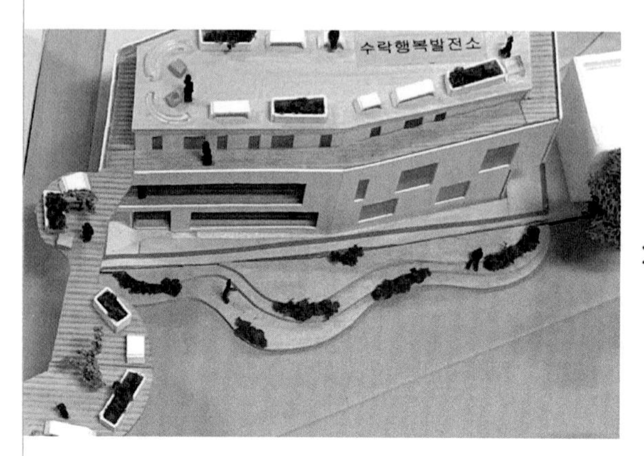

허브 공간과 등산객 중심 공간 사이에 차량의 이동 및 주차 공간으로 문화적 프로그램이 삽입 되었을 시, 보차에 대한 고려가 필요

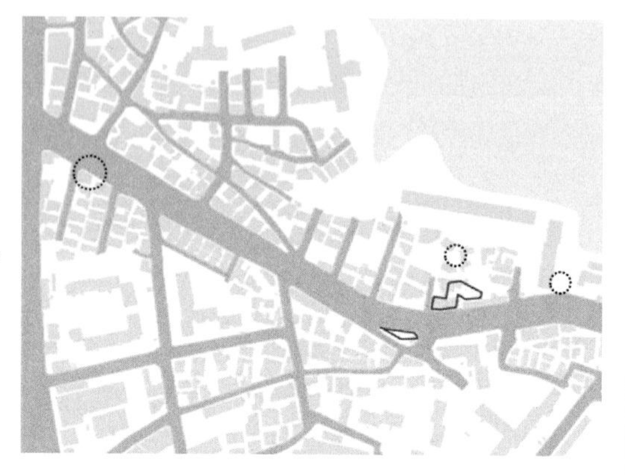

사람들의 동선과 소통이 자유롭게 이뤄질 수 있도록 사이트 앞 주차 공간을 수락문 주변 갱지 공간에 주차 공간을 확보

04 Redesign
Diagram

SKY WALK를 통해 각 램프 공간들을 연결, 2개의 연결
각 공간의 기능에 맞게 천상병 공원은 등산객 중심 공간으로 외부 이동(External Link) 을 통해 연결
갱지 공간은 거주자 중심 공간으로 내부 이동(Internal Link)을 통해 연결

▍Case Study & Redesign - 서울시립대 100주년 기념관

참여자 : 홍주성, 황찬하, 이진호, 박민수

01 Project Summary
건축 개요

서울시립대 100주년 기념관

설계
최문규(연세대학교)
가아건축사사무소

설계담당
강인철, 고대곤, 송봉기, 박정호, 박운, 민경, 노진우, 우상화, 전유진, 김형석

위치
서울시 동대문구 서울시립대로 163

용도
교육연구시설(도서관, 국제회의장, 체육관, 박물관, 강의실, 평생교육원 외)

대지면적
270,595 ㎡ (대학 전체)

건축면적
5,244.33 ㎡

연면적
20,787.2 ㎡

규모
지상 6층, 지하 3층

주차
130대

높이
27.97m

건폐율
55.95%

용적률
18.66%

구조
철근콘크리트조 + 철골조 + 철골철근콘크리트조

외부마감
적벽돌, 지정화강석, 압출성형콘트리트 패널, 투명복층 로이유리(T26, T24)

내부마감
지정화강석, 페인트, PVC, 타일, 지정목재 패널

설계기간
2015. 8. ~ 2016. 4.

시공기간
2016. 7. ~ 2018. 7.

건축주
서울시립대학교

01 Project Summary
서울시립대학교

< 서울시립대학교 배치도 >

< 서울시립대학교 마스터플랜 조감도>

02 Site Inventory
Physical Attributes _ Light

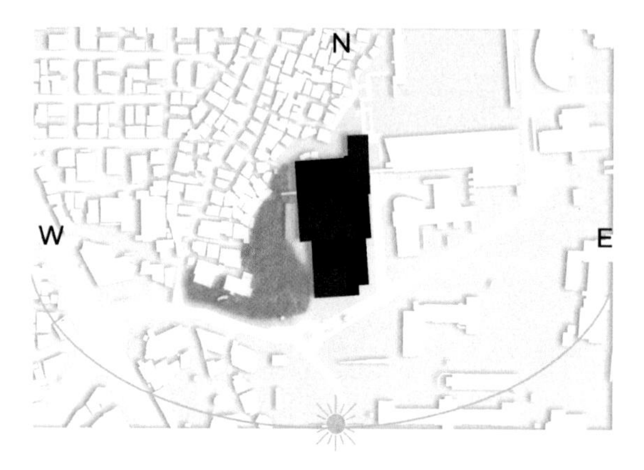

BIPV(Building-Integrated Photovoltaic)

02 Site Inventory
Physical Attributes _ Tophography

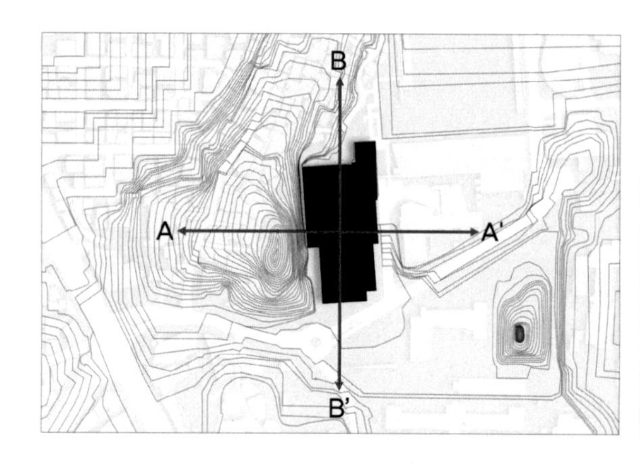

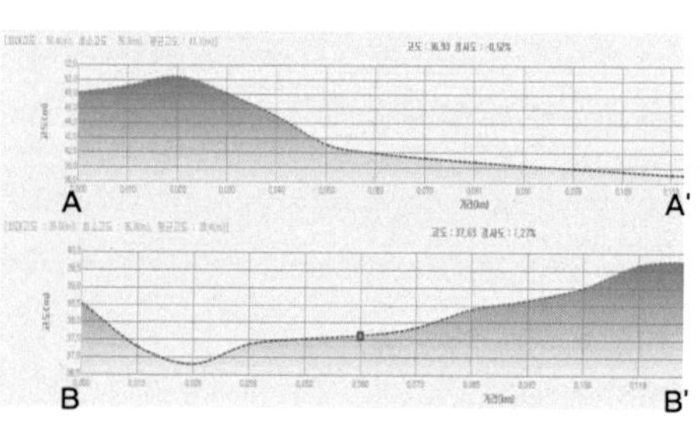

02 Site Inventory
Cultural Attributes _ Land Use
주거시설
문화시설
상업시설
교통시설
교육시설
공공시설

02 Site Inventory
Cultural Attributes _ Land Use
0 - 4 m
4 - 8 m
8 - 16 m
16 - 20 m
20 - 24 m
24 m -

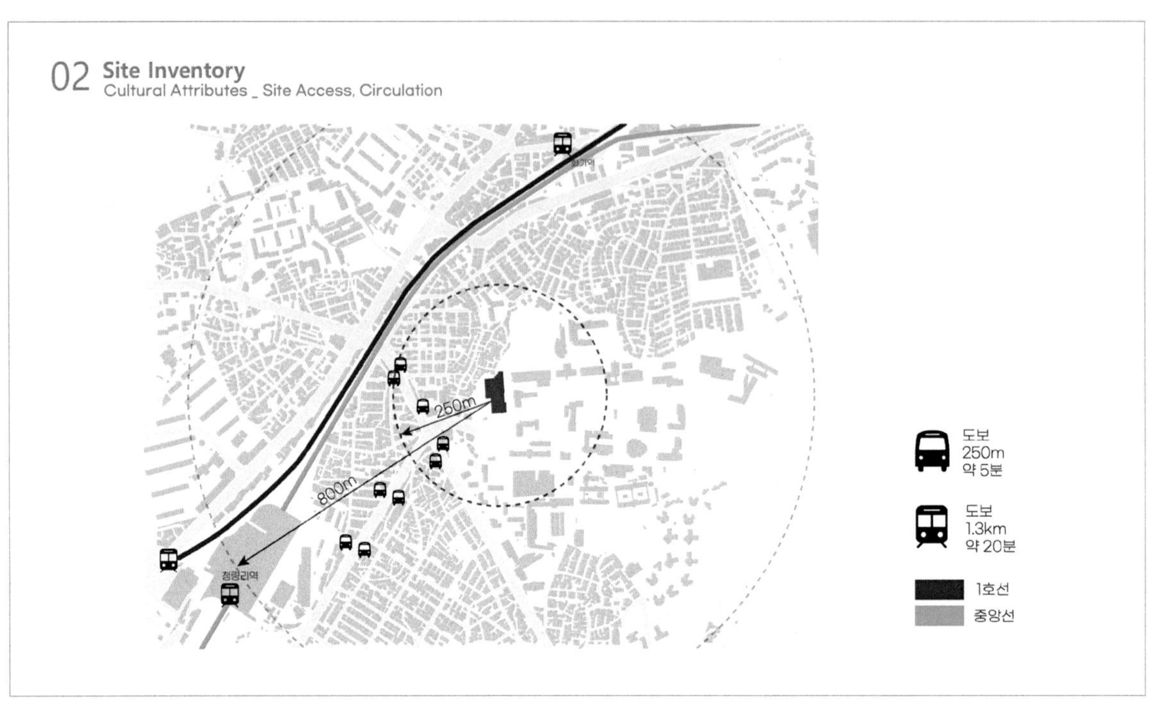
02 Site Inventory
Cultural Attributes _ Site Access, Circulation
250m
800m
청량리역
도보
250m
약 5분
도보
1.3km
약 20분
1호선
중앙선

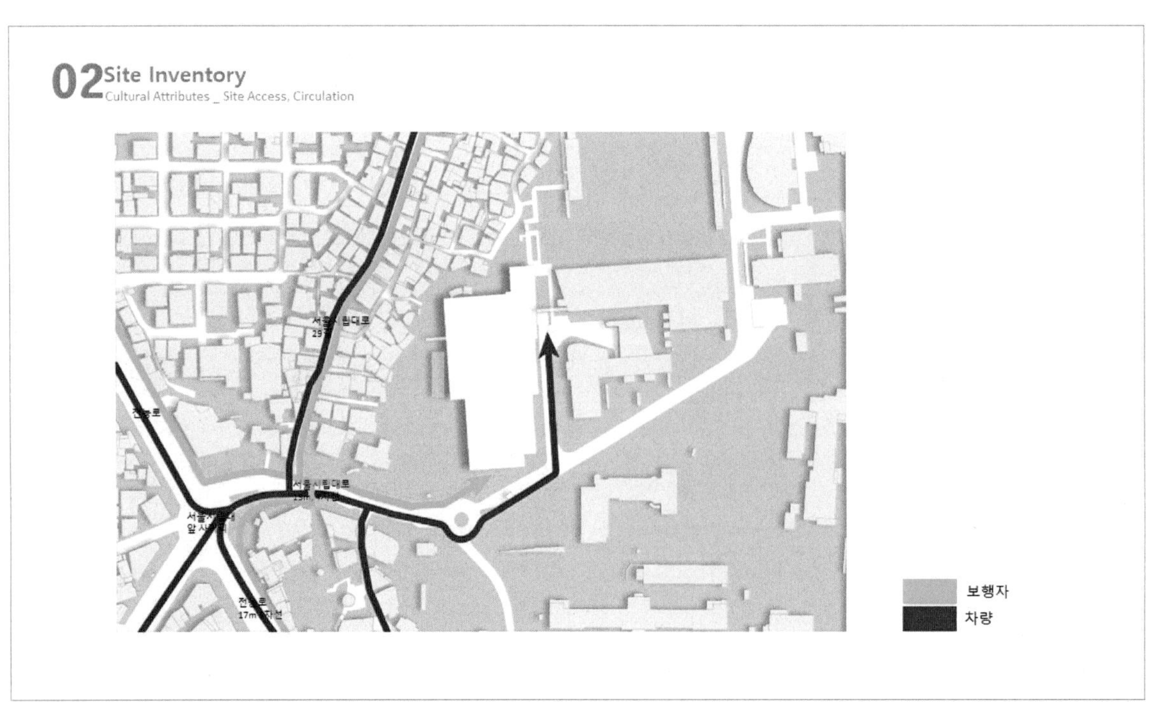
02 Site Inventory
Cultural Attributes _ Site Access, Circulation
서울시립대로
보행자
차량

02 Site Inventory
Cultural Attributes _ Visual Quality

<SITE PLAN>

Visibility to the site

< VIEW 1>

< VIEW 2>

02 Site Inventory
Cultural Attributes _ Visual Quality

<SITE PLAN>

Visibility to the site

< VIEW 1>

< VIEW 2>

02 Site Inventory
Cultural Attributes _ Visual Quality

Visibility from the site

< VIEW 1>

< VIEW 2>

02 Site Inventory
Cultural Attributes _ Visual Quality

Visibility from the site

< VIEW 1>

< VIEW 2>

02 Site Inventory
Cultural Attributes _ Population

02 Site Inventory
Cultural Attributes _ Legal

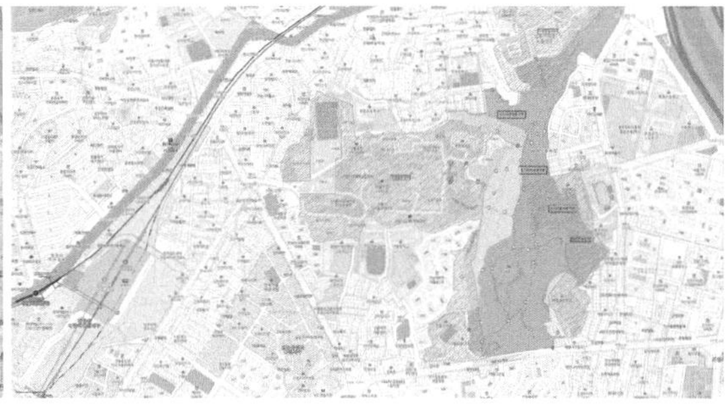

제**2**종 일반주거지역

중층주택을 중심으로 편리한 주거환경을 조성하기 위하여 필요한 지역

제**24**조**(**대지안의 조경**)**

① 면적 200제곱미터 이상인 대지에 건축물을 건축하고자 하는 자는 법 제42조 제1항에 따라 다음 각 호의 기준에 따른 식수 등 조경에 필요한 면적(이하 "조경면적"이라 한다)을 확보하여야 한다.

1. 연면적의 합계가 2천제곱미터 이상인 건축물 : 대지면적의 15퍼센트 이상

④ 조경 등의 조치를 하지 아니할 수 있는 건축물은 각 호의 어느 하나와 같다.

6. 학교(조경면적 기준의 2분의 1 이하로 한정한다)

02 Site Inventory
Biological Attributes _ Ecological Communities

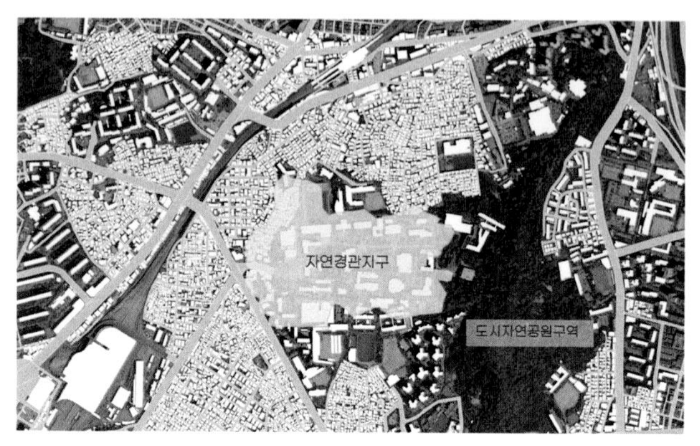

자연경관지구

산지·구릉지 등 자연경관의 보호 또는 도시의 자연풍치를 유지하기 위하여 필요한 지구

도시자연공원구역

도시의 자연환경 및 경관을 보호하고 도시민에게 건전한 여가·휴식공간을 제공하기 위하여 도시지역 안의 식생이 양호한 산지(山地)의 개발을 제한할 필요가 있을 경우 시·도지사 또는 대도시 시장(서울특별시와 광역시 및 특별자치시를 제외한 인구 50만명 이상의 대도시의 시장)가 지정하는 용도구역

03 Site Analysis
S.W.O.T - **Strength**

1. 기존 건물의 일부를 유지함으로써 역사성과 상징성 보존

2. 지역 주민과 학생의 동선 분리와 효율적인 프로그램 배치

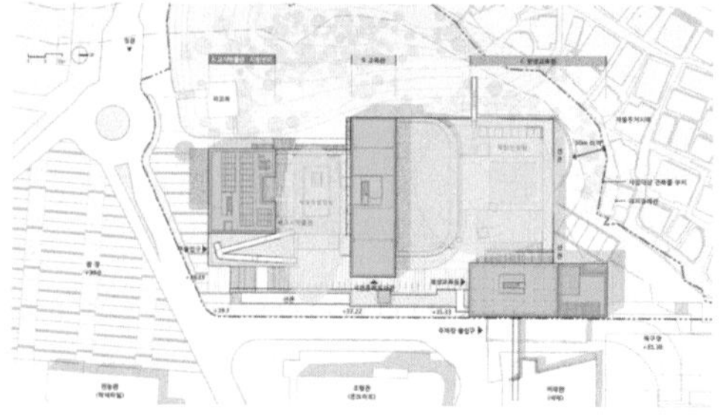

3. 3개의 분동과 데크를 통해 다양한 성격의 내·외부 공간 구성

03 Site Analysis
S.W.O.T - **Weakness**

1. 공공 영역에 진입하기 위한 건물의 인지성과 접근성 부족

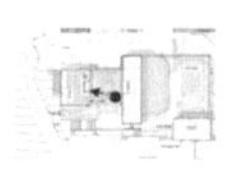

3. 주민참여 프로그램 부족으로 활용성이 떨어짐

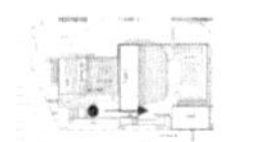

2. 시야의 차단으로 공공정원으로의 접근성이 떨어짐

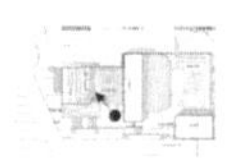

4. 데크 내 휴식공간 부족

03 Site Analysis
S.W.O.T - **Opportunity**

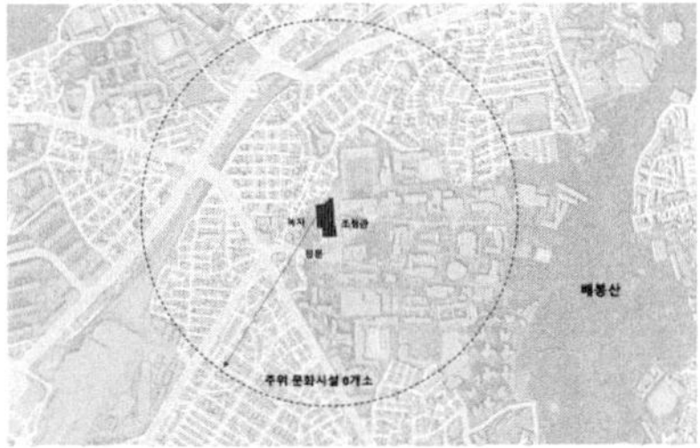

1. 대지 주위 문화시설 부재로 대표 문화시설로서의 가능성

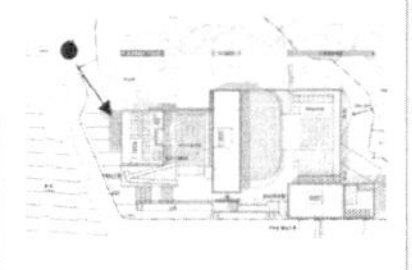

3. 정문에 근접한 위치

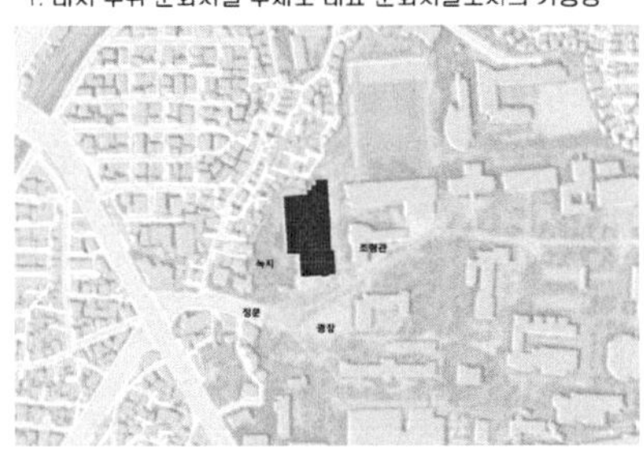

2. 주변과 연계 가능성

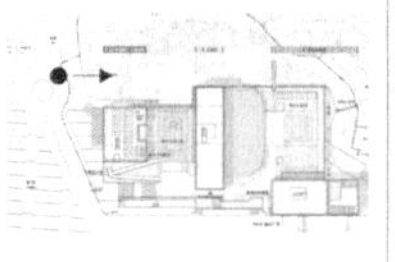

4. 대지 서측에 접근한 녹지

03 Site Analysis
S.W.O.T - **Threat**

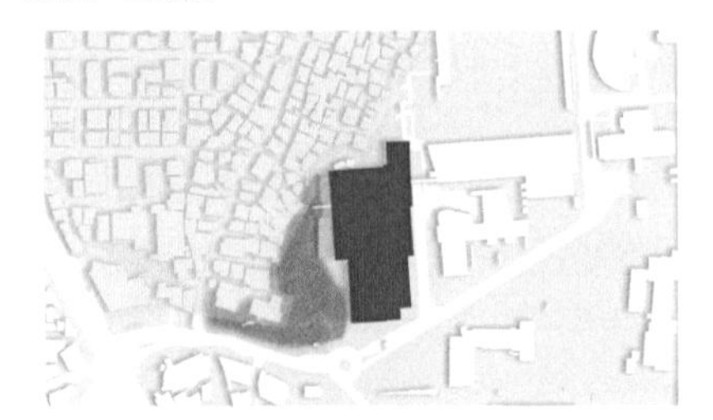

1. 주변의 밀집한 주거지역

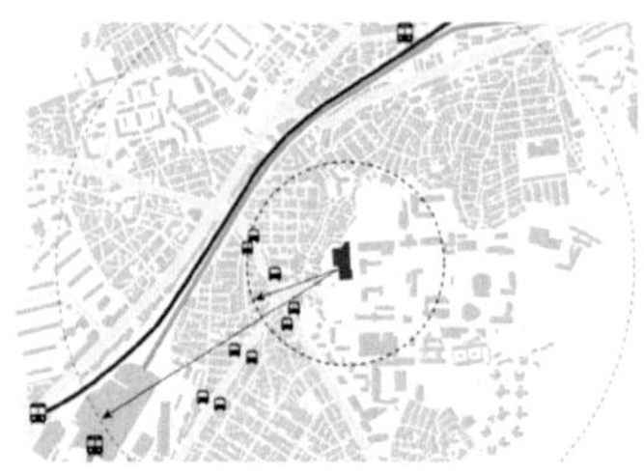

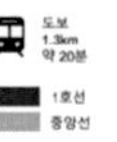

3. 불편한 교통 및 지하철 접근성

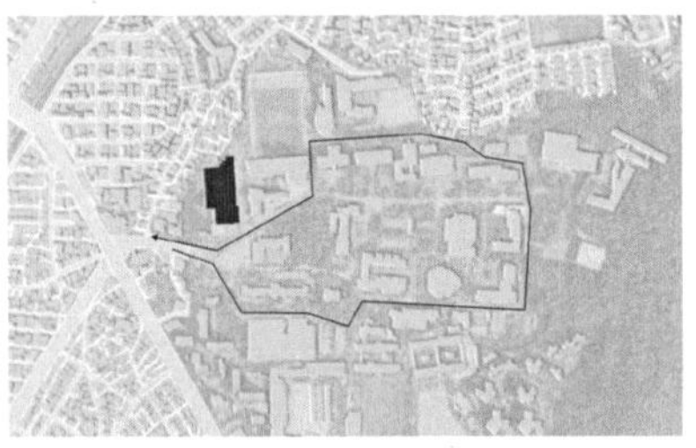

2. 사이트를 둘러싼 차도로 인해 주변과 직접적인 연계가 어려움

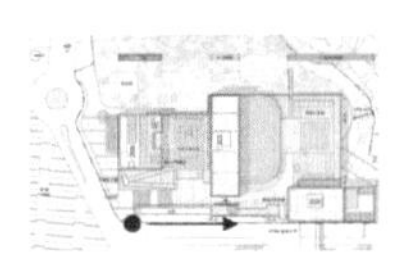

4. 가파른 등고차

03 Site Analysis
S.W.O.T

Strengths

1. 기존 건물의 일부를 유지함으로써 역사성과 상징성 보존
2. 지역 주민과 학생의 동선 분리와 효율적인 프로그램 배치
3. 3개의 분동과 데크를 통해 다양한 성격의 내·외부 공간 구성

Weaknesses

1. 공공 영역에 진입하기 위한 건물의 인지성과 접근성 부족
2. 시야의 차단으로 공공정원으로의 접근성이 떨어짐
3. 주민참여 프로그램 부족으로 활용성이 떨어짐
4. 데크 내 휴식공간 부족

Opportunities

1. 대지 주위 문화시설 부재로 대표 문화시설로서의 가능성
2. 주변과 연계 가능성
3. 정문에 근접한 위치
4. 대지 서측에 접근한 녹지

Threats

1. 주변의 밀집한 주거지역
2. 사이트를 둘러싼 차도로 인해 주변과 직접적인 연계가 어려움
3. 불편한 교통 및 지하철 접근성
4. 가파른 등고차

04 **Redesign**
조형관 연결 브릿지

https://youtu.be/TweVWHOVvSY

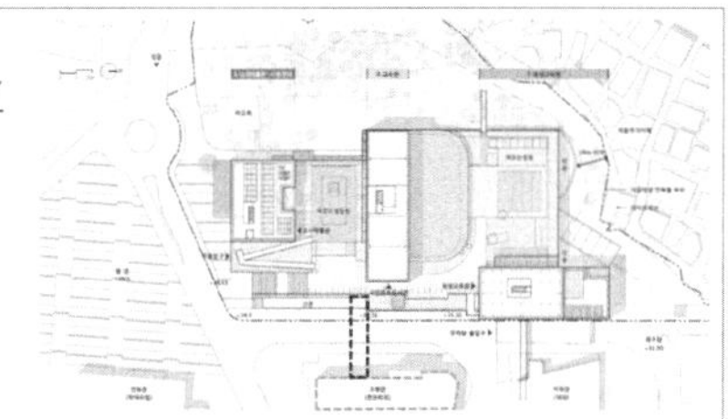

브릿지를 통해 조형관과의 연계

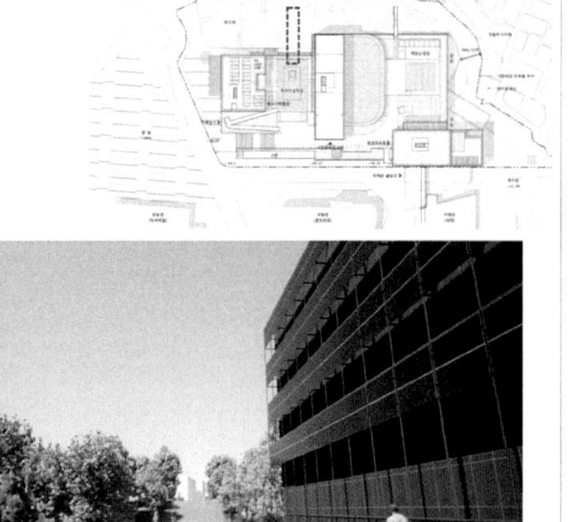

브릿지를 통해 공원과의 연계

56

04 Redesign
조형관 연결 브릿지

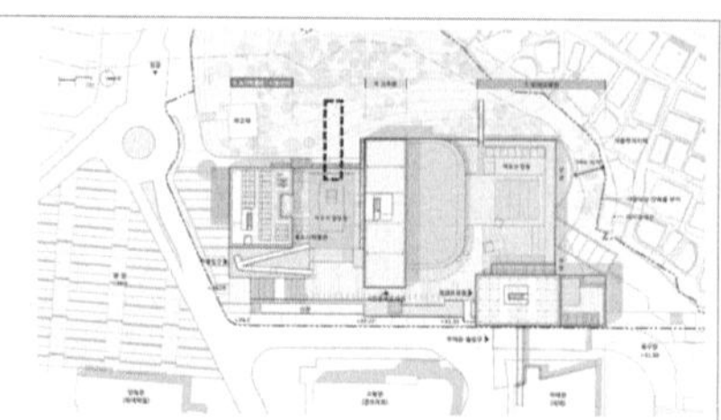

브릿지를 통해 공원과의 연계

57

04 Redesign
조형관 연결 브릿지

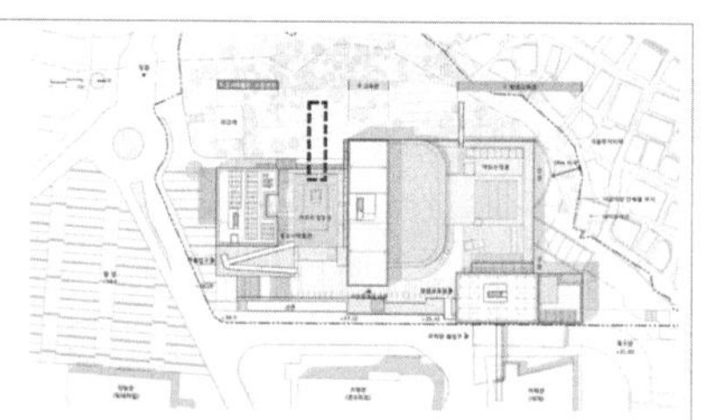

브릿지를 통해 공원과의 연계

57

04 Redesign
도서관 매스 변화

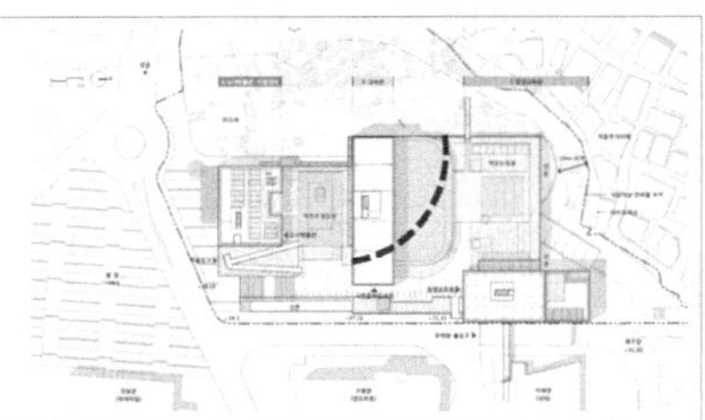

시야의 차단으로 인해 떨어진 접근성을 보완하기 위해 도서관 매스를 변화

58

04 Redesign
다목적 계단

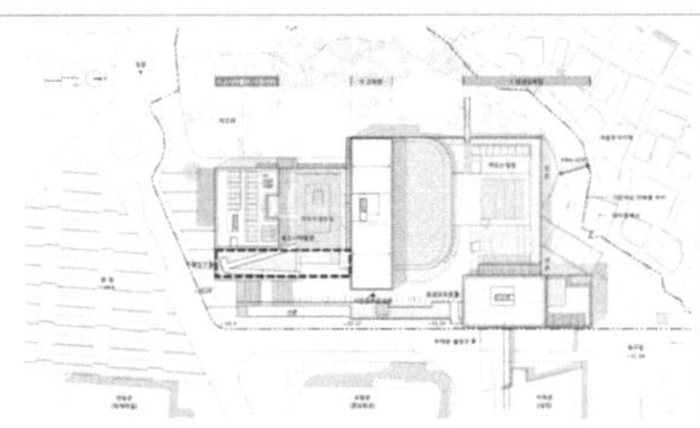

데크 내 휴식공간 부족 및 문화시설 부족을 다목적 계단을 만들어 활성화 유도

59

04 Redesign
차 없는 학교

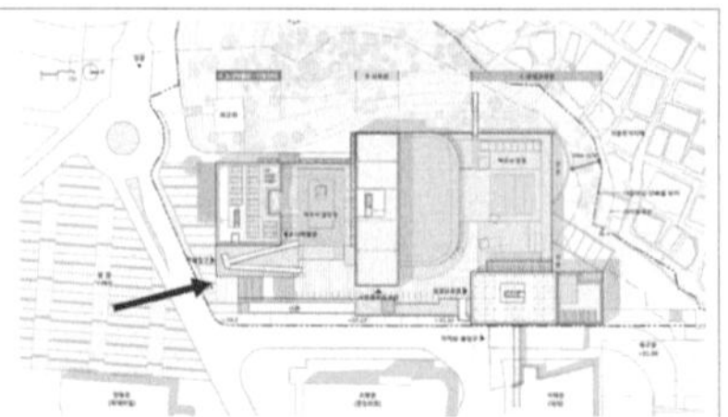

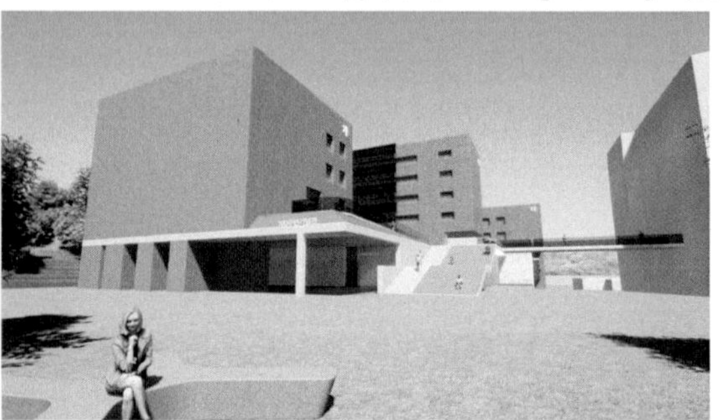

불편한 차량동선 및 차로로 인해 주변과의 부족한 연계를 캠퍼스 지하화를 통해 차 없는 캠퍼스를 조성하여 연계성 향상

60

04 Redesign
차 없는 학교

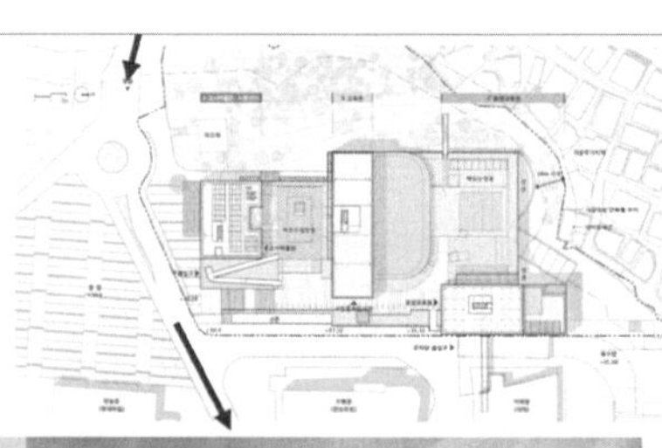

불편한 차량동선 및 차로로 인해 주변과의 부족한 연계를 캠퍼스 지하화를 통해 차 없는 캠퍼스를 조성하여 연계성 향상

61

실제 프로젝트
REAL PROJECTS

평촌서울나우병원 - 에스큐빅 디자인랩 / 사진 김영현

■ 실제 프로젝트 1 - 계획설계 프로젝트 Real Projects 1 - Planned Design Project

▌프로젝트 01 / 현상설계(당선안)

보정종합복지회관

- ㈜건축사사무소아크바디 + 에스큐빅 디자인 랩

용인시 기흥구 보정동 1264번지에 들어설 '보정종합복지회관'은 지하1층, 지상4층으로 연면적 16,000㎡ 규모로 계획하였다. 도서관을 전체 시설을 아우르는 플랫폼으로 계획하여 최상부에 띄우고, 그 아래 체육시설, 어린이집, 노인복지회관, 청소년문화의 집, 장애인 주간보호시설, 장난감도서관 프로그램이 위치하는 디자인을 적용하였다. 개방성을 강조하고 가운데 중정을 두어 시민 쉼터로서의 활용성을 높이면서 미래지향적 이미지를 구축하였다.

▌프로젝트 02 / 현상설계(당선안)

안산장상 A1+A7블록 공동주택 현상설계

- ㈜해안종합건축사사무소

대지는 3기 신도시 안산장상지구의 북측에 위치하고 옛 동네 수암마을이 인접해 있어, 구도심의 학교, 상업 등의 도시 인프라와 A1+7BL에 생성될 생활, 문화, 보행 컨텐츠를 서로 공유하여 새로운 생활의 중심지가 되는 '콜라보 타운'을 제안하였다. 장상지구 중심과 수암마을로 이어지는 길에는 휴먼스케일의 편안한 경관과 크고 작은 마당의 개방된 공간 구조에 지역 주민과 소통하는 프로그램을 더해 '언제나 걷고싶고 머물고 싶은 도시'를 구상하였다.

▌프로젝트 03 / 현상설계(당선안)

K-water 본사 신관 건립사업

- 에이앤유디자인그룹건축사사무소㈜

50년 역사를 담은 K-water 캠퍼스 내의 신관을 계획하는 프로젝트로써 기존 건축물과의 조화와 기능적 연계성 확보 및 기업의 특성상 새로운 업무환경 구성과 친환경 및 에너지절약 등의 기술을 어떻게 반영할지가 중요하였다. 지하2층, 지상16층으로 캠퍼스의 구심점이자 허브에 입지해 사람·문화·자연이 함께 융합되는 곳에 위치한 공간적 특성을 살려 연결고리 LOOP라는 개념으로 'K-water 캠퍼스의 새로운 중심공간 ECO-LOOP'로 계획하였다.

▌프로젝트 04 / 현상설계(당선안)

세종광역복지지원센터

- ㈜토문건축사사무소

세종광역복지지원센터는 장애인 특화시설이며, 장애인 시설 외 보건/치료, 청소년, 복지시설이 공존하는 복합건축물이다. 효율적 관리 및 운영, 쉽게 이용이 가능하고 피난이 용이한 건물이 되는 것과 삼성천변에 위치한 사업대지의 특성을 고려해 "자연과 도시를 이어주는 공공건축물의 구조"가 화두였다. 이에 도시와 수변 자연의 흐름이 외부와 내부로 이어져, 사람들의 어울림과 소통이 마음의 거리를 좁혀주는 안락한 장소인 '어울림'을 제안하였다.

▌프로젝트 05 / 현상설계

제주지방경찰청 청사

- ㈜신한종합건축사사무소

제주시 문연로에 위치한 제주지방 경찰청은 지하2층, 지상8층의 연면적 14,484㎡규모로, 제주도 고유의 지역특성을 고려한 배치와 형태적 특성을 고려하였고, 주변 도청사와 교육청 등의 공공시설과의 맥락을 반영하였다. 도심 축을 기준으로 전면도로와 북측주거지에 대한 맥락을 배치에 적용하고, 레벨차를 고려하여 경찰청 고유의 동선과 주변녹지의 흐름으로 개방영역과 보안영역에 적절하게 배치함으로써 이용자의 편의성을 높이고자 하였다.

▌프로젝트 06 / 현상설계(당선안)

전주역사 국제설계공모

- ㈜시아플랜건축사사무소

Contemporary Botanic Station은 오늘날의 요구에 부응하는 21세기 역사의 프로토타입 제안이다. 지하3층, 지상1층으로 계획한 역사는 무료하게 열차를 기다리는 대기공간을 역사 내 시설물들과 인접된 Floating Garden과 Urban Tree 아래 마중길이 내려다보이는 공중 숲이 되어 생명력 있는 도심 휴게공간으로 변화시키며 단절된 자연과 도시조직을 연결하기 위해 Urban Layer를 형성하여 전주역사의 잠재력 있는 거점들을 새롭게 디자인한다.

▌프로젝트 07 / 현상설계(당선안)

인천소방학교 이전 신축공사

- ㈜다인그룹엔지니어링건축사사무소

인천 서부의 강화도에 들어설 인천소방학교는 본래 인천의 도심지에 위치하였으나, 도심지 내에서 전문적 훈련을 하기에는 낙후된 훈련시설, 좁은 훈련공간, 근처의 민원 모두 열악하였다. 이런 배경에 인천소방전문학교는 이전신축하게 되었다. 부지는 남북으로 20M의 레벨 차를 가지고 행정상으로도 여러 지역, 지구에 해당하였다. 레벨 차를 이용하여 훈련공간인 Red Zone과 휴식공간인 Green Zone을 계획하여 불리한 점을 이점으로 활용하였다.

▌프로젝트 08 / 현상설계(당선안)

강릉의료원

- ㈜현신종합건축사사무소 + ㈜예송건축사사무소

복합병동 매스를 대지 선에 나란히 계획하여 합리적 토지 이용 및 도시와의 대응에 따라 본관동을 배려하는 배치를 만들어낸다. 더불어 남대천을 향한 열린조망은 모두에게 香(향)을 제공한다. 새로운 확장의 축은 대지의 활용과 함께 본관동과 노인전문병원, 복합병동과 철골주차장까지 유연한 연결을 만들어내며 유기적인 흐름으로 하나되는 流(유)를 완성하며 기존건물과의 유격을 통해 유연한 녹지공간을 제공하며 공유하는 소중한 圓(원)을 이룬다.

▌프로젝트 09 / 현상설계

의왕 시민회관 건립사업

- 에이앤유디자인그룹건축사사무소㈜ + ㈜종합건축사사무소한결

의왕시 고천 문화공원 내에 위치한 의왕시민회관은 지하1층, 지상3층으로 계획하였다. 의왕시의 상징 수목인 느티나무는 마을을 지키는 당산나무, 휴식처를 제공하는 정자나무 등으로 불리며 마을 사람들과 상생하고 이로움을 주는 역할을 하였다. 이런 느티나무를 노티브 삼아 시민회관의 지붕 아래에서 휴식을 취하며 문화와 자연을 향유하는 의왕 시민들의 모습을 담아보고자 '느티제'라는 컨셉을 제안하였다.

▌프로젝트 10 / 현상설계

성남역사박물관

- 에스큐빅 디자인 랩 + ㈜건축사사무소 오

성남 태동의 기반이 된 구도심인 태평동 블럭의 도시조직과 성남의 신도시인 판교테크노벨리, 분당이 가지고 있는 도시조직을 모티브로 하여 대지에 2개의 매스를 구성하고 분절된 2개의 매스를 성남의 근간이 되는 남한산성을 상징하는 프레임이 아우르며 채워진 역사와 나아갈 미래를 상징한다. 과거 제 1공단의 해체 후 버려졌던 대지의 장소성이 성남역사박물관을 통해 재구축되며, 이를 통해 시민과 함께하는 근린공원의 공공성을 회복한다.

■ 프로젝트 01

▌보정종합복지회관 - ㈜건축사사무소아크바디 + 에스큐빅 디자인 랩

01 개요

구 분		내 역	비고
건물 개요	사업명	보정종합복지회관 (생활SOC 복합화사업)	
	대지위치	경기도 용인시 기흥구 보정동 1264-2번지	
	지역지구	일반상업지역, 제1종 지구단위계획구역	
	대지면적	12,152.30㎡	
	건축면적	6,055.39㎡	
	연면적	15,760㎡ (허용범위 : 전체연면적 ±5%미만, 주요시설면적 ±10%미만)	
	건폐율	49.82 % (법정: 50%이하)	
	용적률	135.65 % (법정:300%이하)	
	층수	지하1층, 지상4층	
	주차대수	219대(최소기준 : 기준면수의 95% 이상)	
	주용도	종합복지회관[교육연구시설(도서관), 운동시설(체육관), 노유자시설(어린이집, 노인복지관, 장애인주간보호시설, 장난감도서관), 수련시설(청소년문화의집)	

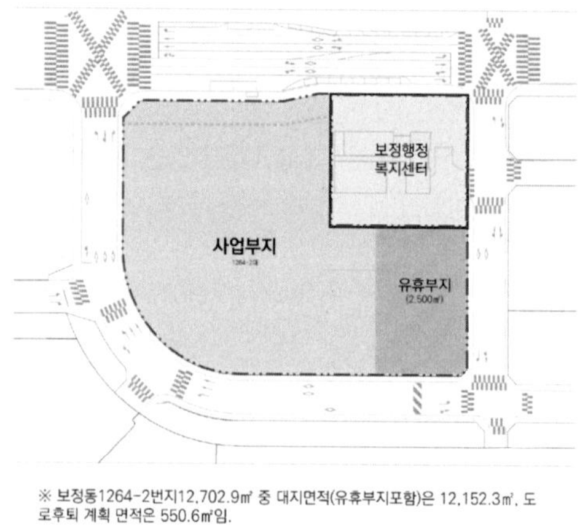

※ 보정동1264-2번지12,702.9㎡ 중 대지면적(유휴부지포함)은 12,152.3㎡, 도로후퇴 계획 면적은 550.6㎡임.

02 주변요건 검토

대지현황분석

도시패러다임의 전환과 공공성

행정, 상업 및 근린생활권의 중심에 위치하며 지역 커뮤니티의 중심적 입지를 갖는다.
신도시개발의 마지막 미개발상태로 남아있는 경사대지로, 도시의 자생적 요구에 의해 주차장과 공원으로 이용되고 있다.
서남측으로 작은 실개천이 흐르며 대지주변에 대규모 공원을 통한 녹지 네트워크 복원의 잠재력을 갖고 있는 대지이다.

대지의 가치와 효용성을 위해 대지의 입체적인 활용과 복합SOC의 조성,
녹지네트워크의 연결에 의한 시민중심 공간의 조성이 요구된다.

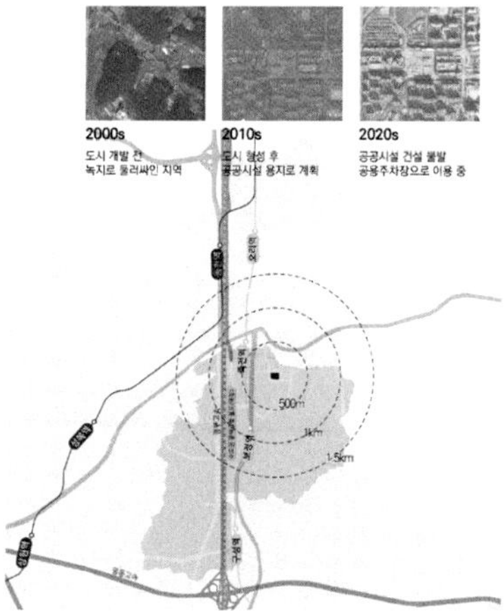

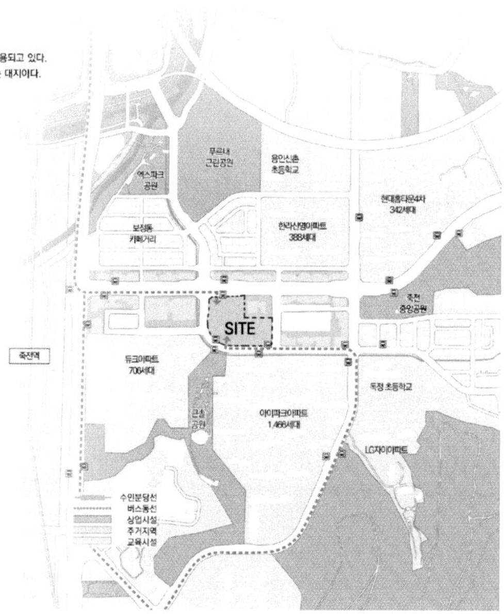

2000s
도시 개발 전
녹지로 둘러싸인 지역

2010s
도시 형성 후
공공시설 용지로 계획

2020s
공공시설 건설 불발
공용주차장으로 이용 중

Re:store Green

대지현황분석

녹지거점 복원으로 그린 네트워크 형성

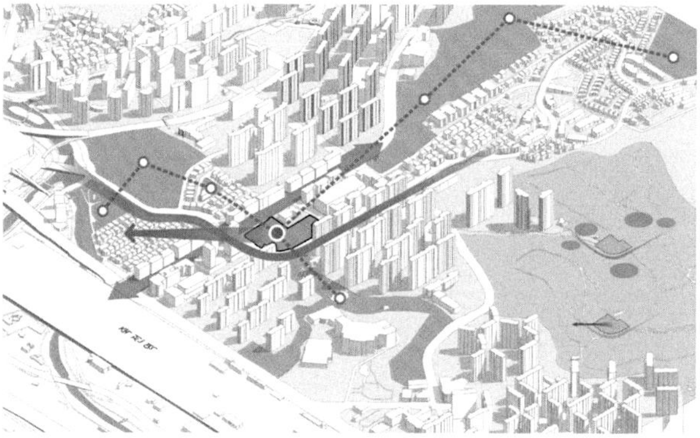

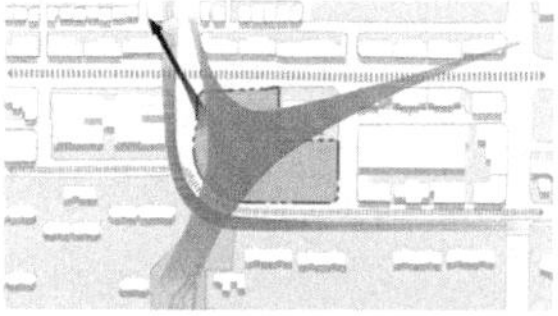

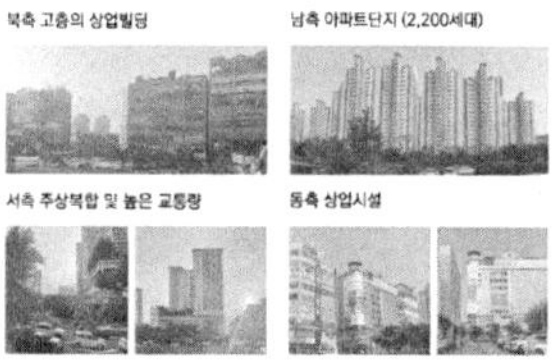

북측 고층의 상업빌딩

남측 아파트단지 (2,200세대)

서측 주상복합 및 높은 교통량

동측 상업시설

대상지주변 스카이라인 및 경관

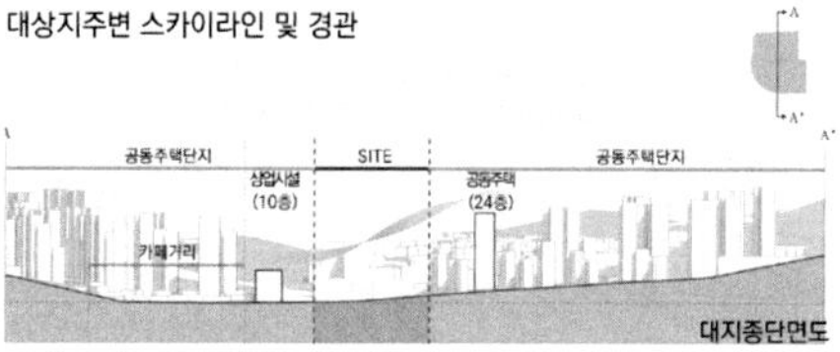

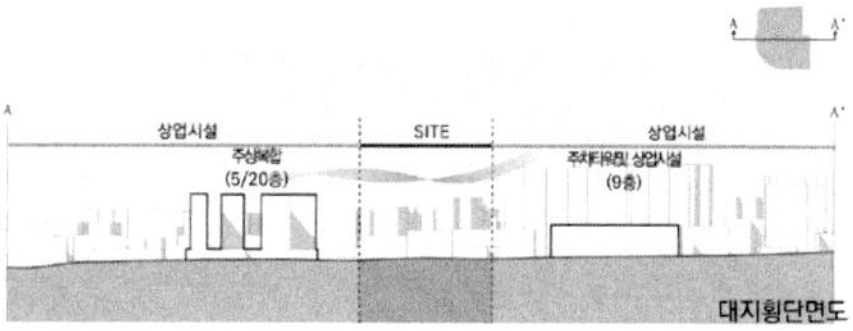

대지종단면도

대지횡단면도

03 배치대안검토

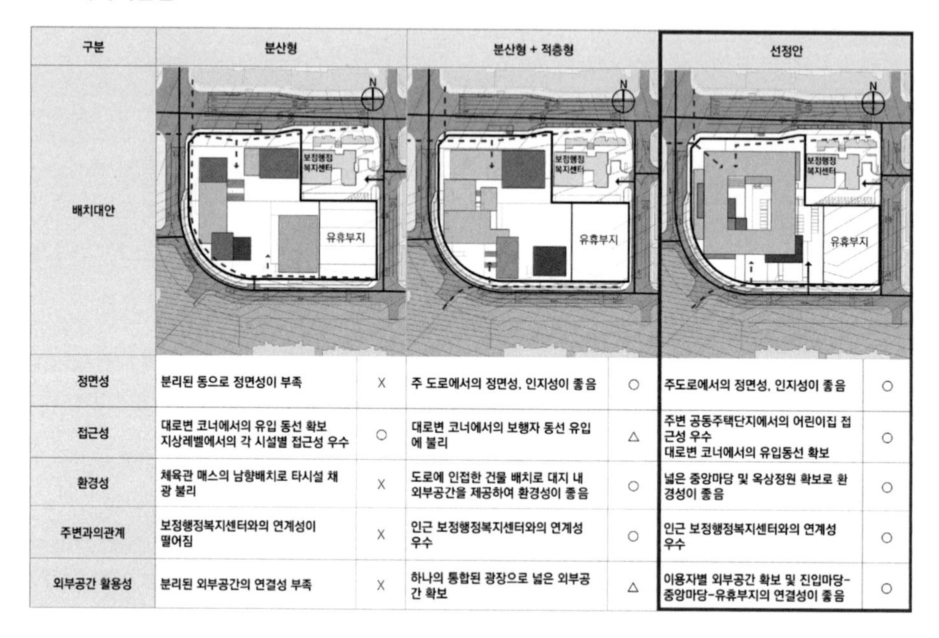

구분	분산형		분산형 + 적층형		선정안	
배치대안						
정면성	분리된 동으로 정면성이 부족	X	주 도로에서의 정면성, 인지성이 좋음	○	주도로에서의 정면성, 인지성이 좋음	○
접근성	대로변 코너에서의 유입 동선 확보 지상레벨에서의 각 시설별 접근성 우수	○	대로변 코너에서의 보행자 동선 유입에 불리	△	주변 공동주택단지에서의 어린이집 접근성 우수 대로변 코너에서의 유입동선 확보	○
환경성	체육관 매스의 남향배치로 타시설 채광 불리	X	도로에 인접한 건물 배치로 대지 내 외부공간을 제공하여 환경성이 좋음	○	넓은 중앙마당 및 옥상정원 확보로 환경성이 좋음	○
주변과의관계	보정행정복지센터와의 연계성이 떨어짐	X	인근 보정행정복지센터와의 연계성 우수	○	인근 보정행정복지센터와의 연계성 우수	○
외부공간 활용성	분리된 외부공간의 연결성 부족	X	하나의 통합된 광장으로 넓은 외부공간 확보	△	이용자별 외부공간 확보 및 진입마당-중앙마당-유휴부지의 연결성이 좋음	○

대상지 접근동선 계획

7m의 고저차를 극복하면서 보행의 연속성을 부여하도록 grand staircase와 ramp를 설치
이를 통해 진입마당에서 축제마당으로 보행이 자연스럽게 유도되고 남/북측의 대지 높이차를 자연스럽게 극복함

대지 내 고저차 7m
(EL+75 - EL+68)

계획고 설정

주출입 동선 연계
지반층 확장

고저차를 활용한
부지활용 계획

편리하고 안전한 주차동선 및 출입계획

- 차량 주출입구는 남측 75.0 레벨에 위치하며 기존 행정복지센터의 지상주차장과 연결되도록 71.5 레벨에 지상주차장 계획
- 시립어린이집과 노인복지관/장애인주간보호시설의 Drop-off를 분리배치하여 명확하게 동선을 분리

행정복지센터와 연계

적정규모와 위치 선정

차량 출입구 및 승하차장

일방향 순환형 주차동선

대상지 내 이용자 동선

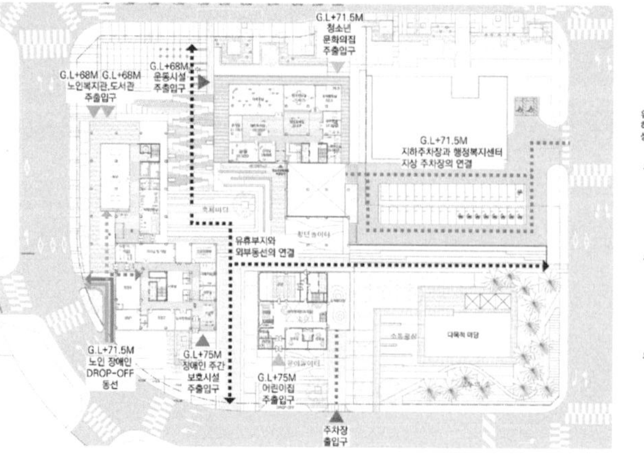

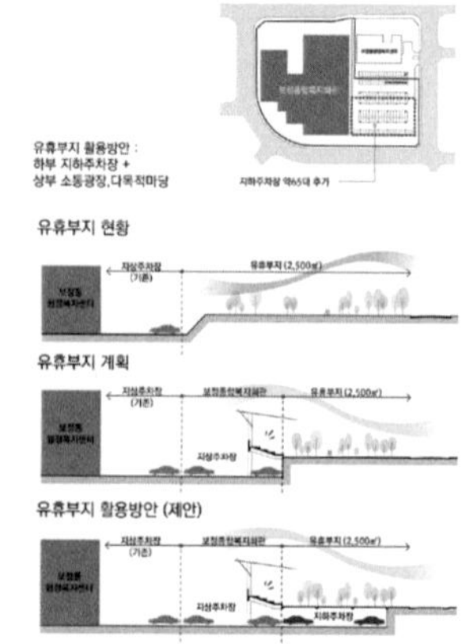

04 선정안 세부계획

다양한 프로그램의 엮임, 모두의 도서관

각 시설간 연계성을 고려한 3차원적 배치계획

다양한 프로그램의 정체성을 나타내는 시설별 매스와 이들을 아우르는 도서관 플랫폼이 수직 결합되어 랜드마크적 상징성을 부여한다.
무엇보다 다양한 프로그램과의 연계가 용이한 도서관을 최상층에 배치하여 보정종합복지회관의 통합플랫폼 역할을 하도록 제안한다.

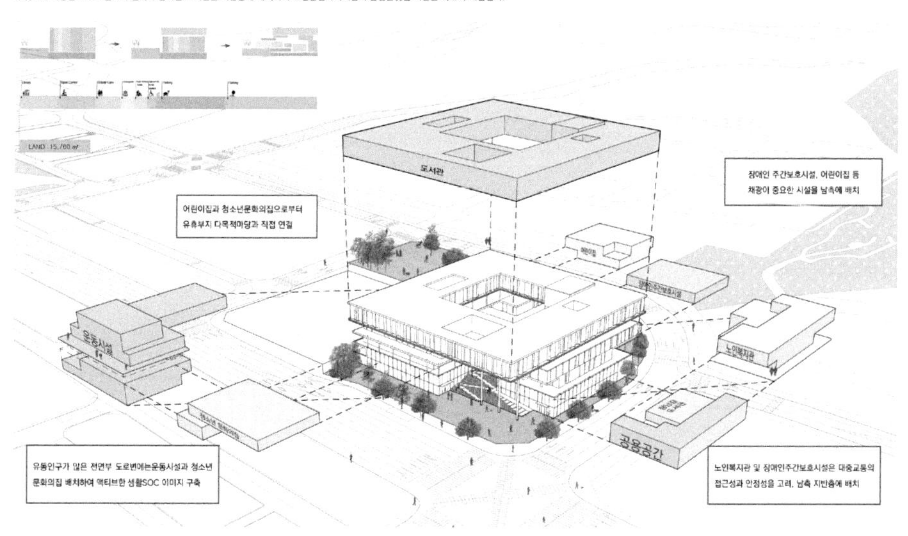

도시의 삶은 보행으로부터,

과밀화된 도시공간에서 소통의 void공간을 통해 다양한 공유적 가치를 담다

누구에게나 열린 진입마당은 주민들이 항상 마주치는 장소이며 다양한 만남을 유발하는 지역 커뮤니티 focal point이다.
전면 진입마당에서 중앙 축제마당으로 연계되는 외부공간의 연속성은 입체적이고 활력있는 urbanscape를 조성한다.

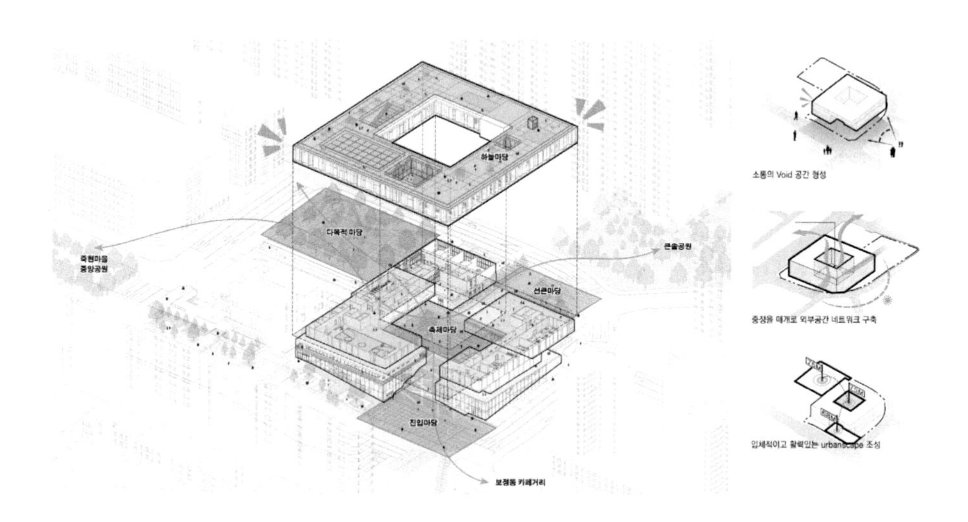

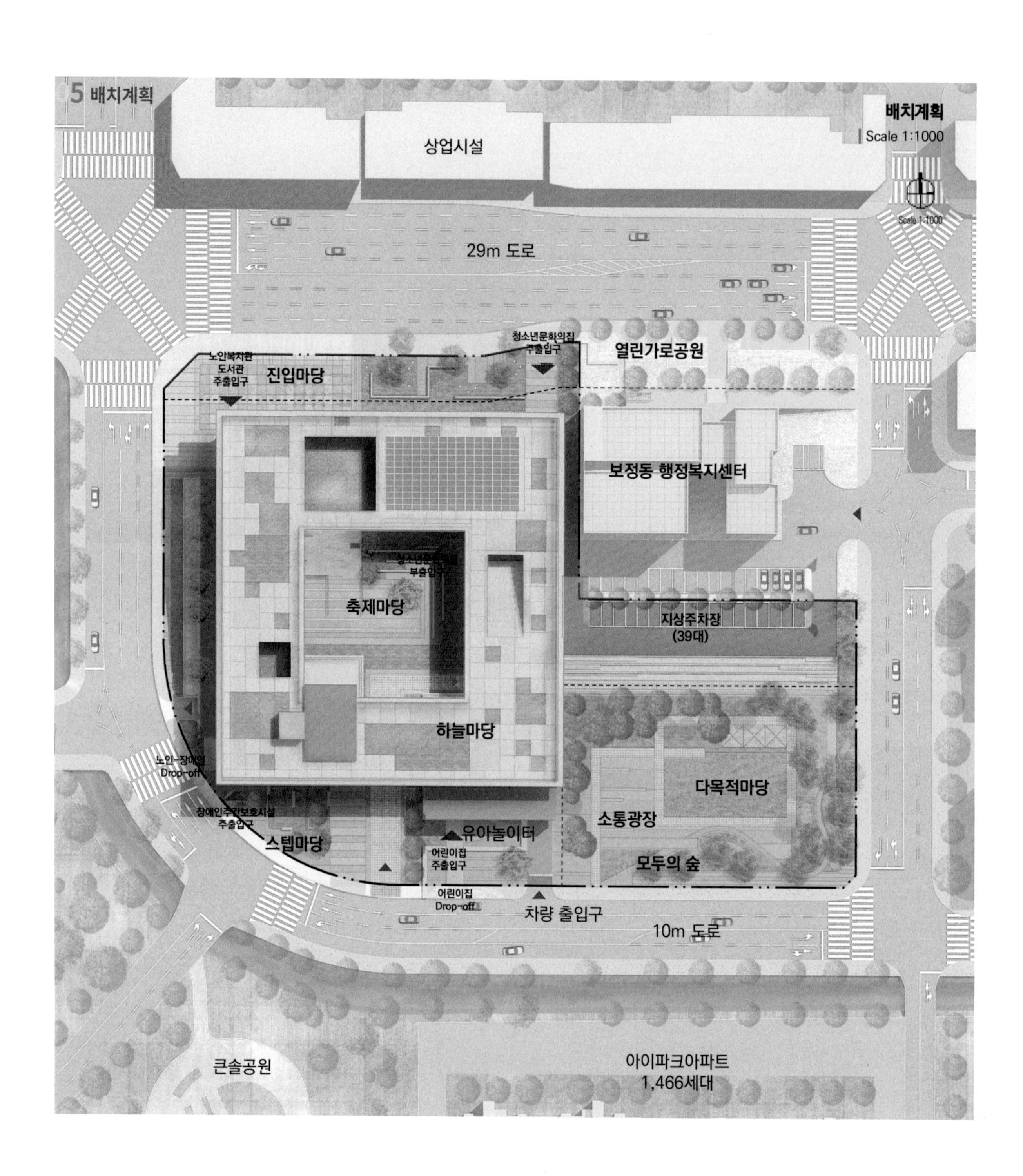
5 배치계획
배치계획
Scale 1:1000
상업시설
29m 도로
청소년문화의집
주출입구
노인복지관
도서관
주출입구
진입마당
열린가로공원
보정동 행정복지센터
축제마당
지상주차장
(39대)
하늘마당
노인·장애인
Drop-off
장애인주간보호시설
주출입구
스텝마당
유아놀이터
어린이집
주출입구
다목적마당
소통광장
모두의 숲
어린이집
Drop-off
차량 출입구
10m 도로
큰솔공원
아이파크아파트
1,466세대

■ 프로젝트 02

▌안산장상 A1+A7블록 공동주택 현상설계 - ㈜해안종합건축사사무소

01 개요

구분		내역		비고
사업개요	사업명	안산장상 A1+A7블록 공동주택		
	대지위치	경기도 안산시 상록구 장상동 일원		
	지역지구	안산장상 공공주택지구		
	용도	공동주택 및 부대복리시설		
		A1BL	A7BL	
토지이용	대지면적	21,820.00㎡	41,613.00㎡	
	건축면적	4,489.97㎡	8,293.15㎡	
	연면적 (용적률산정용)	59,309.39㎡ (36,667.67㎡)	130,092.36㎡ (80,474.65㎡)	
	용적률	168.05%	193.39%	
	건폐율	20.58%	19.93%	
건설계획	51㎡타입	-	178세대	공공분양
	55㎡타입	447세대	-	신혼희망
	59㎡타입	-	801세대	공공분양
	합계	447세대	979세대	

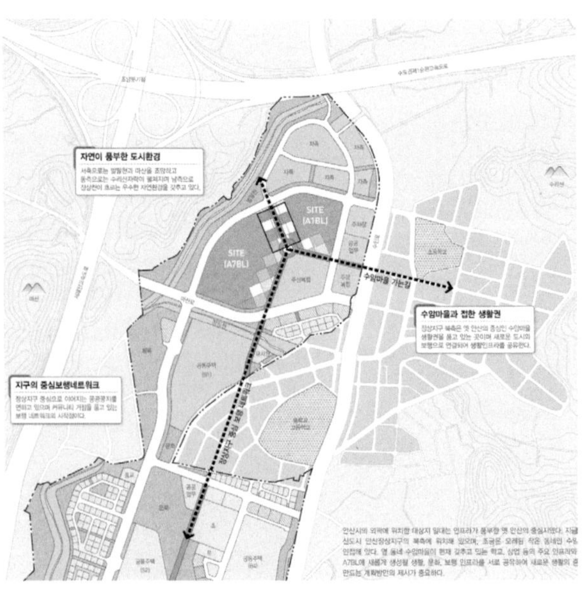

02 대상지분석

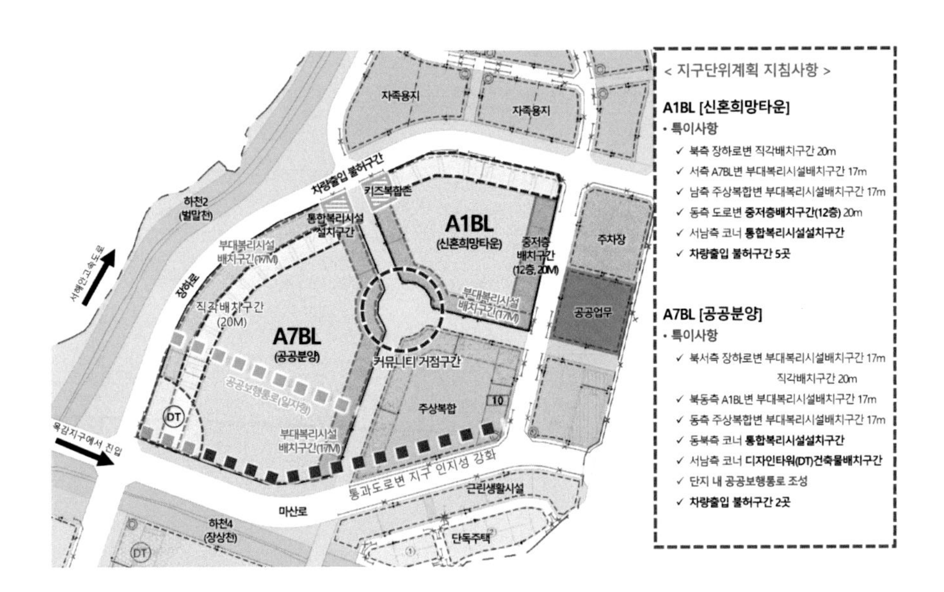

03 배치대안검토

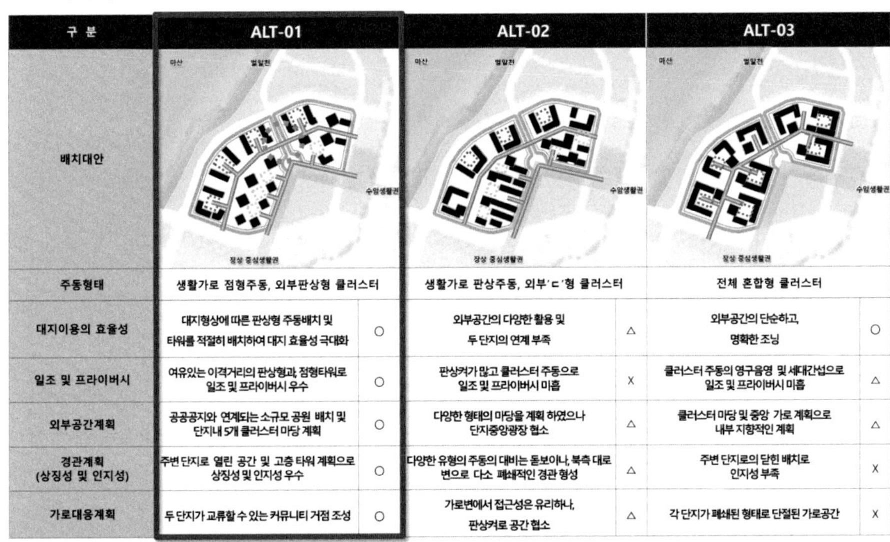

구 분	ALT-01		ALT-02		ALT-03	
배치대안						
주동형태	생활가로 점형주동, 외부판상형 클러스터		생활가로 판상주동, 외부'ㄷ'형 클러스터		전체 혼합형 클러스터	
대지이용의 효율성	대지형상에 따른 판상형 주동배치 및 타워를 적절히 배치하여 대지 효율성 극대화	○	외부공간의 다양한 활용 및 두 단지의 연계 부족	△	외부공간의 단순하고, 명확한 조닝	○
일조 및 프라이버시	여유있는 이격거리의 판상형과, 점형타워로 일조 및 프라이버시 우수	○	판상켜가 많고 클러스터 주동으로 일조 및 프라이버시 미흡	X	클러스터 주동의 영구음영 및 세대간섭으로 일조 및 프라이버시 미흡	△
외부공간계획	공공공지와 연계되는 소규모 공원 배치 및 단지내 5개 클러스터 마당 계획	○	다양한 형태의 마당을 계획 하였으나 단지중앙광장 협소	△	클러스터 마당 및 중앙 가로 계획으로 내부 지향적인 계획	△
경관계획 (상징성 및 인지성)	주변 단지로 열린 공간 및 고층 타워 계획으로 상징성 및 인지성 우수	○	다양한 유형의 주동의 대비는 돋보이나, 북측 대로변으로 다소 폐쇄적인 경관 형성	△	주변 단지로의 닫힌 배치로 인지성 부족	X
가로대응계획	두 단지가 교류할 수 있는 커뮤니티 거점 조성	○	가로변에서 접근성은 유리하나, 판상켜로 공간 협소	△	각 단지가 폐쇄된 형태로 단절된 가로공간	X

사업지 주변 현황 및 배치조닝, contexts 분석을 통한 최적의 계획안 채택

04 배치계획

도시와 자연, 사람과 사람이 연결되는 열린 마을

대지에 접한 자연과 다양한 도시 인프라에 맞는 배치계획으로 지역사회와 연계된 하나의 생활권을 구성하고자 한다.
마을과 마을이 만나는 커뮤니티 가로와 거점에는 주변과의 경계를 허물고 보행 네트워크를 확장하여 지역민에게 열린 공간을 형성하고,
벌말천 진입광장과 대응하여 커뮤니티 복합플랫폼을 마련해 입주민과 지역주민이 함께 즐길 수 있는 지역의 새로운 커뮤니티장을 제안한다.
이러한 계획들은 마을 내외부에서 다양한 콜라보가 일어나길 도모하며, 도시에 새로운 활력을 부여하고자 한다.

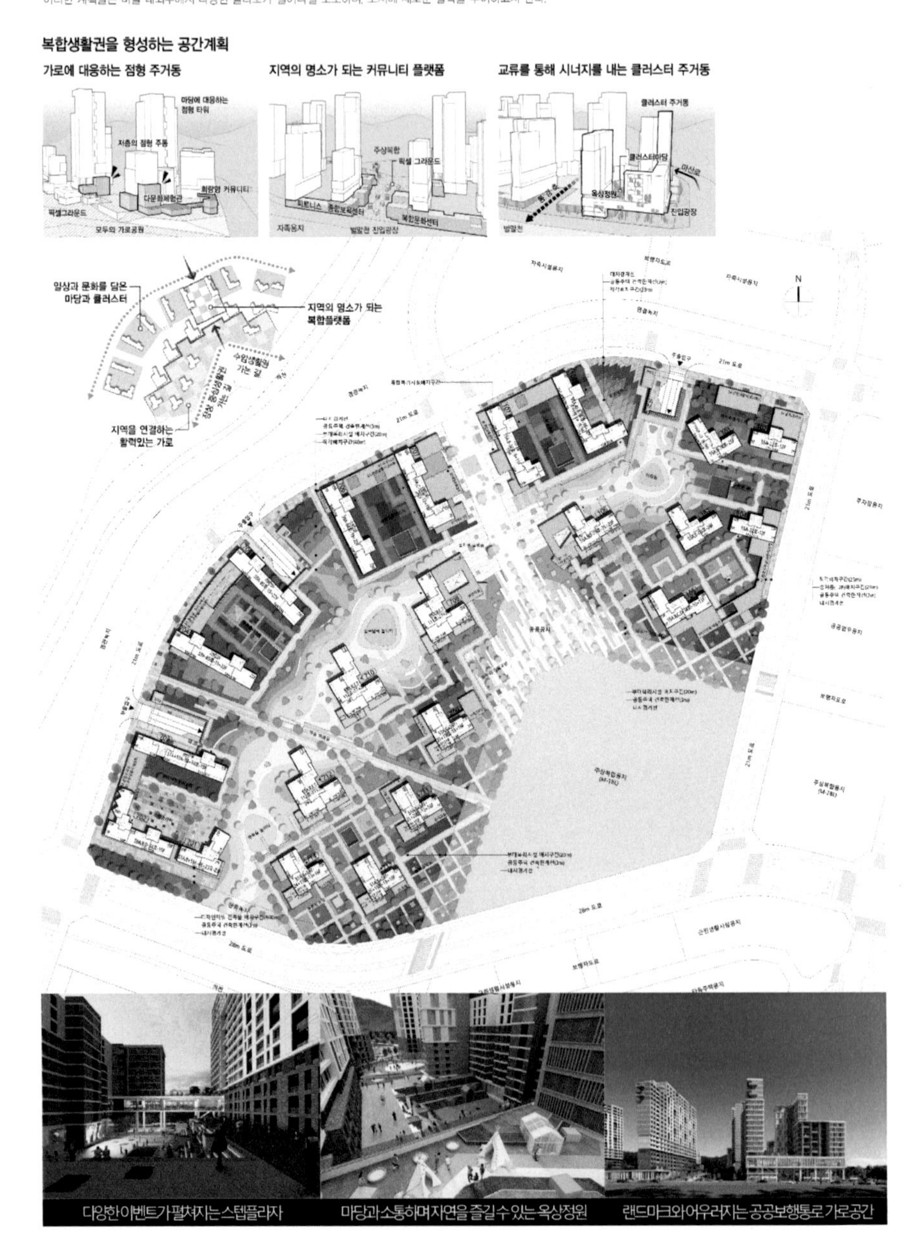

04.1 보행이 즐거운 특화가로 만들기

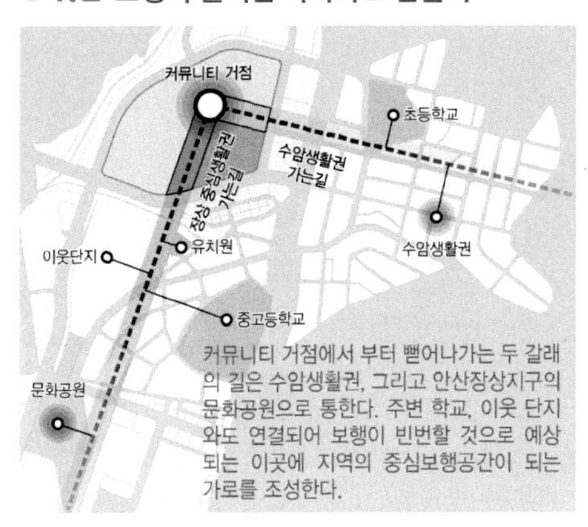

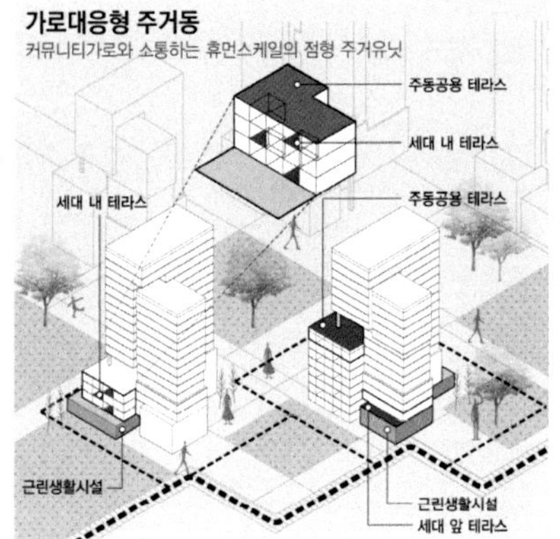

다양한 이벤트가 펼쳐지는 걷고 싶은 거리 **모두의가로공원**

STRATEGY 1 크고 작은 마당과 길이 어우러지는 공간구조

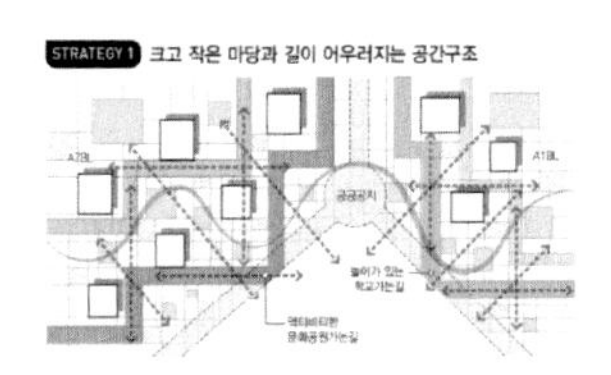

STRATEGY 2 저층의 점형 주거동이 이루는 휴먼스케일의 경관

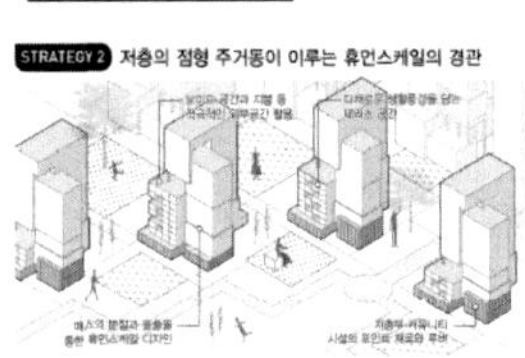

STRATEGY 3 활력있는 가로를 만드는 열린 커뮤니티 프로그램

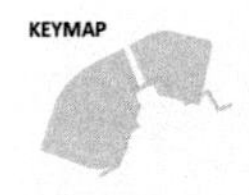

04.2 모두에게 열린 핫플레이스 만들기

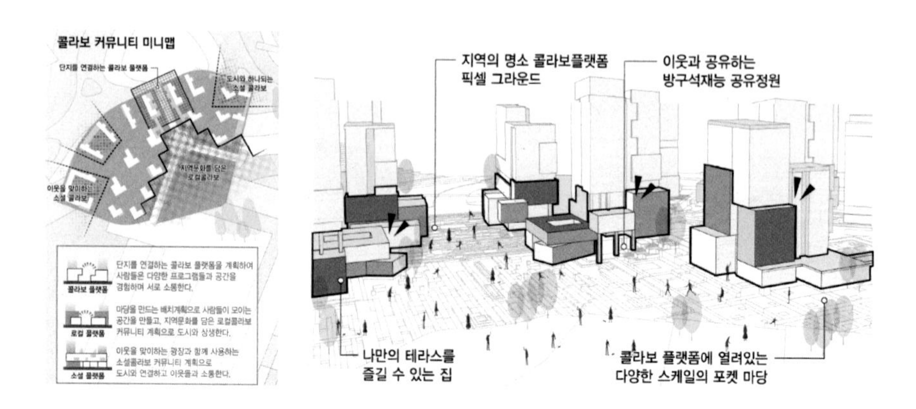

지역의 문화, 여가, 취미가 있는 핫플레이스 콜라보 플랫폼

04.3 이웃과의 교류가 끊임없는 '시너지 클러스터'

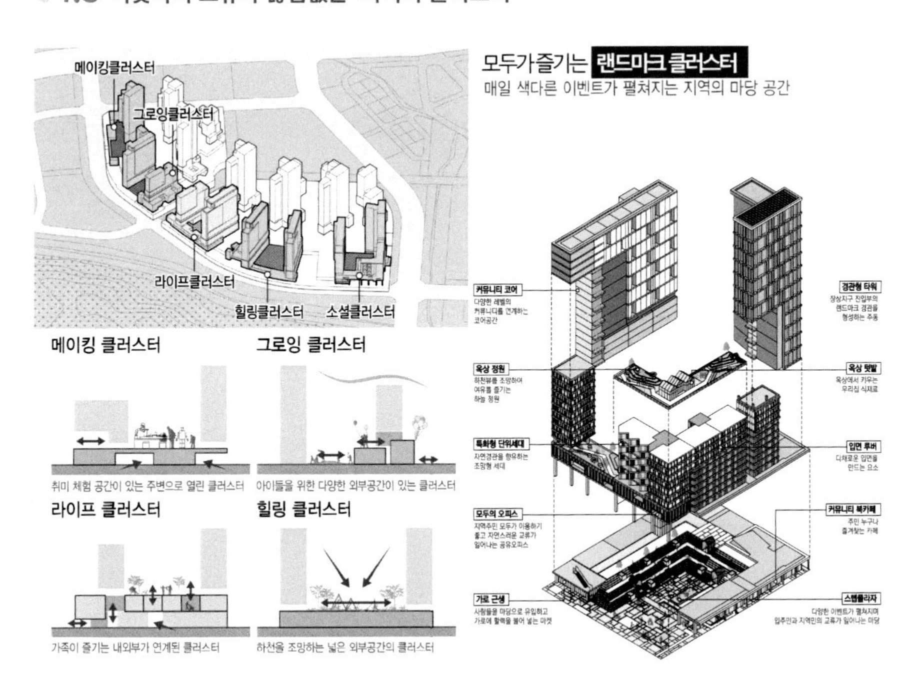

■ 프로젝트 03

K-water 본사 신관 건립사업 - 에이앤유디자인그룹건축사사무소㈜

01 개요

사업목적

- 본사 사옥 **노후화 및 사무공간 부족**에 따른 직원 불편 가중과 디지털 전환, 기후위기 등 **외부환경에 선제적으로 대응**하고, 새로운 도약을 위한 본사 신관 건립 계획
- 창의적, 합리적 디자인 설계 아이디어 발굴을 통해 **지역의 상징적인 건축계획**

대상지위치도

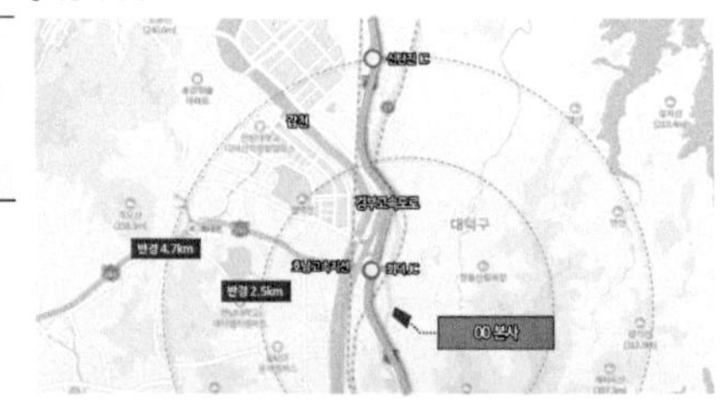

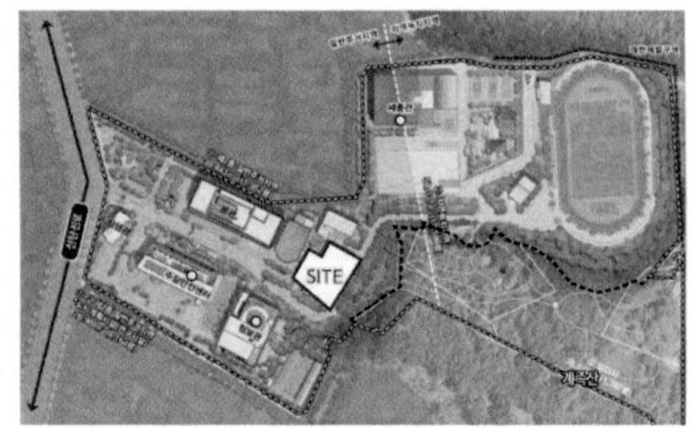

사업개요

사업명	00 본 K-water 본사 신관 건립사업		
사업방식	일반설계	용 도	교육연구시설
대지위치	대전광역시 대덕구 신탄진로 200		
대지면적/ 연면적	**3,500.00㎡ (1,058평) / 연면적 : 16,800.00㎡ (5,082평)**		
전체	**대지면적 29,500평 / 연면적 17,300평**		
건폐율/용적률	증축 후 22.7% / 107.59% (제2종 일반주거지역만)		
총사업비	57,320,000,000원 (평당 사업비 : 11,279,024원)		

02 대상지분석

시설조닝 현황

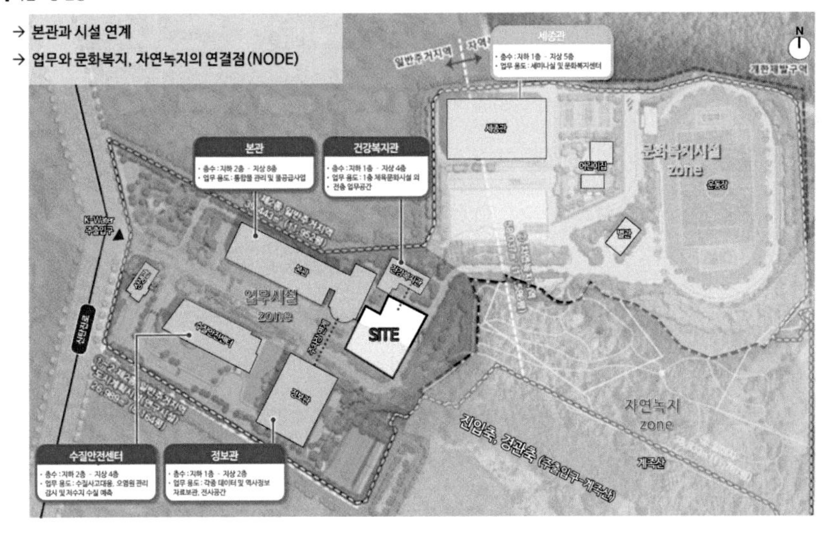

02 대상지분석

차량동선 및 보행동선 현황

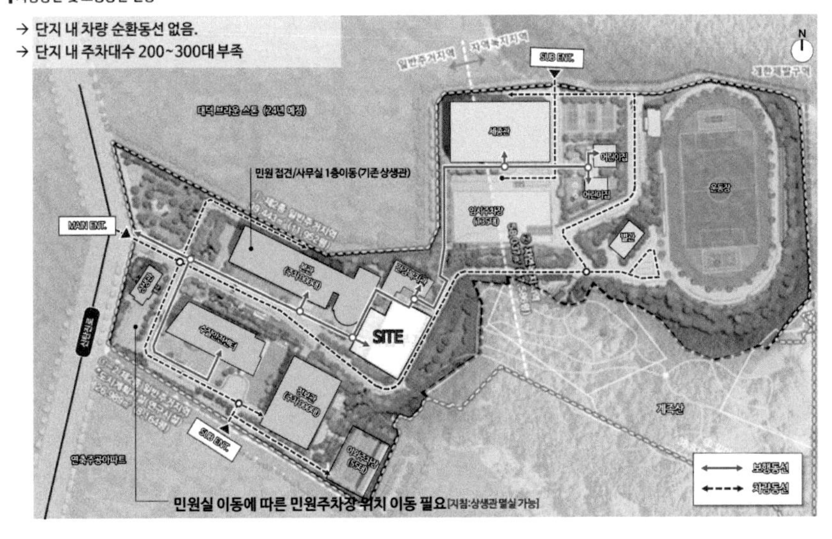

02 대상지분석

대지분석 주요이슈

03 디자인컨셉 #1

: MASTERPLAN과 조화로운 배치 및 MASS DESIGN

마스터플랜의 경관축, 진입축 고려

03 디자인컨셉 #2

: 주변과 연결되는 새로운 중심공간 PLATFORM

- 캠퍼스의 중심공간으로, 주변 녹지공간을 끌어들이고 기능을 연결하는 직원들을 위한 문화 중심공간

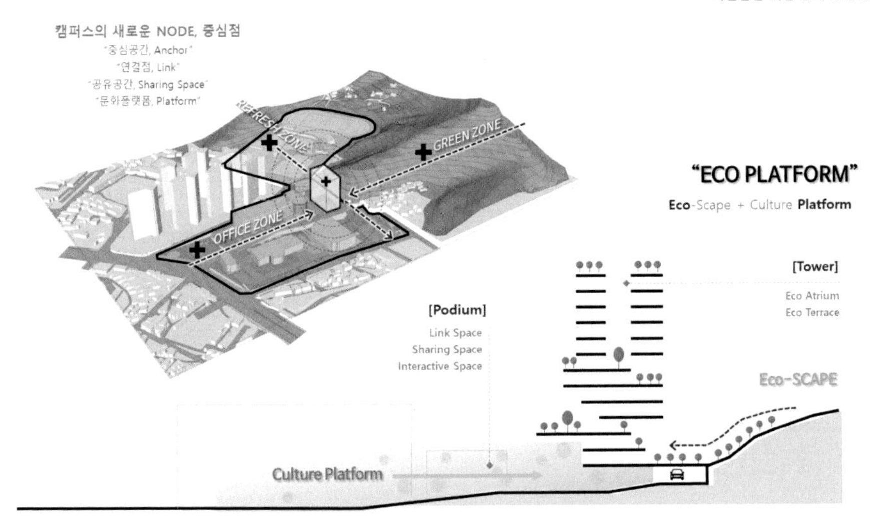

03 디자인컨셉 #3

: 주변과 연결되는 새로운 중심공간 PLATFORM

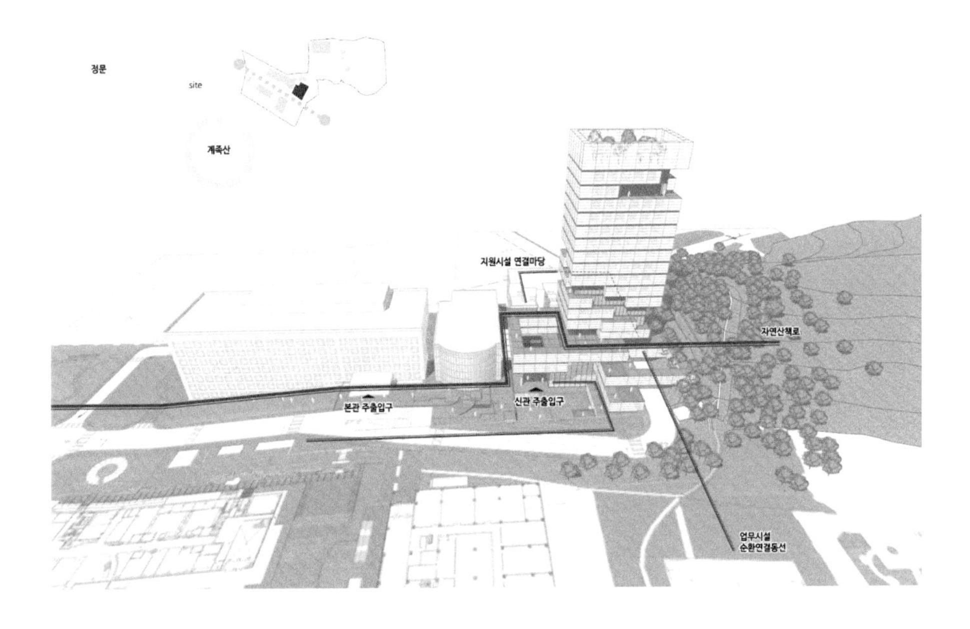

04 배치대안검토

대안비교

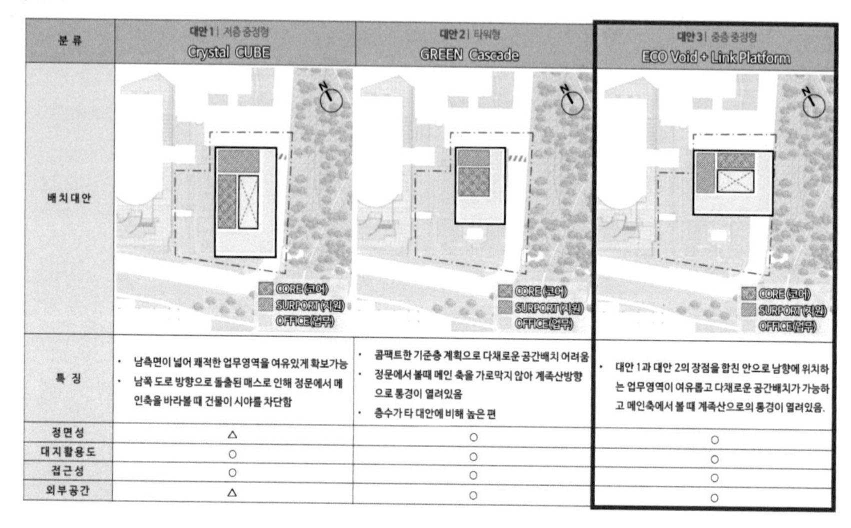

분 류	대안 1 | 저층 중정형 Crystal CUBE	대안 2 | 타워형 GREEN Cascade	대안 3 | 중층 중정형 ECO Void + Link Platform
배치대안	CORE(코어) SURPORT(지원) OFFICE(업무)	CORE(코어) SURPORT(지원) OFFICE(업무)	CORE(코어) SURPORT(지원) OFFICE(업무)
특 징	• 남측면이 넓어 쾌적한 업무영역을 여유있게 확보가능 • 남쪽 도로 방향으로 돌출된 매스로 인해 정문에서 메인축을 바라볼 때 건물이 시야를 차단함	• 콤팩트한 기준층 계획으로 다채로운 공간배치 어려움 • 정문에서 볼때 메인 축을 가로막지 않아 계족산방향으로 통경이 열려있음 • 층수가 타 대안에 비해 높은 편	• 대안 1과 대안 2의 장점을 합친 안으로 남향에 위치하는 업무영역이 여유롭고 다채로운 공간배치가 가능하고 메인축에서 볼 때 계족산으로의 통경이 열려있음.
정면성	△	○	○
대지활용도	○	○	○
접근성	○	○	○
외부공간	△	○	○

05 배치대안 세부계획 - ALT 1

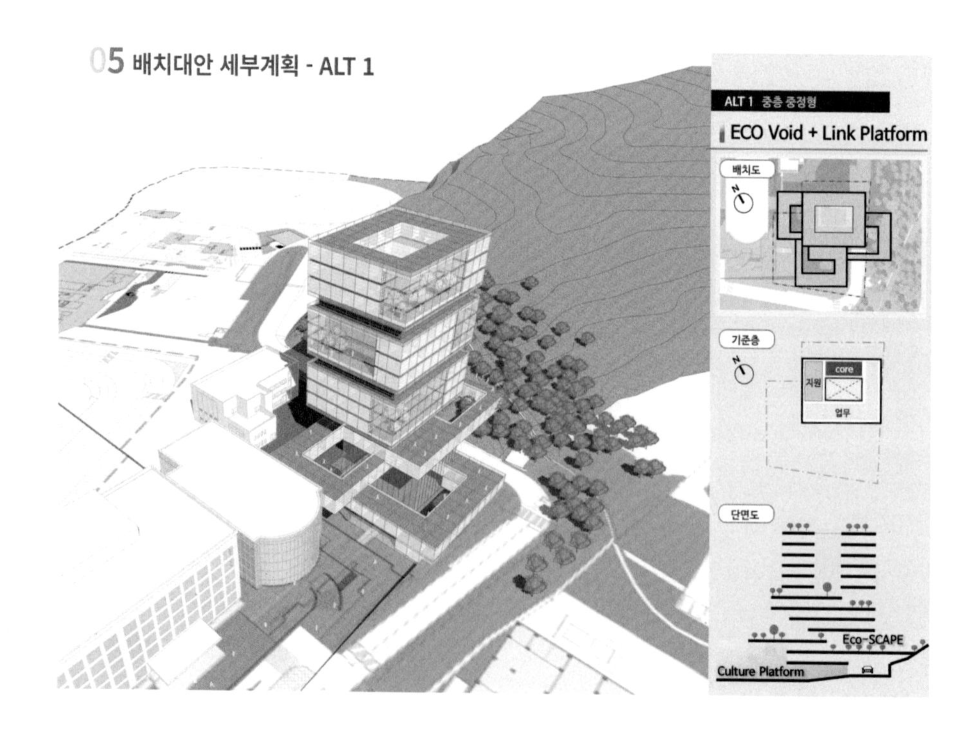

05 배치대안 세부계획 - ALT 2

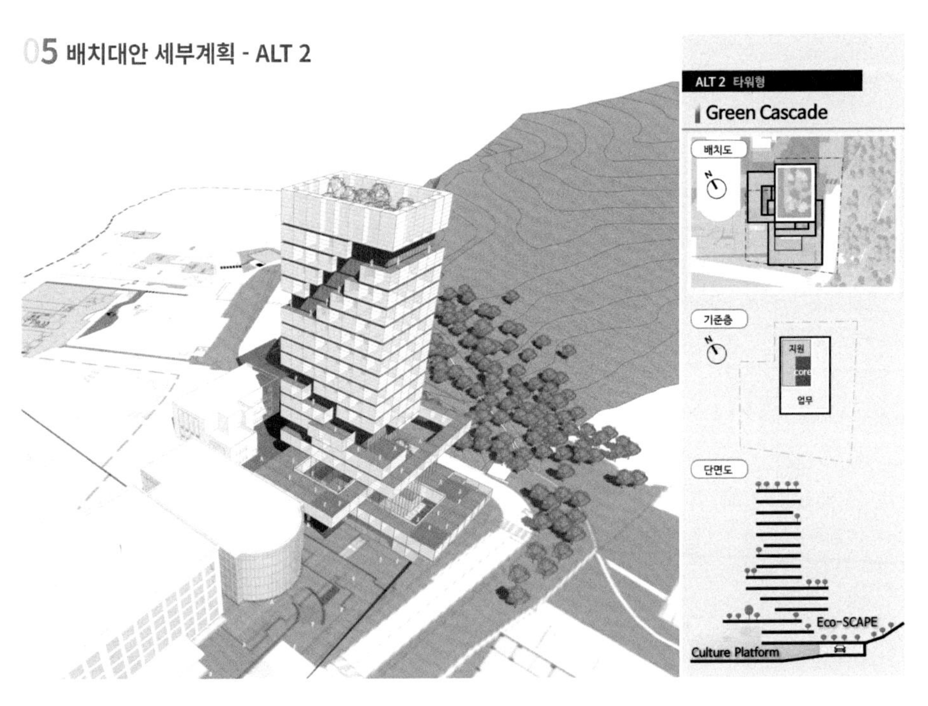

05 배치대안 세부계획 - ALT 3

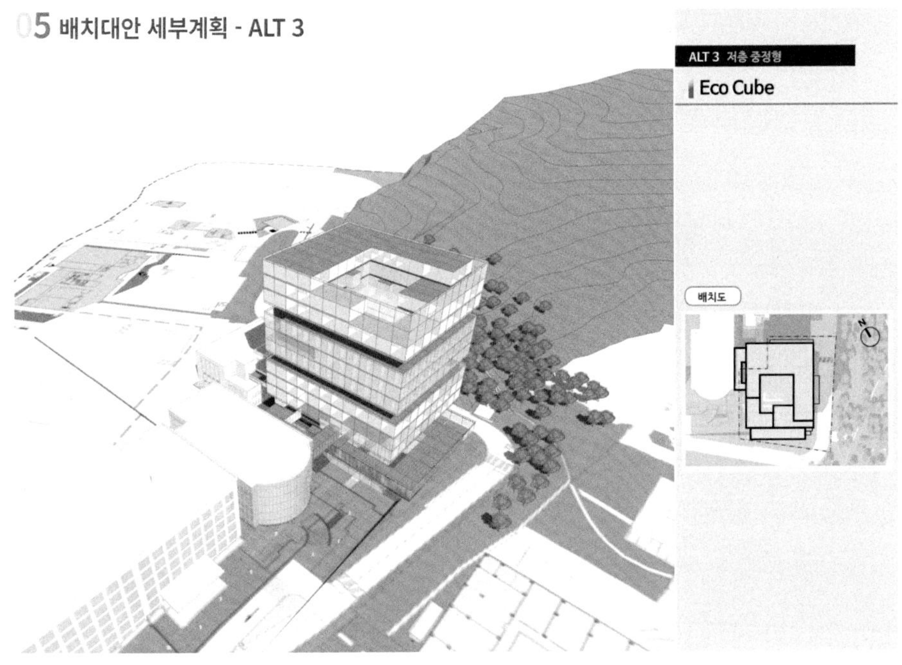

■ 프로젝트 04

▌세종광역복지지원센터 - ㈜토문건축사사무소

어울림林

자연과 도시, 장애인과 비장애인의 만남

01 개요

4생활권의 광역복지지원센터는 장애인과 비장애인이 모두 소통하고 공감하는 교류의 장이다.
여러 계층의 이용자들이 길과 마당 · 정원들로 이루어진 휴먼스케일의 공간에서 서로 배려하고 머무르며 한데 어우러지는 새로운 복지문화를 공유한다.

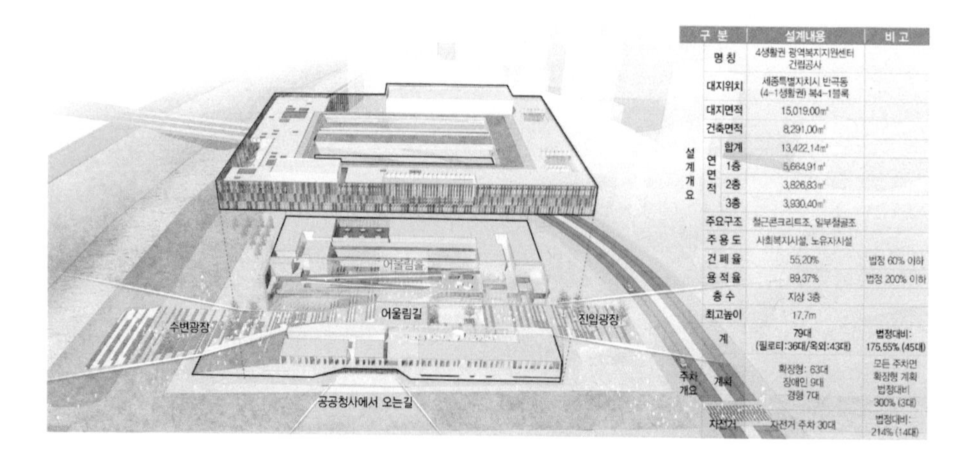

구분			설계내용	비고
설계개요	명칭		4생활권 광역복지지원센터 건립공사	
	대지위치		세종특별자치시 반곡동 (4-1생활권) 복4-1블록	
	대지면적		15,019.00㎡	
	건축면적		8,291.00㎡	
	연면적	합계	13,422.14㎡	
		1층	5,664.91㎡	
		2층	3,826.83㎡	
		3층	3,930.40㎡	
	주요구조		철근콘크리트조, 일부철골조	
	주용도		사회복지시설, 노유자시설	
	건폐율		55.20%	법정 60% 이하
	용적율		89.37%	법정 200% 이하
	층수		지상 3층	
	최고높이		17.7m	
주차개요	계		79대 (필로티:36대/옥외:43대)	법정대비: 175.55% (45대)
	계획		확장형: 63대 장애인 9대 경형 7대	모든 주차면 확장형 계획 법정대비 300% (3대)
	자전거		자전거 주차 30대	법정대비: 214% (14대)

02 대상지분석 - 대상지 교통 현황

대상지 북측으로 BRT (왕복6차선,40m)가 위치하고, 약 500m 반경 내 BRT 정류장 위치, 입지 접근성이 불리함.
BRT버스정류장과 연결된 보행통로 확보 및 저상형 셔틀버스운행 계획
대상지 서측으로 버스정류장 인접

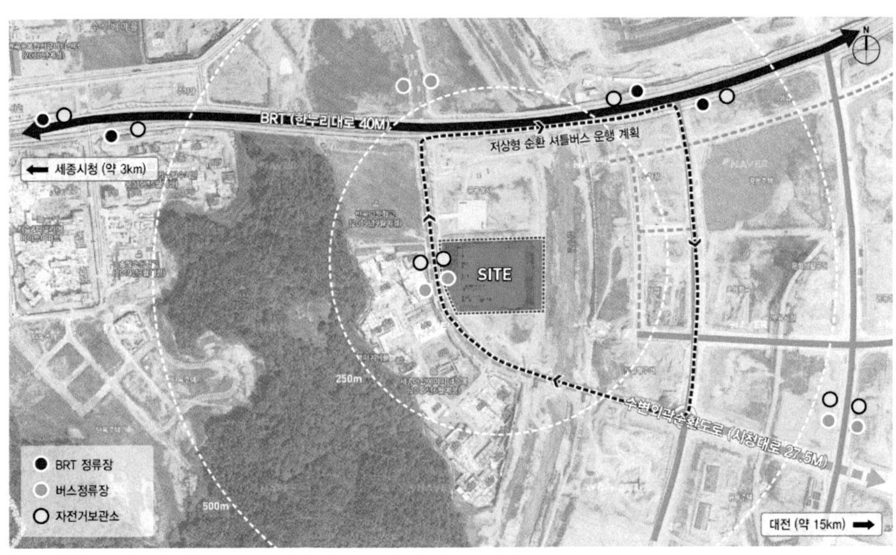

02 대상지분석 - 자연 입지 분석

동서방향으로 보행녹지축, 남서방향으로 수변공원축에 면함
공공청사와 체육시설을 연계하는 복합 설계요구
대상지 서측과 남측으로 안산(72.3m), 괴화산(201.2m) 위치

03 배치대안검토

구 분	선정안		분동형		경사형	
배치대안						
접근성	장애인시설 1개층 배치 및 장애인 수평 피난 용이	○	장애인 시설의 3개층 배치	○	경사면의 활용성이 낮음 장애인 수평 피난 용이	△
환경성	실별 채광 및 환기 우수	○	지하층의 채광 및 환기의 실 환경이 불리	×	채광 및 환기의 실 환경이 불리	×
외부공간 활용	시설 이용자를 위한 다양한 외부공간 구성	○	다양한 정면성 및 시설별 인지성 용이	○	천변조망이 용이한 다양한 외부공간	○
주변과의 연계	청사 및 장애인 체육센터와의 연계	○	수직조닝으로 관련시설 간의 동선거리 짧으나 수직코어 다수발생	△	청사 및 장애인 체육센터와의 연계	○

04 디자인계획 장애인시설의 전면1층 배치로 편의성과 안정성을 높이다

지상1층(수변공원의 대지레벨)에 모든 장애인 시설을 배치하여 수직이동이 필요 없는 장애인 특성화 복지시설을 제안한다.
이용자들은 행태 특성별 실조닝과 함께 특색있는 정원에서 치유와 회복, 휴식의 자연공간을 경험한다.
장애인과 비장애인이 소통하는 어울림홀은 이해의 차이로 부터 오는 마음의 거리를 좁혀 공감을 만든다.

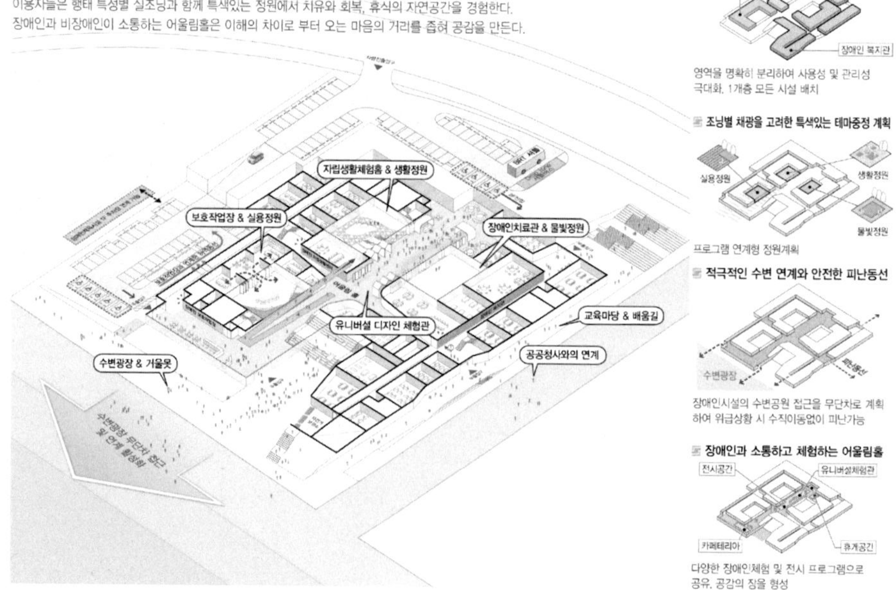

■ 장애인 프로그램에 따른 명확한 조닝

보호작업영역 / 자립생활영역 / 장애인 복지관

영역을 명확히 분리하여 사용성 및 관리성 극대화, 1개층 모든 시설 배치

■ 조닝별 채광을 고려한 특색있는 테마중정 계획

실용정원 / 생활정원 / 물빛정원

프로그램 연계형 정원계획

■ 적극적인 수변 연계와 안전한 피난동선

수변광장 / 피난동선

장애인시설의 수변공원 접근을 무단차로 계획하여 위급상황 시 수직이동없이 피난가능

■ 장애인과 소통하고 체험하는 어울림홀

전시공간 / 유니버설체험관 / 카페테리아 / 휴게공간

다양한 장애인체험 및 전시 프로그램으로 공유, 공감의 장을 형성

04 디자인계획 도시, 사람, 자연이 하나로 어우러지는 화합의 장을 열다

삼성천과 괴화산을 연결하는 통경축으로써 어울림길과 어울림홀은 지역주민들과 시설 이용자들이 함께 어울리는 화합의 장을 만든다. 장애인형 국민체육센터와 공공청사에 이르는 보행네트워크로 문화복지 클러스터를 구상하여 도시를 하나로 묶는 중심이 된다. 어울림(林)은 자연과 도시 · 문화 · 건축을 담아 공유하고 치유하는 소통의 숲이다.

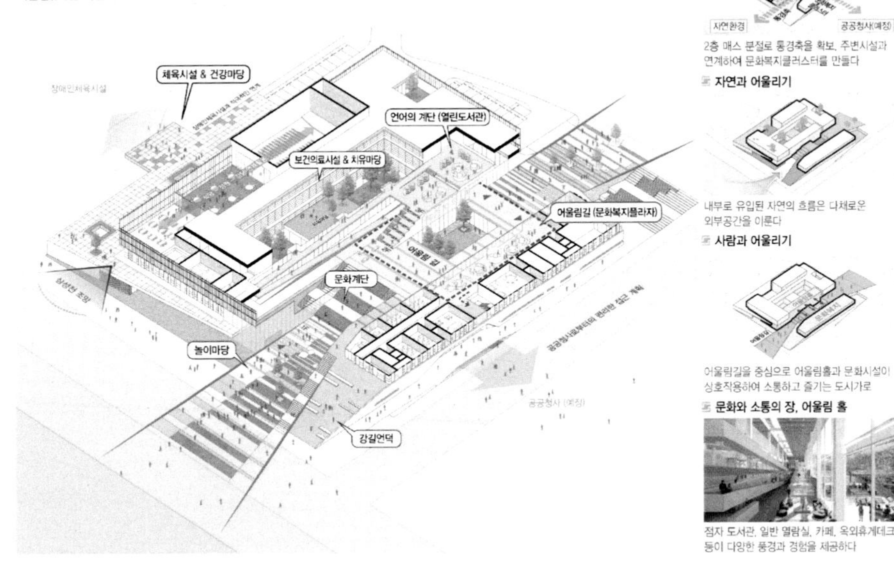

■ 도시와 어울리기

2층 매스 분절로 통경축을 확보, 주변시설과 연계하여 문화복지클러스터를 만들다

■ 자연과 어울리기

내부로 유입된 자연의 흐름은 다채로운 외부공간을 이룬다

■ 사람과 어울리기

어울림길을 중심으로 어울림홀과 문화시설이 상호작용하여 소통하고 즐기는 도시가로

■ 문화와 소통의 장, 어울림 홀

점자 도서관, 일반 열람실, 카페, 옥외휴게데크 등이 다양한 풍경과 경험을 제공하다

장애인 시설 전용의 1층 평면계획

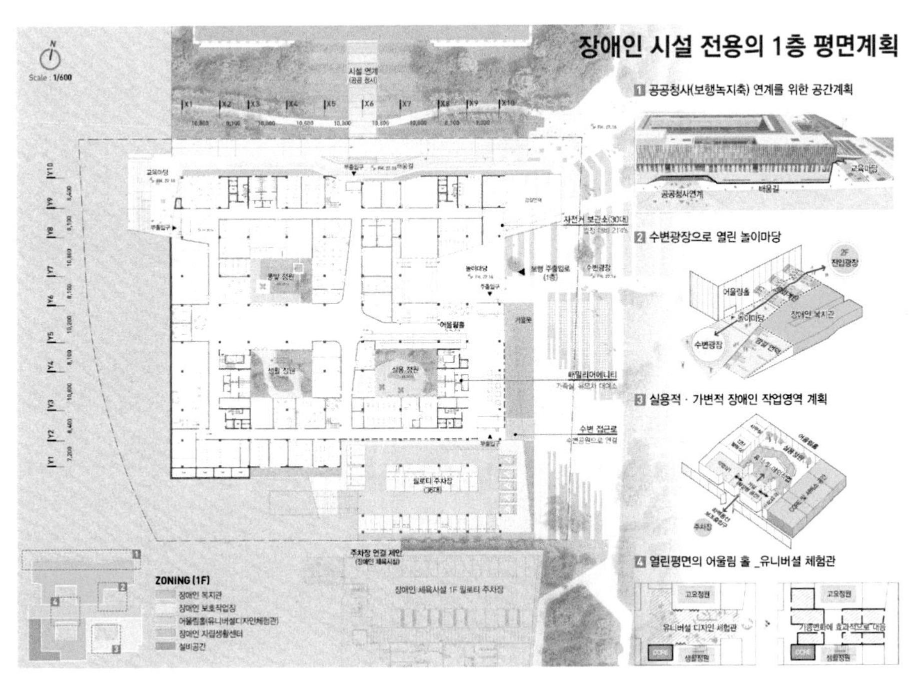

1 공공청사(보행녹지축) 연계를 위한 공간계획

2 수변광장으로 열린 놀이마당

3 실용적 · 가변적 장애인 작업영역 계획

4 열린평면의 어울림 홀 _유니버설 체험관

05 배치계획

N
Scale : 1/800
공공 청사
(예정)
시설 연계
(공공청사)
부출입구
배움길
건축한계선
대지경계선
공부마루
교육마당
바람마루
운동마루
야외데크
진입 광장
보행 주출입로
(2층)
물빛 정원
어울림길
문화의 계단
시청대로
(27.5M)
세종시 4생활권 광역복지지원센터
(3층)
생활 정원
치유마당
실용 정원
옥외 주차장
(43대)
확장형 : 36대
장애인 : 4대
경 형 : 3대
쉼터마루
행사마루
부출입구
건강마루
차량 진출입로
건축한계선
대지경계선
시설 연계
(체육시설)
세종시 장애인
국민체육센터(예정)
3층

자연과 도시를 잇는 배치계획

다채로운 외부공간

각 조닝별 성격에 맞는 외부공간으로 다양한 중정, 마당, 마루를 계획

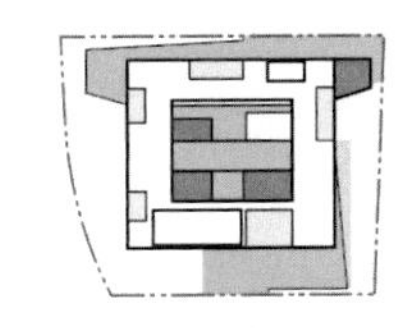

주변시설과의 연계

북측의 교육마당과 남측의 건강마루를 통해 주변시설과 적극적인 연계

주변에 대응하는 다정면성

전면도로와 수변공원을 비롯한 4면에서의 인지성을 고려한 매스계획

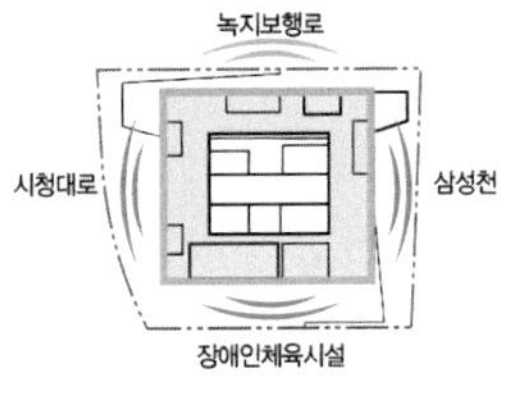

보행동선체계

노드를 중심으로 자연과 도시를 연결하는 통경을 열어 자연스러운 진입 유도

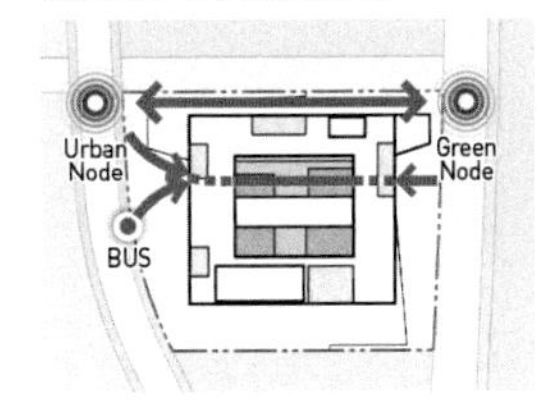

채광을 고려한 남향계획

장애인 체육시설과의 이격과 내부중정 및 오픈 테라스 계획을 통해 채광 최대 확보

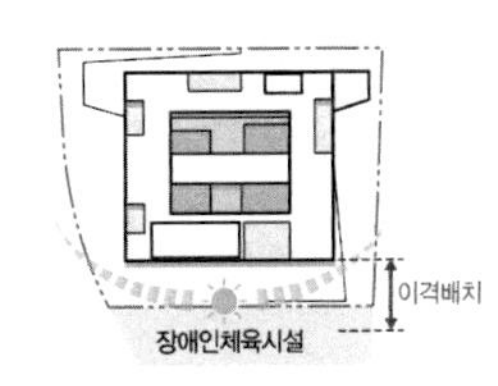

차량동선체계

각층에서의 장애인진입을 고려한 장애인 전용 주차장과 BRT셔틀을 고려한 Drop off 존

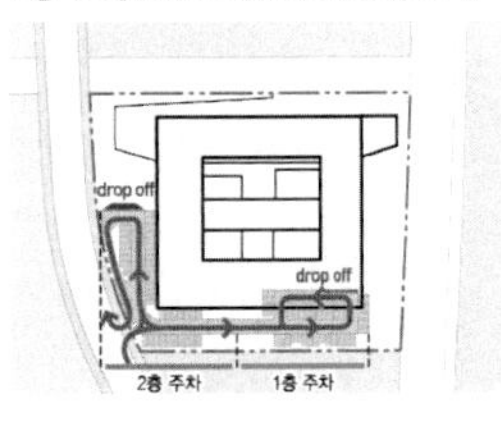

태양광 발전패널 영역

태양광 발전 패널 설치로 신재생에너지 공급

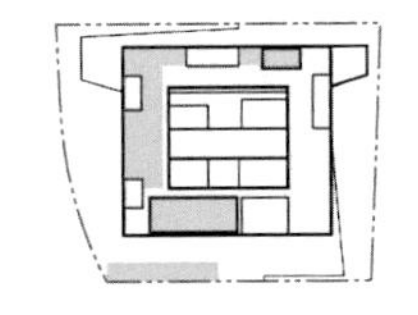

비상차량 동선체계

건축물 4면에 접근 가능한 비상차량동선 계획

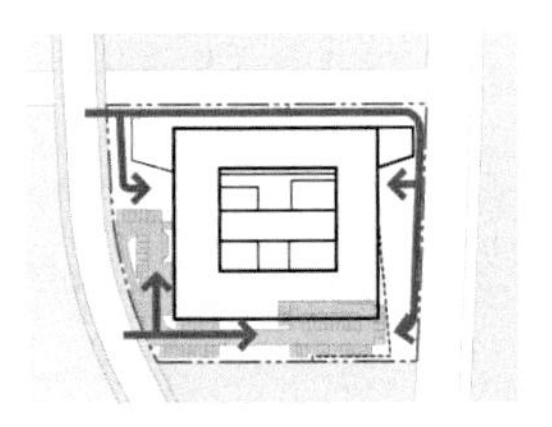

■ 프로젝트 05

▌제주지방경찰청 청사 - ㈜신한종합건축사사무소

구분		설계내역	비고
건 물 개 요	대 지 위 치	제주특별자치도 제주시 문연로 18	
	대 지 면 적	9,595㎡	
	지 역 / 지 구	제2종일반주거지역, 중심지미관지구, 최고고도지구(45m 이하)	
	연 면 적	14,803.62㎡ (지상층 : 11,674.11㎡ / 지하층 : 3,129.51㎡)	지침면적 : 14,484.00㎡ (+2.21%)
	건 축 면 적	2,818.25㎡	
	층 수	지하2층, 지상8층	
	최 고 높 이	40.8m	법정 : 45m 이하
	건 폐 율	29.37%	법정 : 60%
	용 적 률	121.67%	법정 : 250%

01 디자인 컨셉

제주 + 경찰청

DESIGN CONCEPT

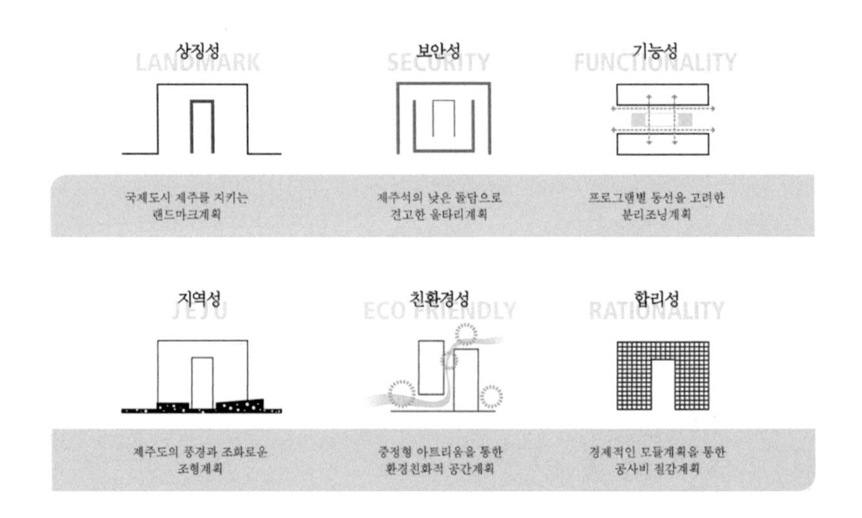

02 사이트 분석

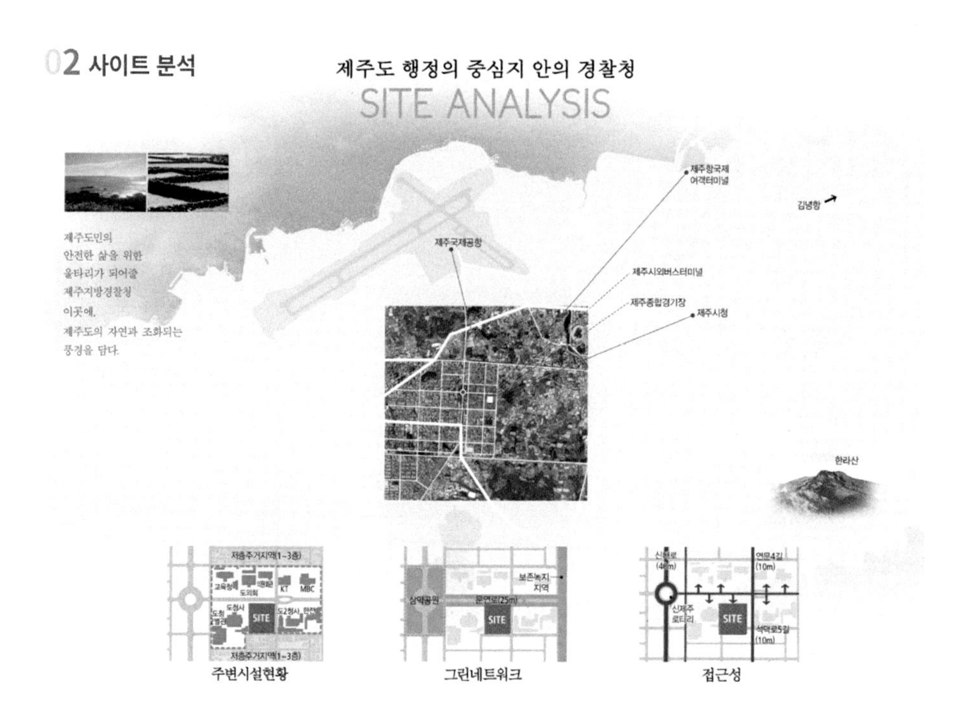

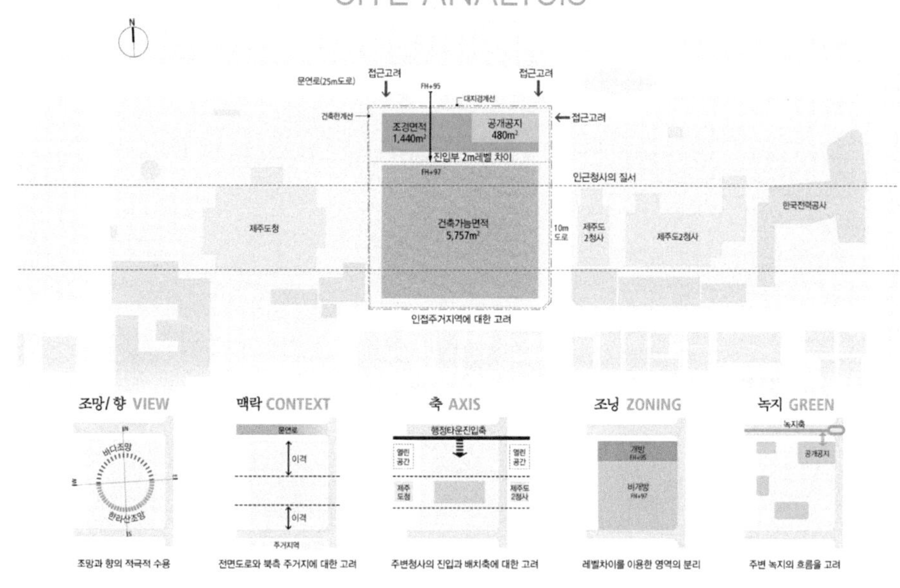

조망/향 VIEW
조망과 향의 적극적 수용

맥락 CONTEXT
전면도로와 북측 주거지에 대한 고려

축 AXIS
주변청사의 진입과 배치축에 대한 고려

조닝 ZONING
레벨차이를 이용한 영역의 분리

녹지 GREEN
주변 녹지의 흐름을 고려

03 디자인 프로세스

주변환경을 고려한 디자인 프로세스

PROCESS

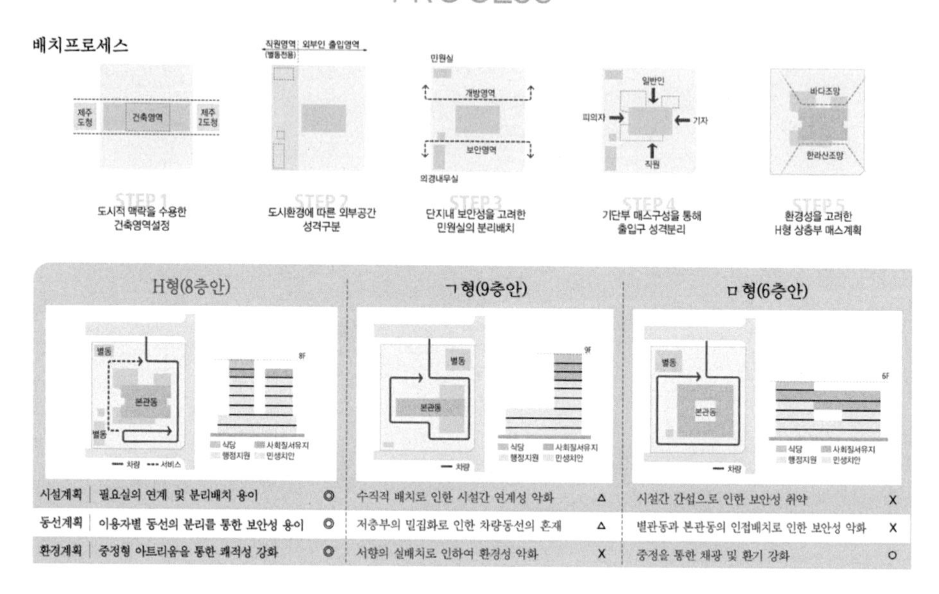

	H형(8층안)		ㄱ형(9층안)		ㅁ형(6층안)	
시설계획	필요실의 연계 및 분리배치 용이	◎	수직적 배치로 인한 시설간 연계성 악화	△	시설간 간섭으로 인한 보안성 취약	X
동선계획	이용자별 동선의 분리를 통한 보안성 용이	◎	저층부의 밀집화로 인한 차량동선의 혼재	△	별관동과 본관동의 인접배치로 인한 보안성 악화	X
환경계획	중정형 아트리움을 통한 쾌적성 강화	◎	서향의 실배치로 인하여 환경성 악화	X	중정을 통한 채광 및 환기 강화	○

04 배치계획

토지이용의 효율성과 경찰 업무특성을 고려한 배치계획

SITE PLAN

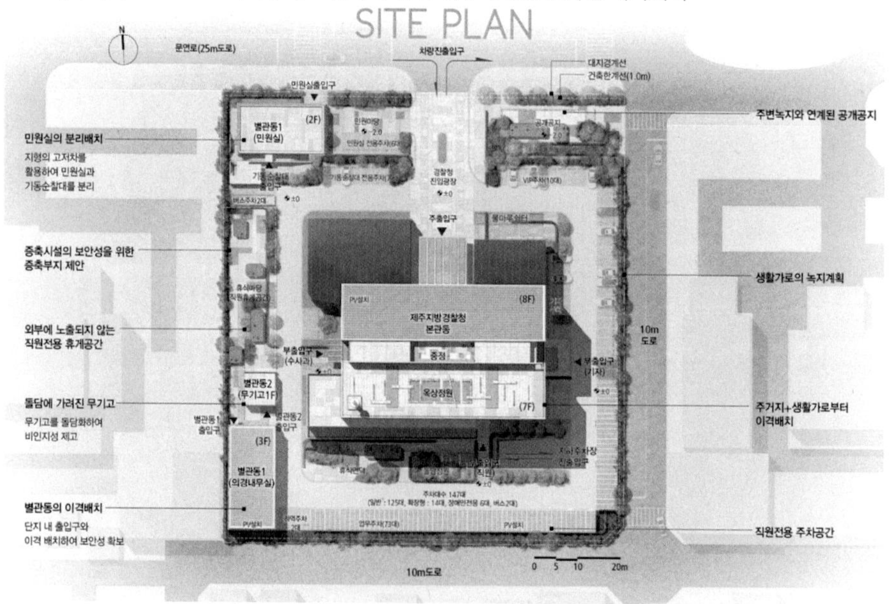

05 조경계획

제주자연을 닮은 조경계획
LANDSCAPE

제주도 수호자들의 공간인 제주경찰청사의
권위와 위엄을 느낄 수 있는 곳
자연친화적인 제주 돌담으로 사적인 영역까지 담아낸
제주경찰청사만의 아이덴티티를 보여준다

HONEST WALLS

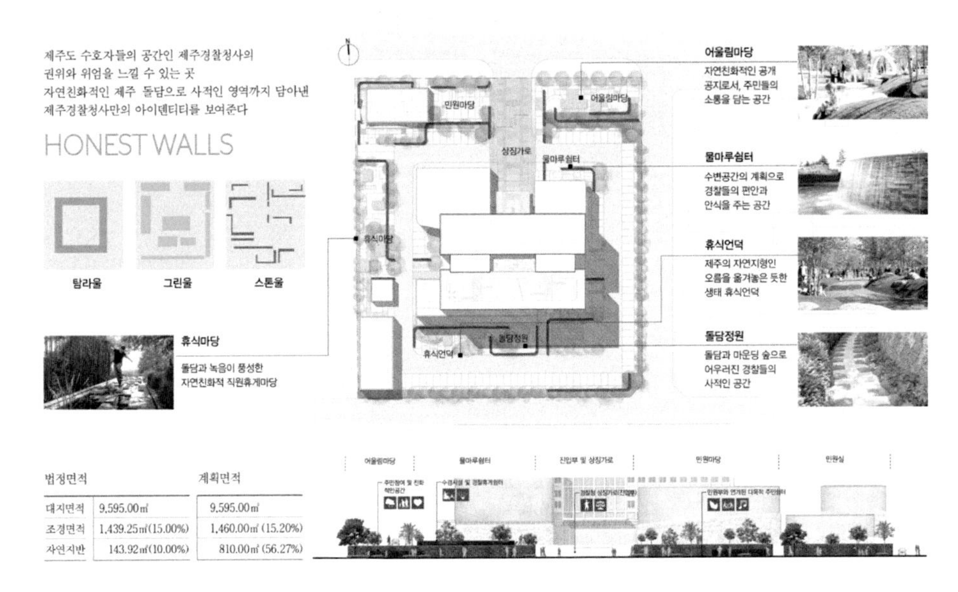

법정면적		계획면적
대지면적	9,595.00㎡	9,595.00㎡
조경면적	1,439.25㎡(15.00%)	1,460.00㎡ (15.20%)
자연지반	143.92㎡(10.00%)	810.00㎡ (56.27%)

06 동선계획

보안고려를 위한 동선분리계획
CIRCULATION

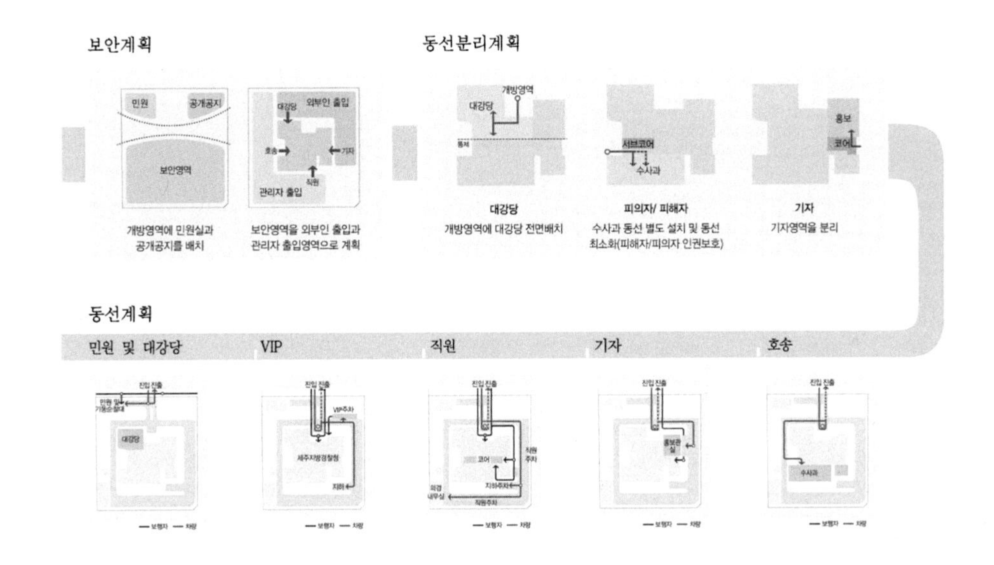

07 프로그래밍 #1

경찰청 업무특성분석을 기반으로한 시설조닝

PROGRAM

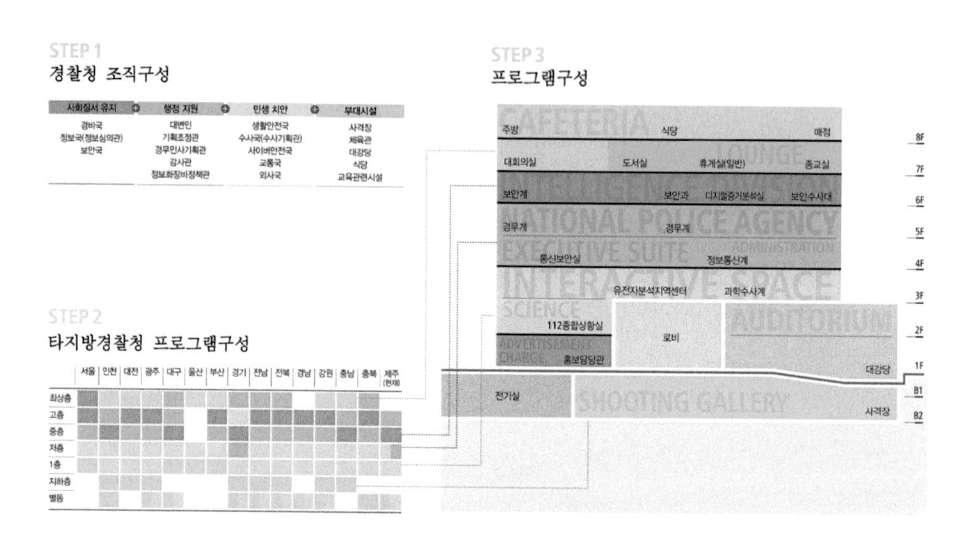

07 프로그래밍 #2

시설별 세부계획의 주안점

USE PLANNING

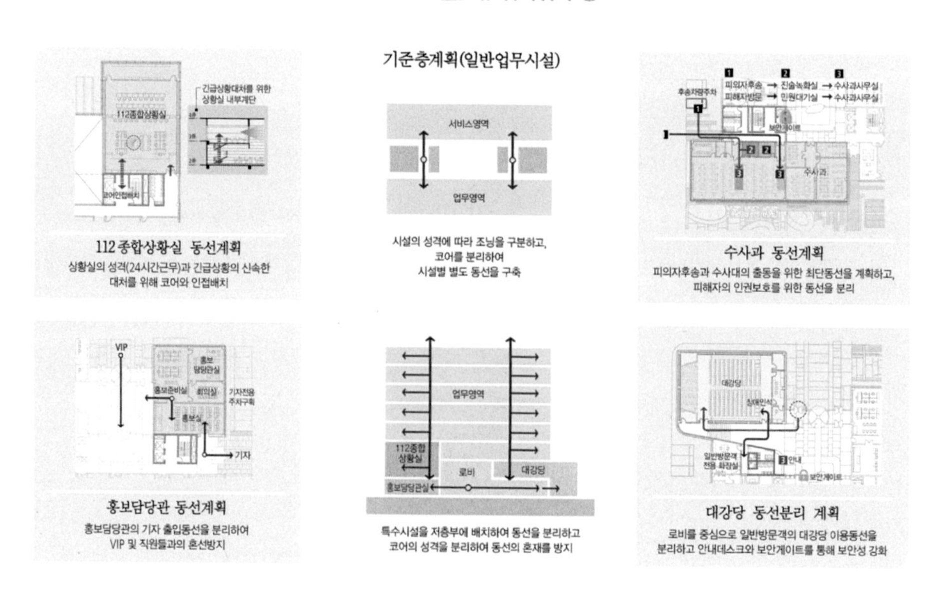

112 종합상황실 동선계획

상황실의 성격(24시간근무)과 긴급상황의 신속한 대처를 위해 코어와 인접배치

시설의 성격에 따라 조닝을 구분하고, 코어를 분리하여 시설별 별도 동선을 구축

수사과 동선계획

피의자후송과 수사대의 출동을 위한 최단동선을 계획하고, 피해자의 인권보호를 위한 동선을 분리

홍보담당관 동선계획

홍보담당관의 기자 출입동선을 분리하여 VIP 및 직원들과의 혼선방지

특수시설을 저층부에 배치하여 동선을 분리하고 코어의 성격을 분리하여 동선의 혼재를 방지

대강당 동선분리 계획

로비를 중심으로 일반방문객의 대강당 이용동선을 분리하고 안내데스크와 보안게이트를 통해 보안성 강화

08 입면계획

제주+경찰청
ELEVATION

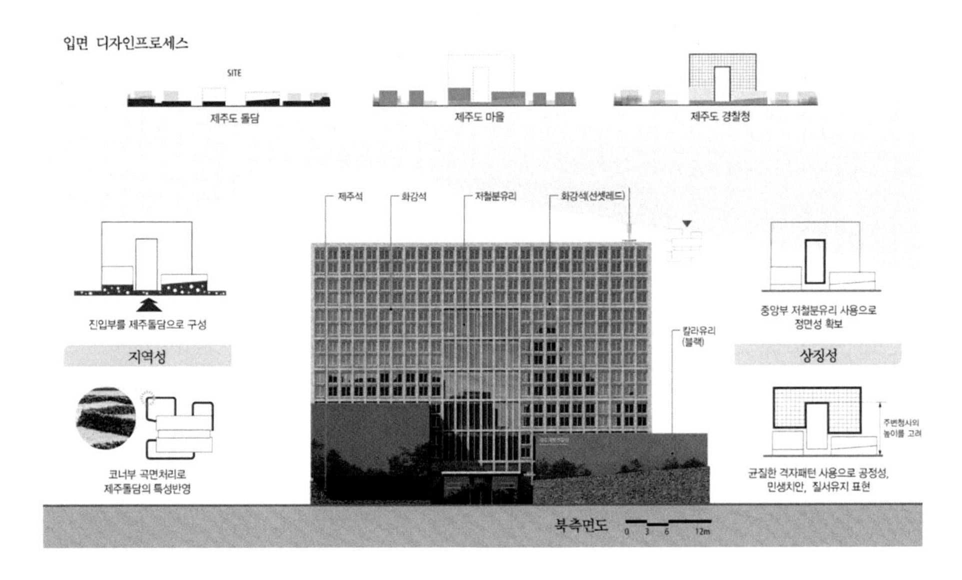

09 단면계획

중앙 아트리움을 통한 자연친화적 단면계획
SECTION

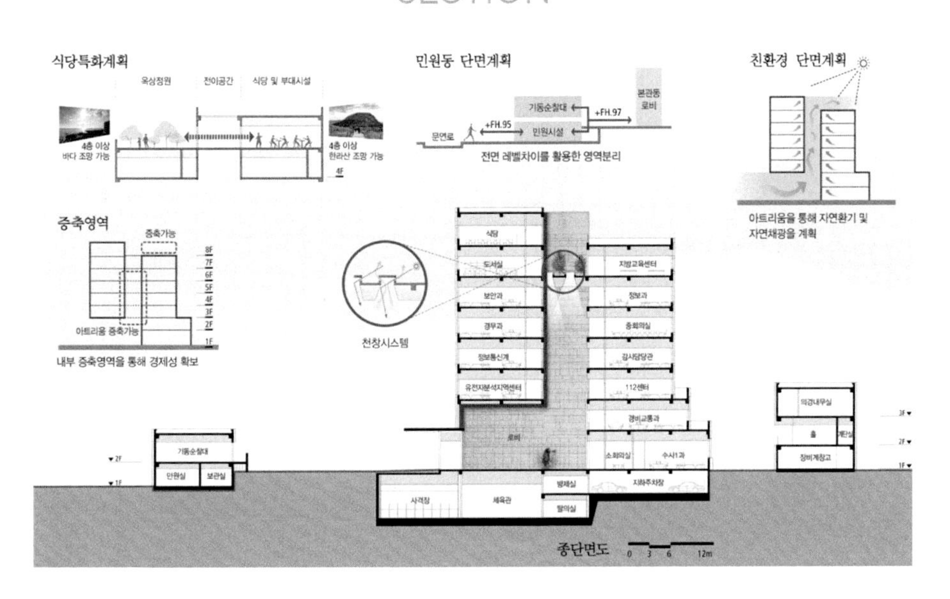

■ 프로젝트 06

▌전주역사 국제설계공모 - ㈜시아플랜건축사사무소

01 개요

구분		내용	비고
명칭		전주역사 국제설계공모	
대지위치		전라북도 전주시 덕진구 동부대로 680	
대지면적		68,877.00㎡	
건축면적		2,846.51㎡	증축 역사, 주차장 편의시설 부분
규모		지상3층, 지하1층	
역사 증축 연면적	합계	3,448.14㎡	지침 면적 3,300.00㎡ (± 5% 가능)
	지상층	2,547.28㎡	
	지하층	900.86㎡	
주차장 면적 (지하)		11,402.54㎡	
주차장 부속 편의시설 면적		1,201.84㎡	지침 면적 1,200㎡
구조		철근콘크리트, 철골구조	
주차계획		총 396대 (장애인주차 15대 포함)	장애인 주차 3%이상 확보
조경면적		3,713.28㎡	신축역사 부분

Contemporary Botanic Station

새로운 전주역사 만들기

Contemporary Botanic Station은 오늘날의 요구에 부응하는 새로운 21세기의 역사의 Prototype 제안이다. 새로운 역사는 무료하게 열차를 기다리는 단순 대기공간을 역사 내 시설물들과 인접된 Floating Garden과 Urban tree 및 첫마중길이 내려다보이는 공중 숲이 되어 생명력 있는 도심 속 휴게공간으로 변화시킨다. 비치되어 있는 안내도를 봅아들고 무의식적으로 도시로 나가게 되던 이동 공간은 다양한 문화적 체험이 있는 가든이 되어 머무르고 싶은 공간으로, 단순히 상징성을 위해 괴리감 있는 구역사의 외관은 시민에게 개방된 공중정원을 갖는 친근감 있는 생태 건축물로, 차들로 점유되고 땡볕에 서있기도 버거웠던 광장은 도심 속 허파 같은 숲으로 변화하여 전주 시민에게 제공될 것이다.

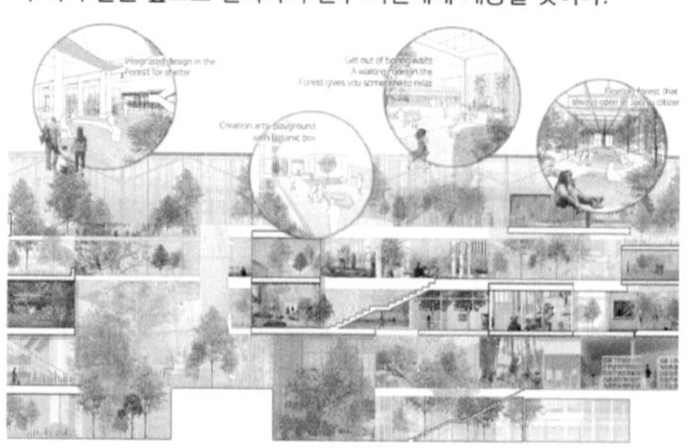

02 광역현황

Urban Layer

Contemporary Botanic Station은 현재 단절되어 있는 자연과 도시조직을 연결하기 위해 도시의 새로운 Layer를 형성한다. 전주역 일대는 철도라는 물리적 요소로 인해 도시조직이 단절되었고 이로 인해 편중된 문화적 네트워크가 구축되었다. 새롭게 자리 잡는 Urban Layer는 백제대로 첫마중길과 녹지를 연결해 주변 모두가 상생하는 도시 조직을 제안한다. Urban Layer를 통해 전주역사의 잠재력 있는 거점들을 새롭게 디자인하고, 이를 통해 활성화되는 공간, 프로그램들을 통해 지역의 문화·생태적 네트워크를 발전시키고자 한다.

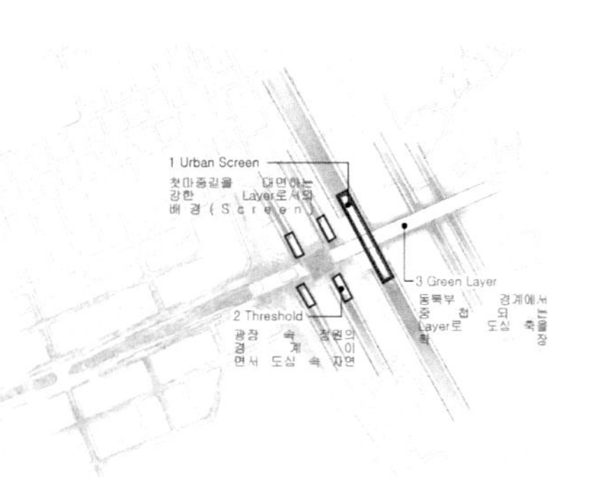

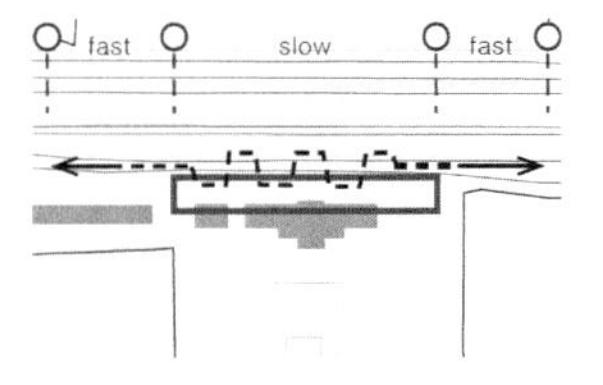

Relationship with Railway

철도선과 여러 관계를 맺게 되는 영역인 기존 전주역 후면부는 그 기능성과 상징성에서 가장 중요한 영역이다.

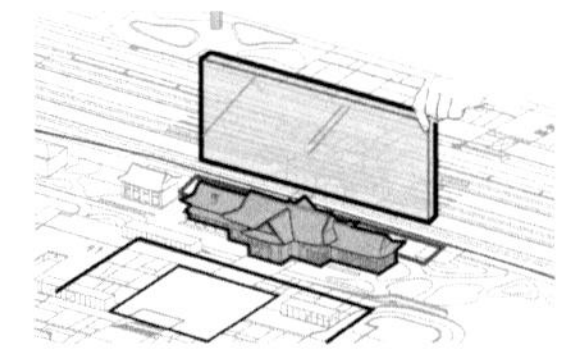

Screen of Heritage

첫마중길을 대면하는 스크린 계획은 구역사의 배경이 되며 커다란 Urban Layer로서 단절된 도시를 연결한다.

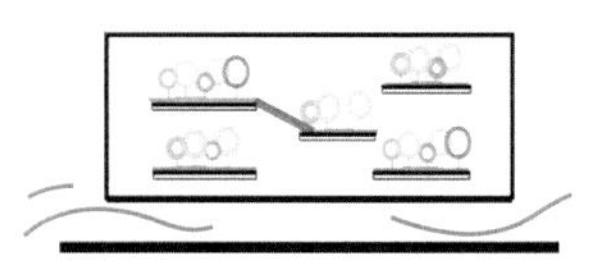

Contemporary Botanic Station

역사의 새로운 역할에 대한 Prototype 제안으로 공중 숲과 실내 정원 계획으로 생명력있는 도심 속 쉼터가 된다.

03 배치대안검토

	Option 01		Option 02		Option 03	
배치형태	사잇공간 / P / 광장 / P		광장 / 선상(線上) / P / 광장		광장 / 지하 / P	
대지 이용	기존역사와 철로 사잇공간의 효율적 이용	○	선상역사를 통해 철로에 의한 공간단절 완화	○	지하통합개발로 부지전체의 공원화	○
상징성	기존역사의 배경으로서의 상징성, 조화로움	○	전면광장에서의 측면대응이나 철로진입 시 경관이 우수	△	지하화로 지상의 상징적 의장성 저하	△
주차진입 동선	공공동선과 사적동선의 분리	△	주차장과 신설 역사와의 통합형 제안	○	대규모 지하공간으로 주차 및 동선 통합개발	○
시공성	기존철도역사 기능을 유지하며 개발가능	○	선상역사로 시공 시 일부구간 철도운행 제한, 시공성 불리	×	대규모 지하 토공사로 공사비 증대	△
외부공간 계획	첫 마중길과 연계되는 전면광장 계획	○	철로 양쪽 통합개발이 용이함	○	지상층이 최소화되는 전체 공원계획	○

04 배치계획

기존의 단순히 여행객들의 통로로만 쓰였던 구역사를 전주 시민들을 위한 공공의 공간으로 변화하고자 한다. 근본적으로 단절된 도시조직을 회복하기 위해 구역사와 플랫폼 사이에 신역사를 배치하여 입체적인 도시의 레이어를 형성하도록 하고 자연이라는 도시적 요소를 삽입하여 역사 주변의 도시환경을 개선하고 사람들을 끌어들여 거리 문화를 활성화 시키고자 하였다.

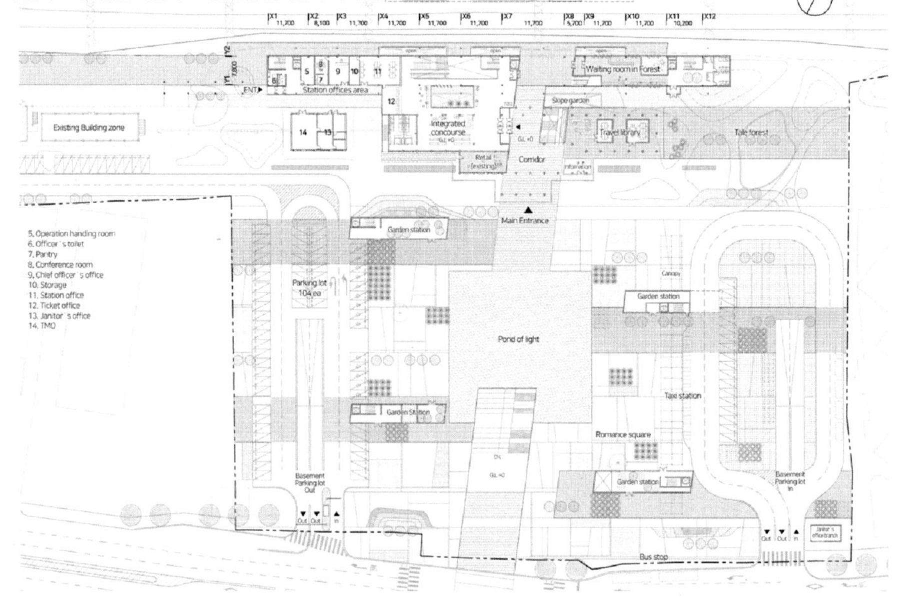

05 선정안 세부계획

Organization

Contemporary Botanic Station은 구역사에 있던 기능적인 프로그램 뿐 아니라 시민들이 머무르기 위한 문화적 프로그램들이 함께 어우러져 있다. 또한 이러한 다양한 프로그램들은 가든과 연계되어 자연이 건물의 일부가 되고, 내부와 외부의 경계를 무너뜨려 더욱 더 풍부한 풍경을 만들어 낸다. 모든 공간들은 서로 연계되는 각각의 정원들과 함께 이용된다.

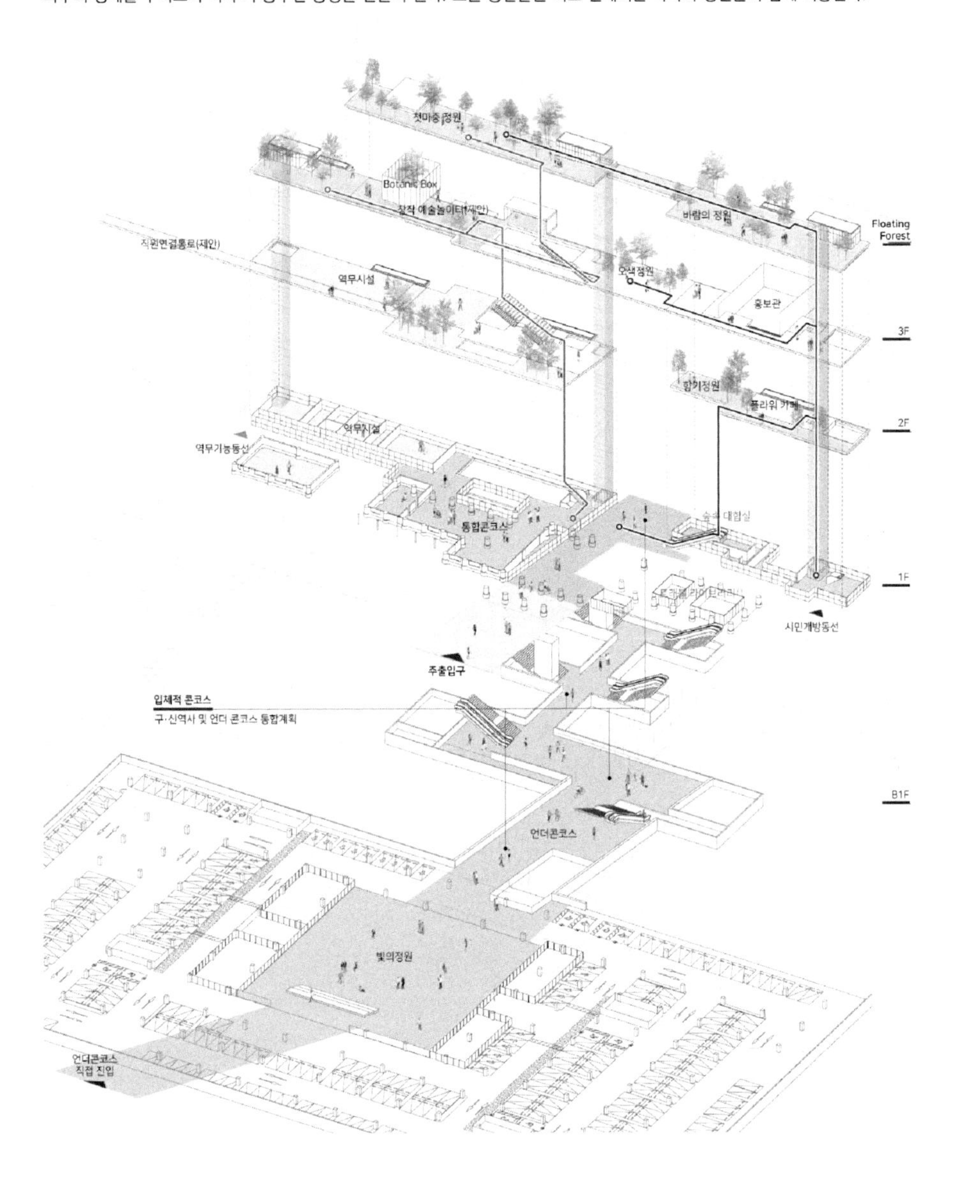

05 선정안 세부계획

Floating Garden Calendar

전주 식생도

다양한 빛깔로 빛나는 도시. 그것이 전주

고유의 전통을 간직하면서도 각 지역의 문화를 시간에 따라 흡수해온 전주는 Contemporary Botanic Station을 통해 그 빛깔을 새롭게 선보일 것이다. 긴 시간 동안 생성된 지역 고유의 생태는 그 지역의 빛깔을 담는 데 있어서 가장 중요한 요소가 된다. 새로운 전주 역사는 전주 고유 생태, 다양한 식생 및 사람들의 행태가 만나 일 년 내내 다채로운 모습으로 변화한다. 각 층에 위치한 플로팅 가든들은 각각의 프로그램과 연동될 수 있는 환경으로 조성되어 내부 공간과 분리된 외부공간이 아닌, 내부 공간의 확장으로 활성화될 것이다. 가든을 채우는 식재 또한 공간의 성격과 환경, 쓰임에 맞게 배치되며, 4계절의 시간 변화와 함께 전체적인 시퀀스를 이루며 새로운 풍경을 만든다. 이를 통해 Contemporary Botanic Station은 향후 발전과 더불어 확장될 이용객 수를 수용함과 동시에 풍경을 입면화하여 새로운 도시 역사의 패러다임이 된다.

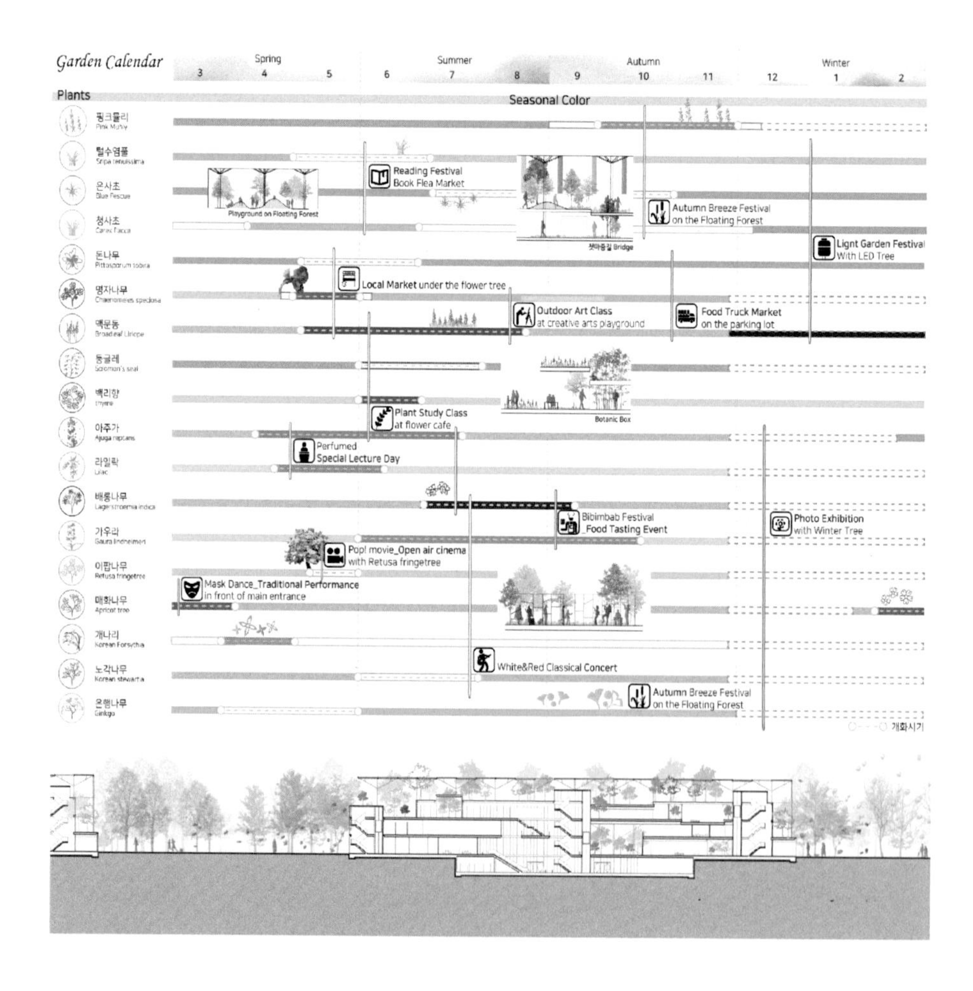

05 선정안 세부계획

실내·외 계획이미지

■ 프로젝트 07

▌인천소방학교 이전 신축공사 - ㈜다인그룹엔지니어링건축사사무소

01 개요

구분		건축개요	비 고
건물개요	대 지 위 치	인천광역시 강화군 양사면 인화리 산206-1번지 외 2필지	산182번지,산186-4번지
	대 지 면 적	29,964㎡	농림지역 22,921.60㎡ 계획관리지역 5,798.60㎡ 보존관리지역 1,243.80㎡
	지 역 지 구	공공청사(도시계획시설), 계획관리구역, 보존관리지역, 농림지역	
	연 면 적	14,995.63㎡	
	용적률산정 용 연 면 적	13,409.48㎡	농림지역 12,570.84㎡ 계획관리지역 838.64㎡
	건 축 면 적	4,903.78㎡	농림지역 4,535.47㎡ 계획관리지역 368.31㎡
	구 조	철근콘크리트조,철골철근콘크리트조	
	층 수	본관동 / 옥내훈련장 : 지하1층/지상4층	
		관사 및 생활관 : 지상7층	
		후생관 : 지상3층	
		소방종합훈련탑 : 지하1층/지상7층	
		관리시설 : 지하1층	
		수난구조훈련장/구급교육센터 : 지하1층/지상3층	
		경비실 : 지상1층	
	최 고 높 이	36.3m	
	건 폐 율	농림지역 : 19.79% 계획관리지역 : 6.35%	
	용 적 율	농림지역 : 54.84% 계획관리지역 : 14.46%	
주 차 개 요		136대	법정 50대 이상

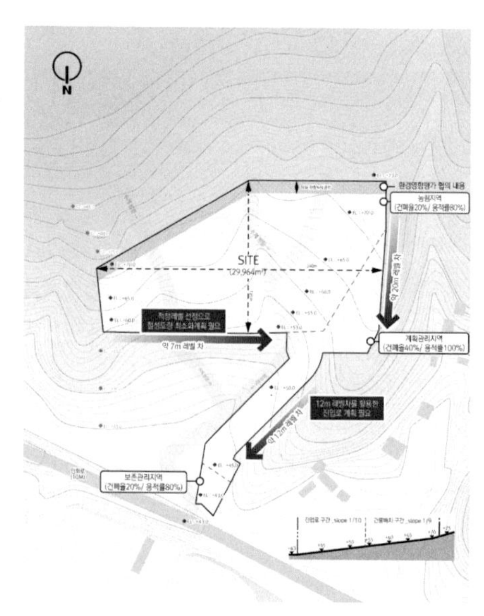

02 계획의 주안점

60레벨의 전문 훈련시설
RED ZONE
다양한 훈련 시뮬레이션이 이루어지는 레드존은 훈련장 통합계획 및 4면의 활용이
가능한 '소방종합훈련탑'의 중심배치로 훈련의 확장을 구현합니다.
관리시설
수난구조/ 구급훈련장
소방종합훈련탑
옥내훈련장
상황에 따른 옥외 훈련장영역 확장
PROFESSIONAL
TRAINING

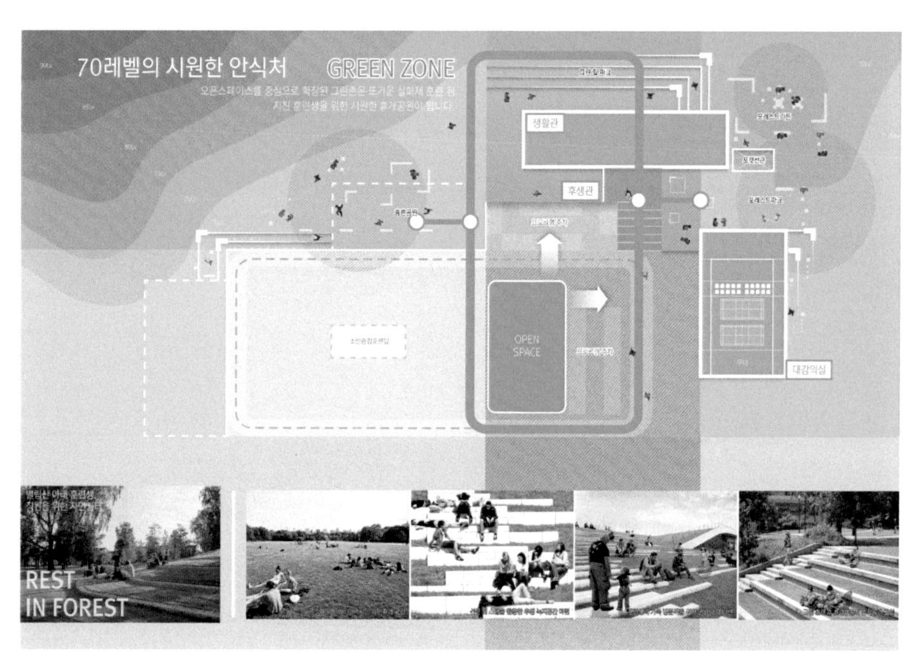
70레벨의 시원한 안식처
GREEN ZONE
생활관
후생관
OPEN
SPACE
대강의실
REST
IN FOREST

03 배치대안검토

구분	ALT-1(오픈스페이스 중심배치)		ALT-2(전면성 강조배치)		ALT-3(대지축 순응 배치)	
배치대안						
풍향	화재예방 훈련장 동측배치	O	풍향에 따른 화재위험	X	화재예방 훈련장 동측배치	O
소음	서측 훈련장 배치 제외	O	주거지측 소음영향	X	서측 훈련장 배치 제외	O
수계	수계고려 수처리시스템	O	기초 부동침하 우려	△	기초 부동침하 우려	△
토지이용	완경사 활용 옥외훈련장	O	급경사 활용 옥외훈련장	△	완경사 활용 옥외훈련장	O
기능성	대지전체 훈련장 사용가능	O	훈련장 확장한계	△	훈련장 가용성 취약	X
공간활용	자연을 받는 남측입체공원	O	자연을 받는 전면입체공간	O	후생관과 생활관 통합계획	O

04 배치선정 프로세스

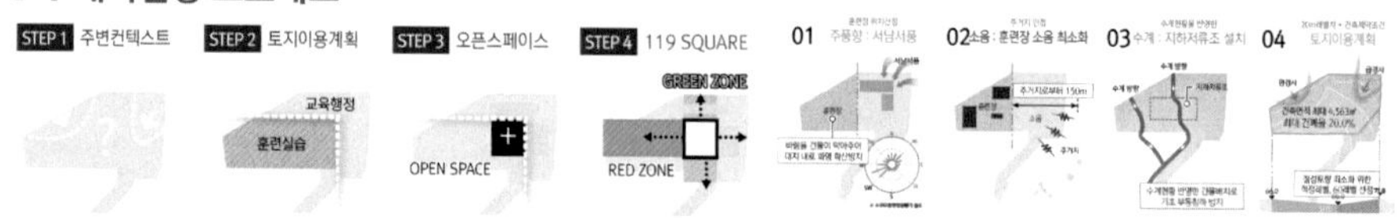

I 배치도

I 정면도

I 우측면도

05 배치계획
N
훈련실습
행정교육
대지경계선
완충녹지 (10M)
생활관
7F
충혼공원
후생관
3F
포레스트파크
EL : +70.0
프로그램 주차 (49대)
관리시설
1F
65m
EL : +60.0
화학구조 훈련장
소방차량조작훈련장
EL : +60.0
본관/옥내훈련장
4F
수난구조 훈련장 구급교육센터
3F
소방종합훈련탑
7F
운동장
EL : +58.0
프로그램 주차 (28대)
차량구조 훈련장
25m
화재진압장비 (송로방수) 조작훈련장
실화재 훈련장
프로그램 주차 (56대)
EL : +55.0
경비실
1차 방어
실화재공간 이격배치
2차 방어
도로계획 = 버퍼존
3차 방어
소화전 설치
주출입구
EL : +54.0
산불위험 없는 실화재 훈련공간
대지경계선
65m
버퍼존
25m
대지경계선
1차 방어 자연으로부터 실화재공간 이격배치
2차 방어 훈련장 주변 도로계획 = 버퍼존
3차 방어 산불확산방지용 소화전 (8EA)
훈련용 소화전 (지하승하강식) (6EA)
EL : +50.0
메모리얼 힐
훈련실습
행정교육
주거지
EL : +43.0
인화로(10M도로)
전체 마스터플랜

06 선정안 세부계획

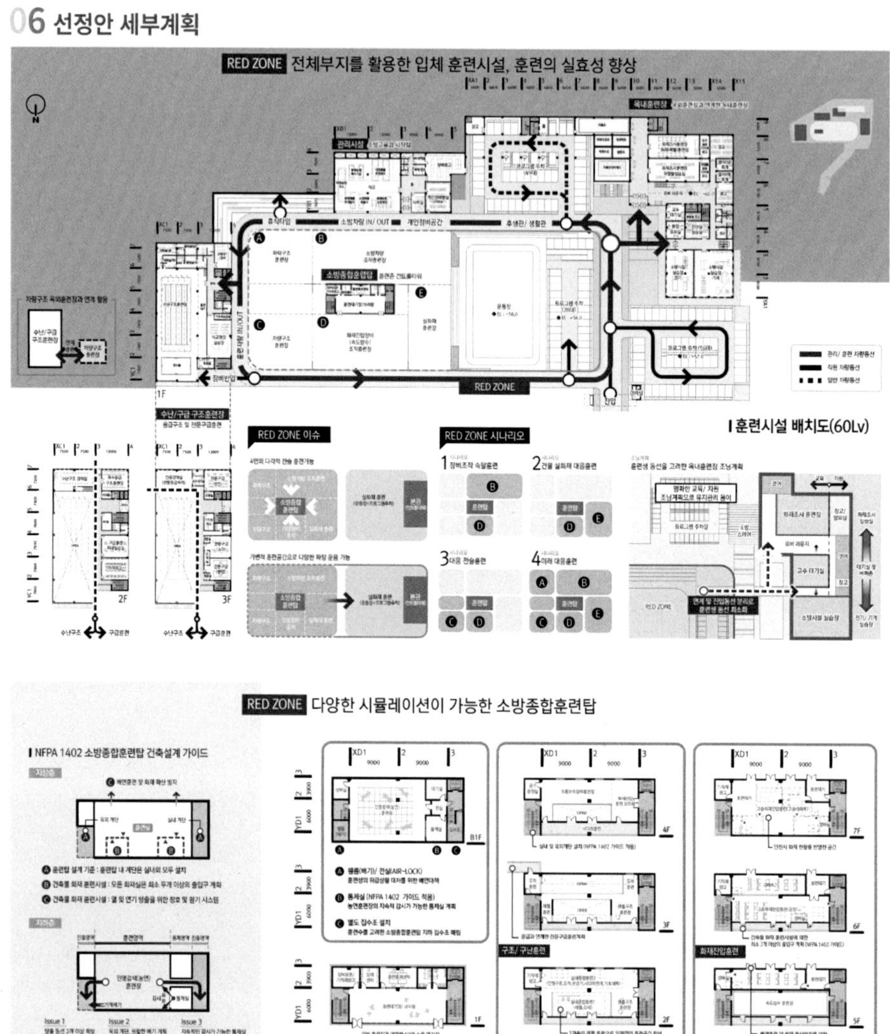
RED ZONE 전체부지를 활용한 입체 훈련시설, 훈련의 실효성 향상
관리시설
소방종합훈련탑
RED ZONE
RED ZONE 이슈
RED ZONE 시나리오
수난/구급 구조훈련장
I 훈련시설 배치도(60Lv)

RED ZONE 다양한 시뮬레이션이 가능한 소방종합훈련탑
I NFPA 1402 소방종합훈련탑 건축설계 가이드
구조/구난훈련
화재진압훈련
I 소방종합훈련탑 평면도
2020 인천시 건축물 화재 현황
I 소방종합훈련탑 종단면도
I 소방종합훈련탑 횡단면도

인천소방학교
119

■ 프로젝트 08

▌강릉의료원 - ㈜현신종합건축사사무소 + ㈜예송건축사사무소

01 개요

사 업 명	신재생에너지 32.34% 적용 (법정 32% 이상)
대지위치	강원도 강릉시 경강로2007 (남문동 164-1)
지역지구	도시지역, 제2종 일반주거지역
대지면적	14,271.41㎡ (도시계획도로선에 의한 제척 면적 142.59㎡ 반영)
건축면적	1,830.87㎡ (증축) / 5,051.16㎡ (전체)
건 폐 율	12.83 (증축) / 35.39% (전체)
연 면 적	13,261.32㎡ (증축) / 25,541.53㎡ (전체)
층 수	지하2층 ~ 지상8층
주차대수	212대 (기존116대 - 멸실109대 + 계획205대)
도로현황	신재생에너지 32.34% 적용 (법정 32% 이상)
조경면적	2,604.17㎡ (계획 18.25%)
공개공지	1,459.56㎡ (계획 10.23%)
주요마감	알루미늄복합패널, 알루미늄커튼월, 로이복층유리
설비개요	신재생에너지 32.34% 적용 (법정 32%이상)

기존시설 현황

창고(2층)
지상주차장(60대)
장례식장(1층)
매점
식당(4층)
본관동(3층)
사무(4층)
본관 증축동 (4층)
노인전문병원 (4층)
지상주차장(49대)

02 대상지분석

도시맥락과 자연환경이 어우러진 구도심의 중심지
강릉의료원은 오랫동안 성장과 변화를 추구하며 확장을 지속해왔다.
동해까지 흐르는 남대천이 남동쪽에 위치하고 있으며, 열린 자연경관을 향유할 수 있다.
강릉 구도심의 문화·역사 커뮤니티의 중심에 위치하며 지역 거점 병원으로 지역주민과 소통하는 역할을 기대할 수 있다. 솔향이 흐르는 도시 강릉의 역사·문화적 경관을 향유하며 시원하게 열린 남대천의 수변 경관을 공유하는 치유적 공간의 조성이 요구된다.

광역분석

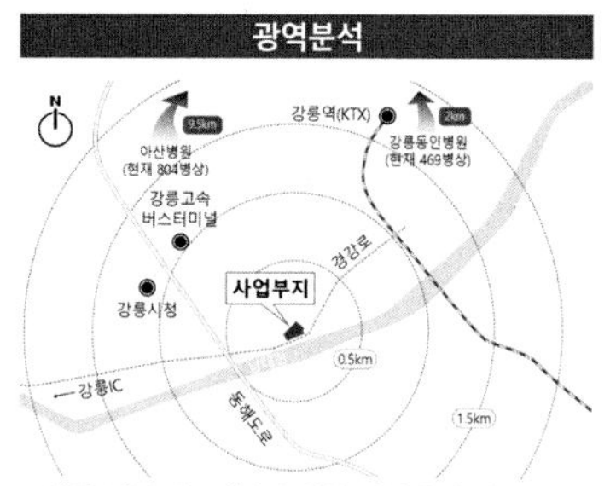

- 강릉 남부 진료권의 유일한 지역 공공 의료기관
- KTX, 버스터미널, 강릉IC에 인접한 교통의 요충지

강릉의료원 연혁

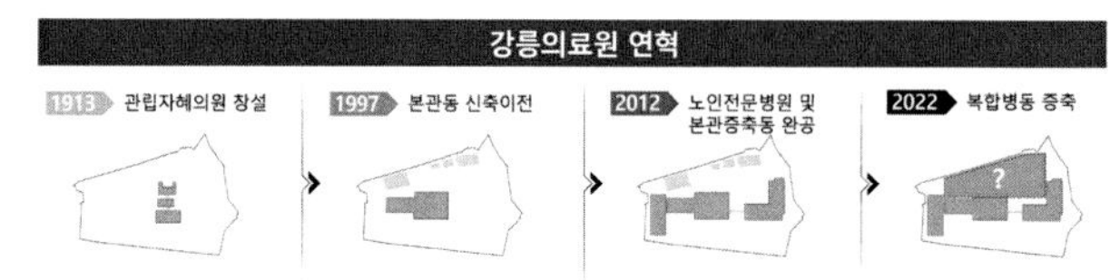

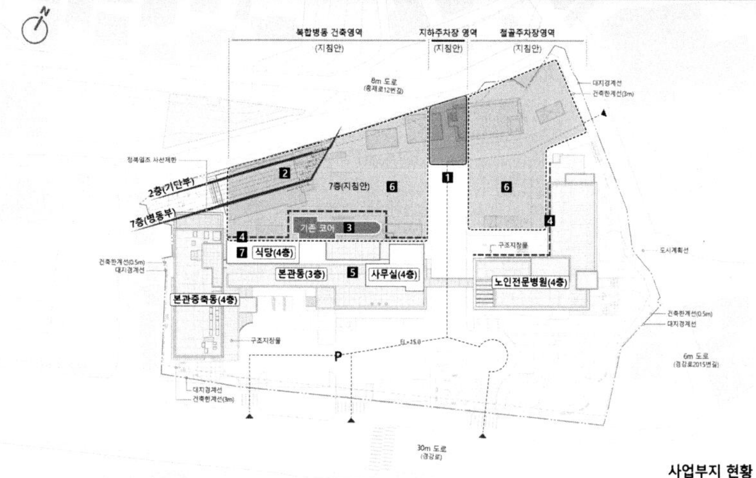

사업부지 현황

정북일조 사선제한으로 인한 건축가능영역의 제한

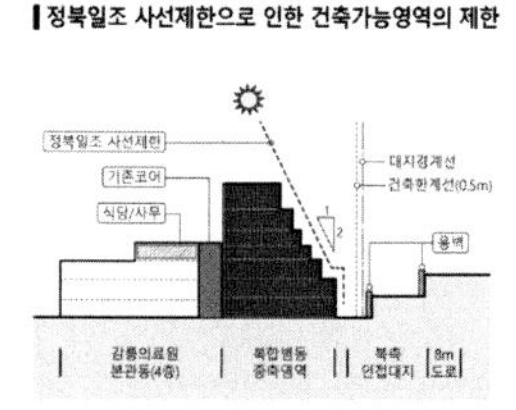

기존 코어로 인한 건축영역 협소함 가중

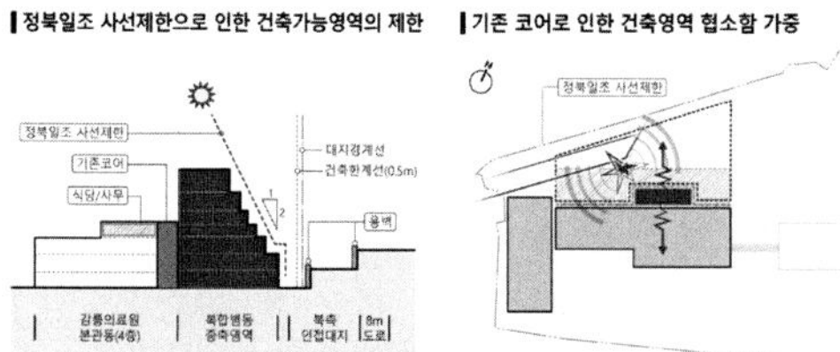

철골주차장의 노인전문병원 간섭

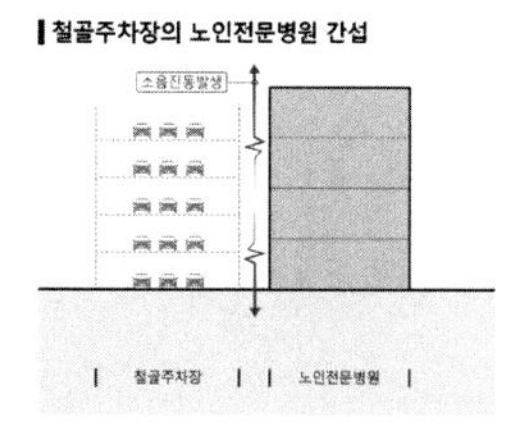

층고 차이에 의한 본관동 연계의 어려움

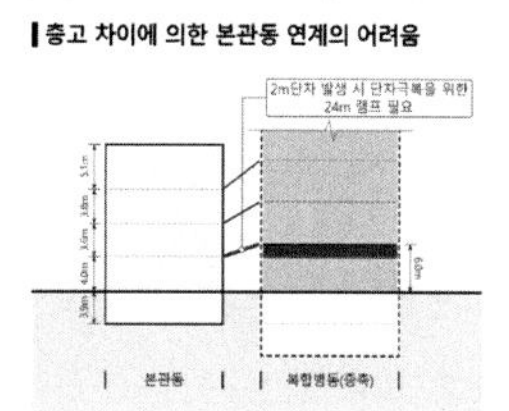

03 배치대안검토

구 분	전면 배치안		후면 배치안		선 정 안	
배치대안						
대지활용성	- 전면 공개공지 및 조경공간 확보 불리 - 추후 개발시 후면부 개발의 한계	X	- 전면 공개공지 및 조경공간 확보 유리 - 정북일조사선 영향으로 이격거리 필요	△	- 전면 공개공지 및 조경공간 확보 유리 - 대지에 순응하는 사선배치로 전, 후면 옥외공간 최대확보	O
병동환경	- 전면 배치에 따른 병동부 조망 및 채광확보 - 기존 병실과의 인접배치로 시각적 간섭 발생	△	- 균질한 병실환경 제공 불가 - 기존 병실과의 인접배치로 시각적 간섭 발생	X	- 균질한 병실환경 제공 가능 - 기존병실과 이격으로 조망 및 채광 확보	O
기존건물 연계성	- 주출입구 기능 상실 - 본관동의 조망 및 채광 차단으로 실내환경 저하	X	- 기존코어 철거로 인한 이용성 저하 - 인접배치로 인한 기존 구조물과의 간섭 발생	X	- 전면부 본관동 전용 코어 신설로 이용성 확보 - 이격배치를 통한 실내 조망 및 채광 확보	O
주차장	- 의료시설과의 동선연계 불리 - 효율적인 주차계획으로 증수감소	△	- 노인전문병원과의 시각적, 구조적 간섭발생 - 의료시설과의 동선연계로 이용성 확보	△	- 기존건물과의 간섭최소화 - 의료시설과 인접배치로 연계성 극대화	O
교통	- 전면 공간 부족에 따른 드롭오프 계획불가 - 효율적인 응급동선으로 신속한 환자이송가능	△	- 전면 옥외 공간 확보로 교통체계 극대화 - 보차분리를 통한 안전한 보행환경 확보	O	- 드롭오프 신설에 따른 원활한 교통흐름 확보 - 용도별 차량동선 분리에 따른 효율적 동선체계구축	O

04 배치계획

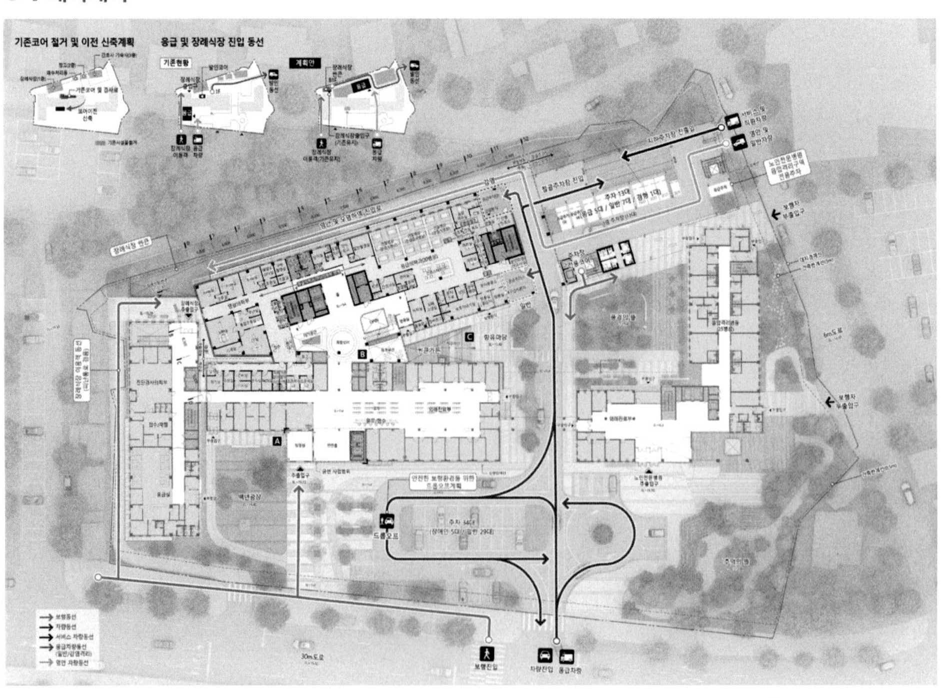

05 선정안 세부계획

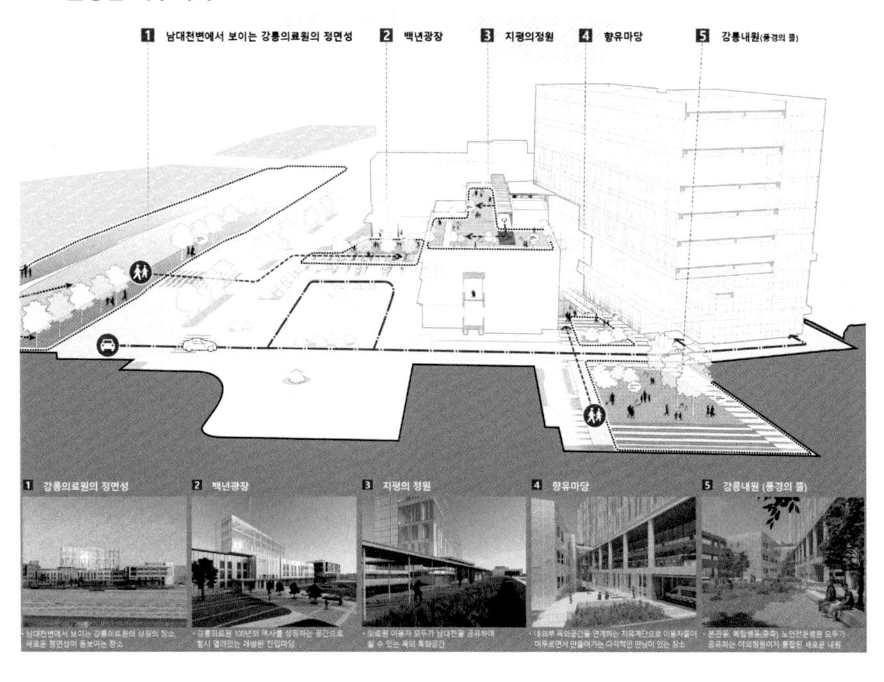
1 남대천변에서 보이는 강릉의료원의 정면성
2 백년광장
3 지평의정원
4 향유마당
5 강릉내원(풍경의 뜰)
1 강릉의료원의 정면성
2 백년광장
3 지평의 정원
4 향유마당
5 강릉내원 (풍경의 뜰)
· 남대천변에서 보이는 강릉의료원의 상징의 장소, 새로운 정면성이 돋보이는 장소
· 강릉의료원 100년의 역사를 상징하는 공간으로 항시 열려있는 개방된 진입마당
· 의료원 이용자 모두가 남대천을 공유하며 쉴 수 있는 옥외 특화공간
· 내외부 옥외공간을 연계하는 치유계단으로 이용자들이 머무르면서 만들어가는 다각적인 만남이 있는 장소
· 본관동, 복합병동(증축) 노인전문병원 모두가 공유하는 야외정원이자 통합된 새로운 내원

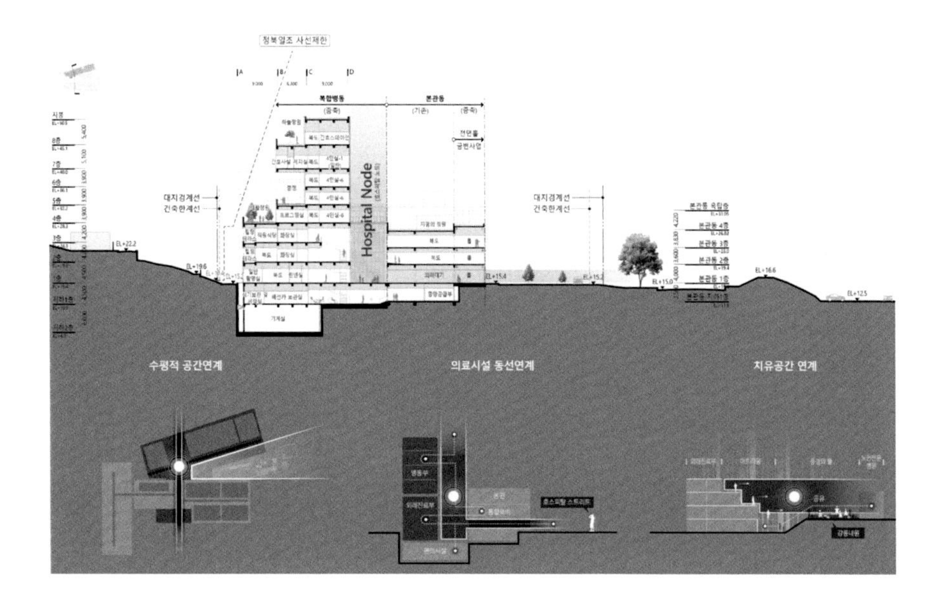
정북일조 사선제한
복합병동
(증축)
본관동
(기존)
(증축)
Hospital Node
대지경계선
건축한계선
EL+22.2
EL+19.6
EL+15.4
EL+15.2
EL+15.0
EL+16.6
EL+12.5
수평적 공간연계
의료시설 동선연계
치유공간 연계

배치도

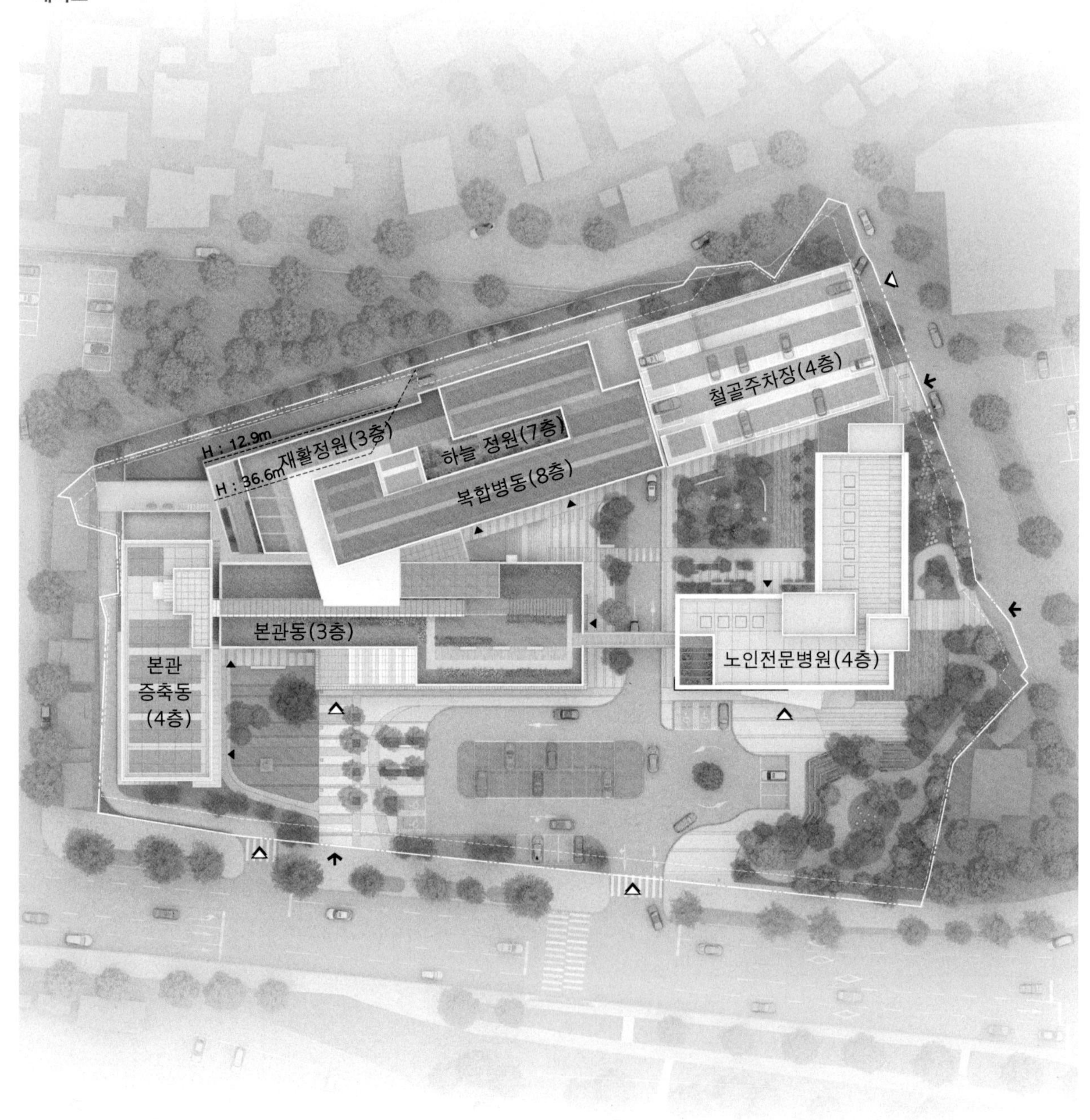
H : 12.9m
H : 36.6m
재활정원(3층)
하늘 정원(7층)
복합병동(8층)
철골주차장(4층)
본관동(3층)
본관
증축동
(4층)
노인전문병원(4층)

■ 프로젝트 09

▌의왕 시민회관 건립사업 - 에이앤유디자인그룹건축사사무소㈜ + ㈜종합건축사사무소한결

의왕시의 상징 나무인 **느티나무**는 마을을 지키는 **당산나무**, 휴식처를 주는 **정자나무** 등
마을 사람들과 상생하며 **이로움**을 주는 역할을 하였다. **우리는 느티나무를 모티브 삼아**
그 아래에서 휴식하며 문화와 자연을 향유하는 의왕시민들의 모습을 담고자 한다.

01 개요

공모개요

공모명	문화예술공연장을 갖춘 시민회관 건립사업
공모방식	일반현상설계공모
대지위치	경기도 의왕시 고천동 100-6번지 일원 (의왕고천공공주택지구 내 문화시설용지)
사업목적	시민의 문화향유를 위한 거점공간을 마련하고, 도시성장에 따른 문화환경 개선을 위한 시민회관 건립 추진
지역·지구	제2종일반주거지역, 문화시설
용도	문화 및 집회시설 (공연장)
대지면적	10,693㎡ / 연면적 9,091㎡ (연면적 ±5.00% 이내)
규모	층수 : 지상3층 지하1층 (층수 조정가능)
건폐율	60% 이하
용적률	200% 이하
주차대수	총 165대 (주차 수용 대수 / 지하 80대, 야외 85대)
설계용역비	전체 : 약 2,143백만원 (부가세 포함)

의왕시민회관 건립사업 건축 설계 현상공모

02 대상지분석

위치도 및 광역교통체계

1호선, 4호선 외에도 새로 구축되는 GTX-C(예정)등과 접하는 서울 근교 우수한 광역교통망

의왕시민회관 건립사업 건축 설계 현상공모

02 대상지분석

대지현황분석

향 및 조망 주위 산맥과의 연결성 및 주변 문화시설을 고려한 계획수립

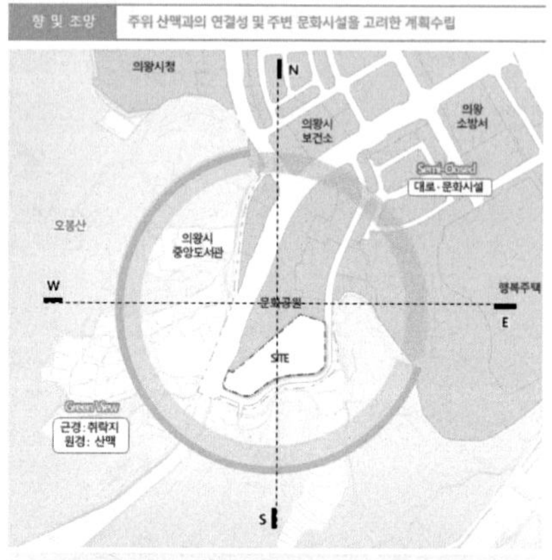

- ✓ 대상지 서측의 저층 취락지와 원경으로 **오봉산을 향해 열린 경관**
- ✓ 북측의 인접 **문화시설**과의 연속성을 고려한 조화로운 경관계획
- ✓ **대상지 주변 자연적 특성**을 저해하지 않는 계획

주변현황 주변 현황을 고려한 주출입구 및 배치 계획

- ✓ **주변 시설의 메인출입이 22M 도로쪽으로 배치되어 있는 현황**
- ✓ **오봉로에서 문화공원으로 이어지는 보행 동선**을 통해 사이트로 접근
- ✓ 보행의 기점인 오봉로를 메인도로로 설정하여 사이트와 연계

의왕시민회관 건립사업 건축 설계 현상공모

02 대상지분석

대지현황분석

교통 및 진입 도로와 문화시설을 고려한 동선 조성 및 문화공원과 지하주차장 연계

- ✓ 버스정류장에서 대상지로 연결되는 보행동선 고려
- ✓ **문화공원 지하주차장과 연계**되는 주차장 조성
- ✓ 10M 도로의 일방통행 에서의 차량 접근

주요주변환경 오봉로와 진입축이 만나는 접점 및 문화공원을 고려한 경계계획

- ✓ 대상지 북서측 **오봉로 및 취락지**를 고려한 주출입구 특화계획
- ✓ 문화시설, **문화공원**으로 연계되는 사용자를 고려한 보행환경 계획
- ✓ **대상지와 맞닿아 있는 문화공원**과의 연계성을 고려한 배치 필요

의왕시민회관 건립사업 건축 설계 현상공모

02 대상지분석

▌주안점 및 계획방향

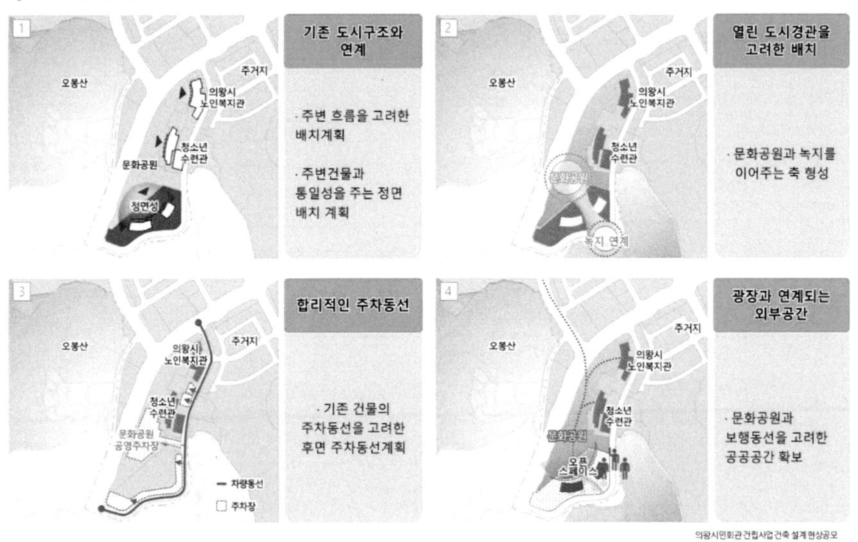

의왕시민회관건립사업 건축 설계 현상공모

03 배치대안검토

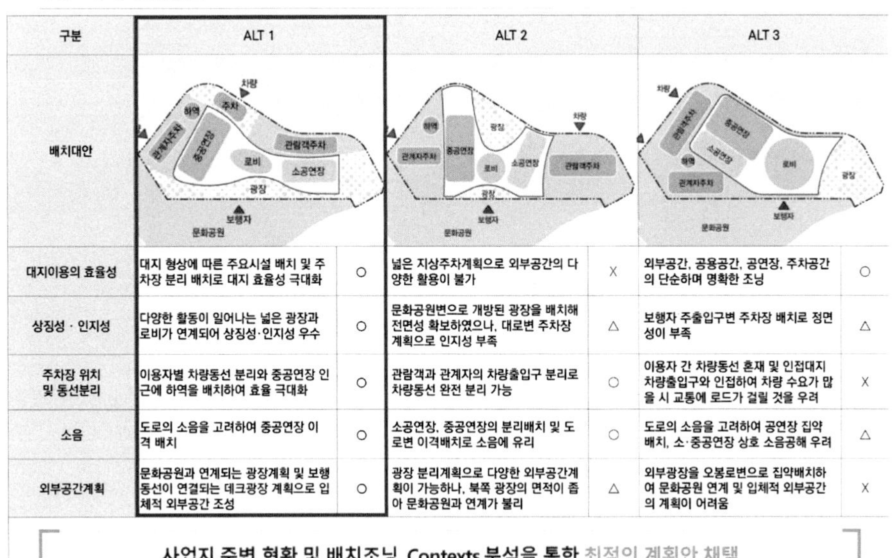

구분	ALT 1		ALT 2		ALT 3	
배치대안						
대지이용의 효율성	대지 형상에 따른 주요시설 배치 및 주차장 분리 배치로 대지 효율성 극대화	○	넓은 지상주차계획으로 외부공간의 다양한 활용이 불가	X	외부공간, 공용공간, 공연장, 주차공간의 단순하며 명확한 조닝	○
상징성 · 인지성	다양한 활동이 일어나는 넓은 광장과 로비가 연계되어 상징성·인지성 우수	○	문화공원변으로 개방된 광장을 배치해 전면성 확보하였으나, 대로변 주차장 계획으로 인지성 부족	△	보행자 주출입구변 주차장 배치로 정면성이 부족	△
주차장 위치 및 동선분리	이용자별 차량동선 분리와 중공연장 인근에 하역을 배치하여 효율 극대화	○	관람객과 관계자의 차량출입구 분리로 차량동선 완전 분리 가능	○	이용자 간 차량동선 혼재 및 인접대지 차량출입구와 인접하여 차량 수요가 많을 시 교통에 로드가 걸릴 것을 우려	X
소음	도로의 소음을 고려하여 중공연장 이격 배치	○	소공연장, 중공연장의 분리배치 및 도로변 이격배치로 소음에 유리	○	도로의 소음을 고려하여 공연장 집약 배치, 소·중공연장 상호 소음공해 우려	△
외부공간계획	문화공원과 연계되는 광장계획 및 보행동선이 연결되는 데크광장 계획으로 입체적 외부공간 조성	○	광장 분리계획으로 다양한 외부공간계획이 가능하나, 북쪽 광장의 면적이 좁아 문화공원과 연계가 불리	△	외부광장을 오봉로변으로 집약배치하여 문화공원 연계 및 입체적 외부공간의 계획이 어려움	X

[사업지 주변 현황 및 배치조닝, Contexts 분석을 통한 최적의 계획안 채택]

04 배치계획주안점

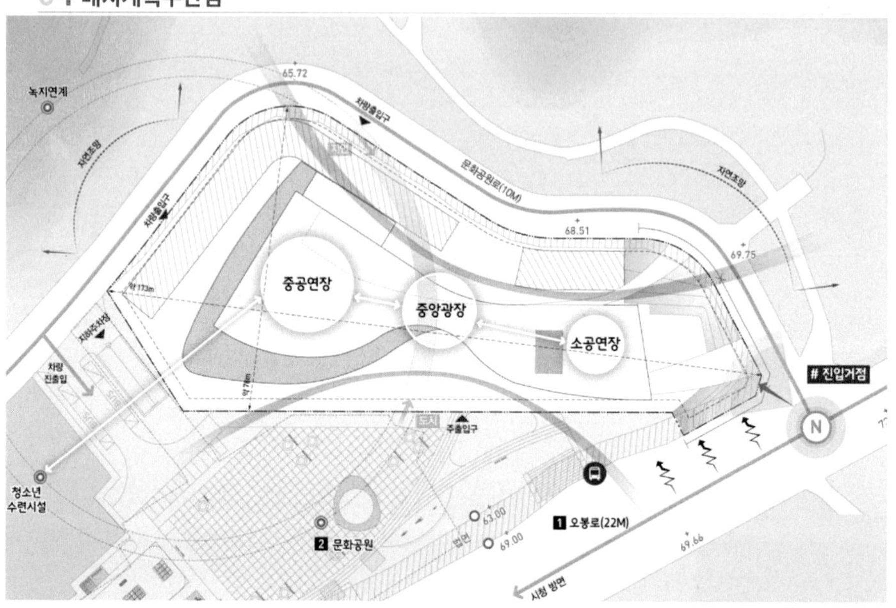
녹지연계
65.72
차량출입구
자연조망
문화공원로(10M)
자연조망
68.51
69.75
약173m
중공연장
중앙광장
소공연장
진입거점
지하주차장
차량
진출입
약79m
도시
주출입구
N
청소년
수련시설
2 문화공원
1 오봉로(22M)
63.00
69.00
법면
69.66
시청 방면

배치프로세스
도시와 자연을 연결하는 열린 배치계획
보행자/차량, 관람객/관계자의 명확한 동선분리

05 외부동선계획

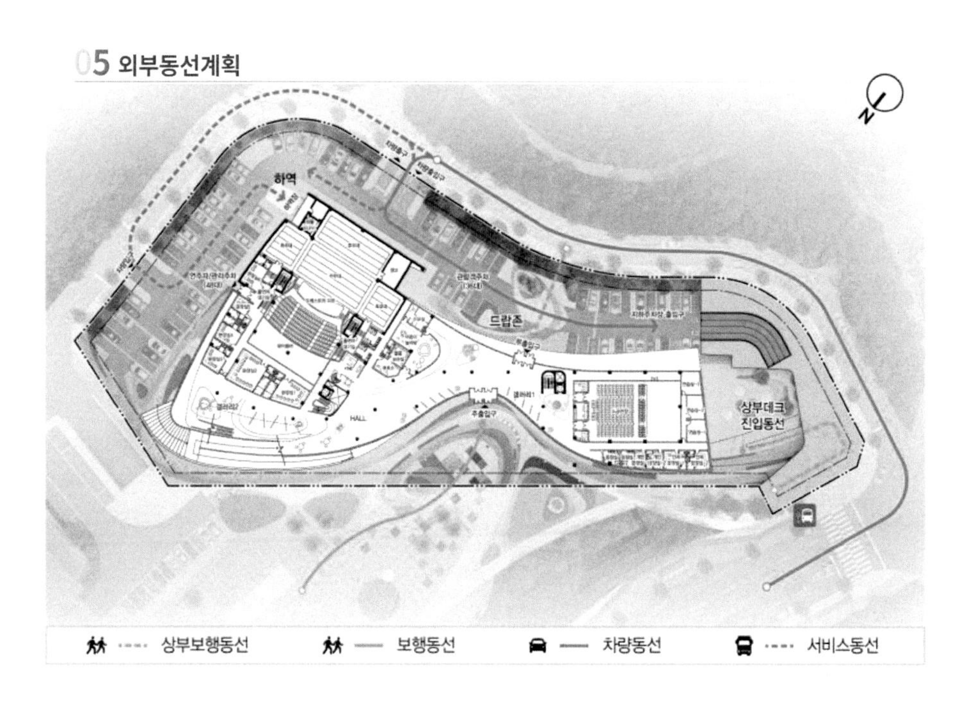

05 외부동선계획

공간별 이용자 및 시간을 고려한 동선계획

- 공간별 성격을 고려한 접근 및 분리되는 내부동선계획

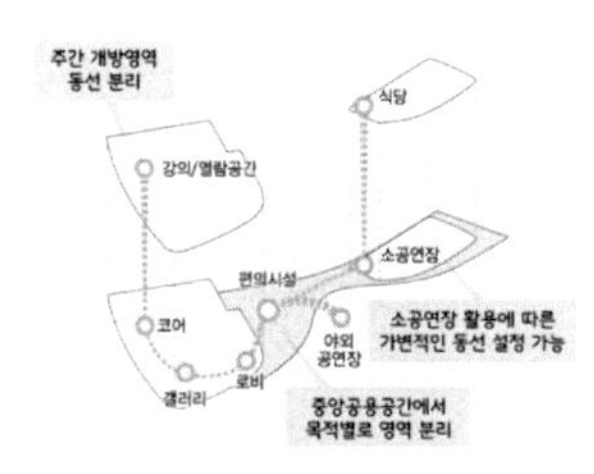

신속하고 간결한 피난동선계획

- 피난동선 50m이하 계획으로 비상시 빠른 대처
- 수직동선의 분산배치를 통한 빠른 피난동선 계획

※ 직통계단에 이르는 보행거리 50m 이하가 되도록 설치

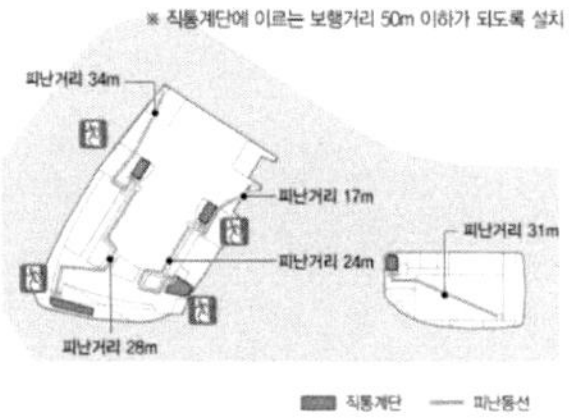

내외부를 오가는 입체적 단면조닝

- 내외부공간이 다양한 관계를 맺는 입체적인 단면계획으로 방문객들에게 다채로운 경험을 제공

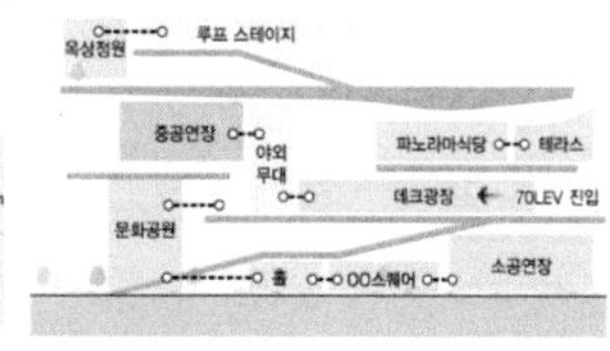

중공연장, 소공연장 하역계획

- 통합 하역계획으로 하역공간 활용성 증대
- 편리한 하역 최단동선 계획

비상차량 동선계획

- 신속한 화재진압을 고려한 순환형 소방 동선 계획
- 응급시 다방향으로 진입하여 빠른대처 가능

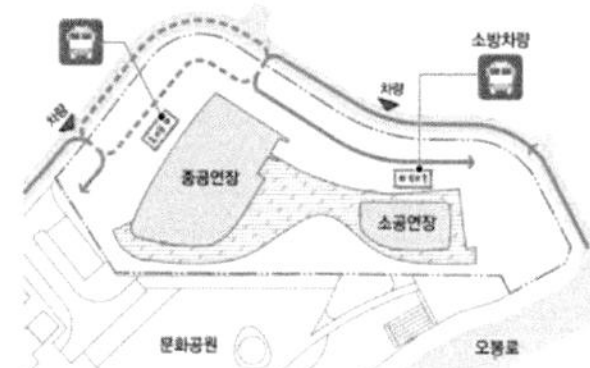

프로그램별 특성을 고려한 적정 층고 계획

- 용도별 적정층고를 계획하여 사용성 및 경제성을 극대화하고 기능에 맞는 합리적인 천정고 확보

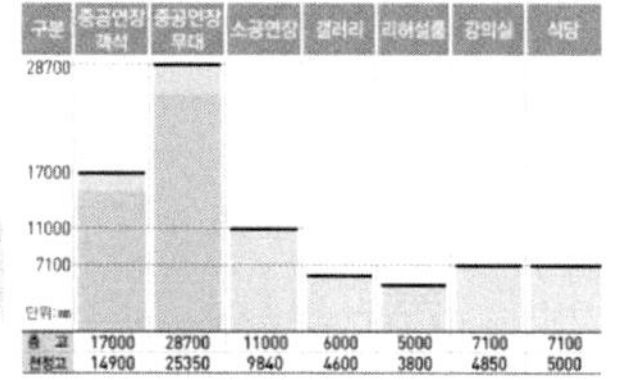

구분	중공연장 객석	중공연장 무대	소공연장	갤러리	리허설룸	강의실	식당
층고	17000	28700	11000	6000	5000	7100	7100
천정고	14900	25350	9840	4600	3800	4850	5000

단위: mm

■ 프로젝트 10

▌성남역사박물관 - 에스큐빅 디자인 랩 + ㈜건축사사무소 오

01 개요

사업목적

◎ 성남 제1공단이라는 부지의 역사성과 상징성을 갖춘 성남역사박물관은 성남의 역동적인 도시 건설 과정과 전통적인 인문지리, 역사문화를 담은 박물관으로써 기능을 효율적으로 수행하고 공원 경관과 조화를 이루는 시민들의 공간이어야 한다.

◎ 소장유물의 보존 및 전시 조건, 교육동과의 연계 방안, 시민 참여 활동, 공원 경관 등을 고려한 건축물로써 박물관의 공공적 가치를 구현하여 성남시민 삶의 질을 향상시킬 수 있는 건축물 설계를 공모하고자 한다.

사업개요

구분		내 역	비고
전시동 개요	사 업 명	성남역사박물관 전시동 건축 설계 공모	
	대지위치	경기도 성남시 수성구 희망로 475일원	
	지역지구	도시지역, 근린공원, 도시계획시설(공원용지)	
	대지면적	공원 면적 : 46,614.5㎡, 전시동 면적 : 3,400㎡	
	시설면적	1,400㎡ 이내(지하는 자유롭게 계획)	
	연 면 적	5,600㎡(±5%범위 내에서 조정 가능)	
	건 폐 율	2.62 % (법정: 15%이하)	
	용 적 률	11.60 % (법정:100%이하)	
	층 수	지하2층, 지상2층이내를 권장 (법정 층수에 맞게)	
	주차대수	현재 조성된 지하주차장 활용을 통한 법정주차대수 확보, 별도 하역주차공간 조성 필요	
	용 도	문화 및 집회시설	

현장사진

02 대지현황

사이트맵 **사이트 경사도**

위치도

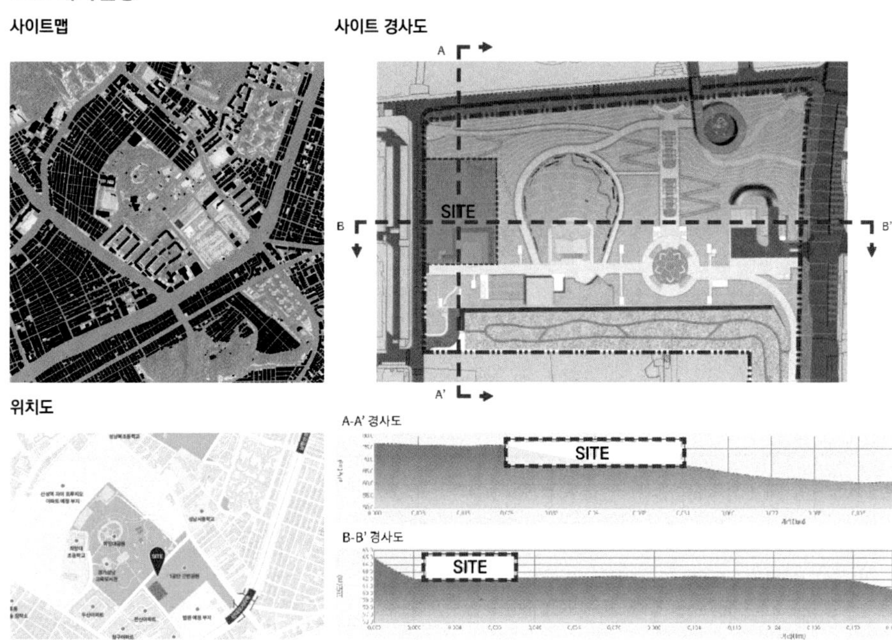

03 배치대안검토

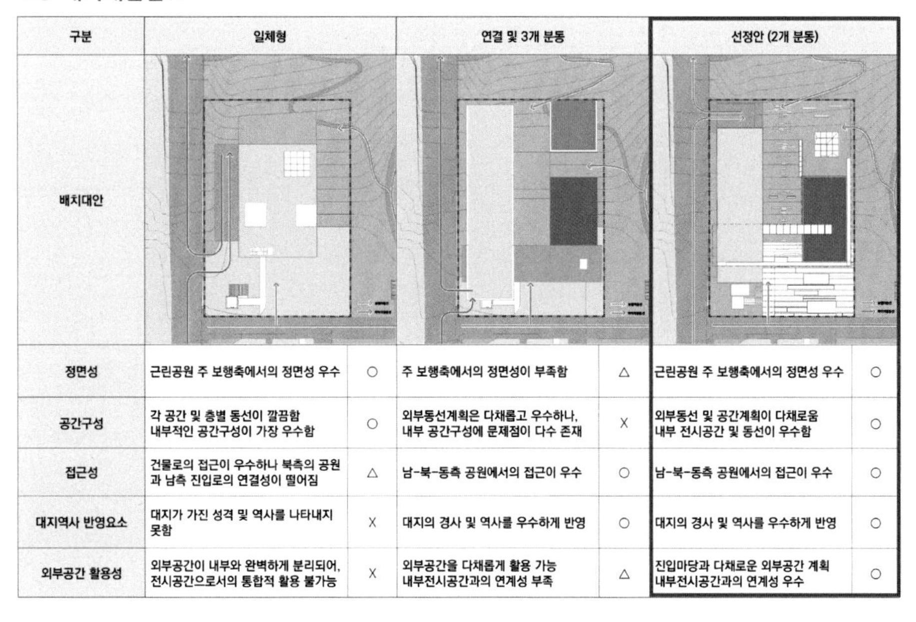

구분	일체형		연결 및 3개 분동		선정안 (2개 분동)	
배치대안						
정면성	근린공원 주 보행축에서의 정면성 우수	○	주 보행축에서의 정면성이 부족함	△	근린공원 주 보행축에서의 정면성 우수	○
공간구성	각 공간 및 층별 동선이 깔끔함 내부적인 공간구성이 가장 우수함	○	외부동선계획은 다채롭고 우수하나, 내부 공간구성에 문제점이 다수 존재	X	외부동선 및 공간계획이 다채로움 내부 전시공간 및 동선이 우수함	○
접근성	건물로의 접근이 우수하나 북측의 공원과 남측 진입로의 연결성이 떨어짐	△	남-북-동측 공원에서의 접근이 우수	○	남-북-동측 공원에서의 접근이 우수	○
대지역사 반영요소	대지가 가진 성격 및 역사를 나타내지 못함	X	대지의 경사 및 역사를 우수하게 반영	○	대지의 경사 및 역사를 우수하게 반영	○
외부공간 활용성	외부공간이 내부와 완벽하게 분리되어, 전시공간으로서의 통합적 활용 불가능	X	외부공간을 다채롭게 활용 가능 내부전시공간과의 연계성 부족	△	진입마당과 다채로운 외부공간 계획 내부전시공간과의 연계성 우수	○

04 배치대안 세부계획 - ALT 1

ALT 1_일체형
엑소노 뷰

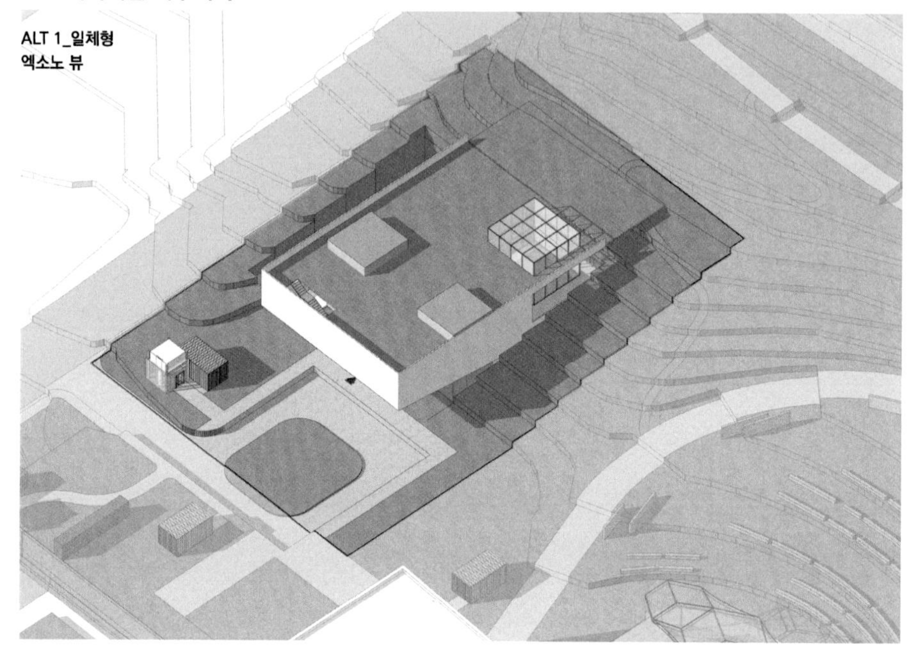

ALT 1_일체형
후면 조감 뷰

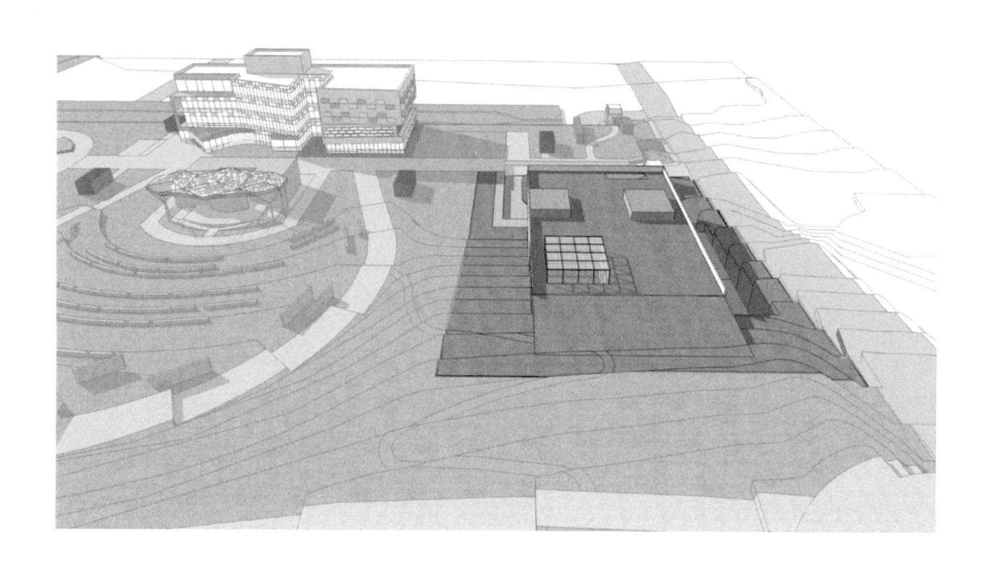

04 배치대안 세부계획 - ALT 2

ALT 2_연결 및 3개 분동
엑소노 뷰

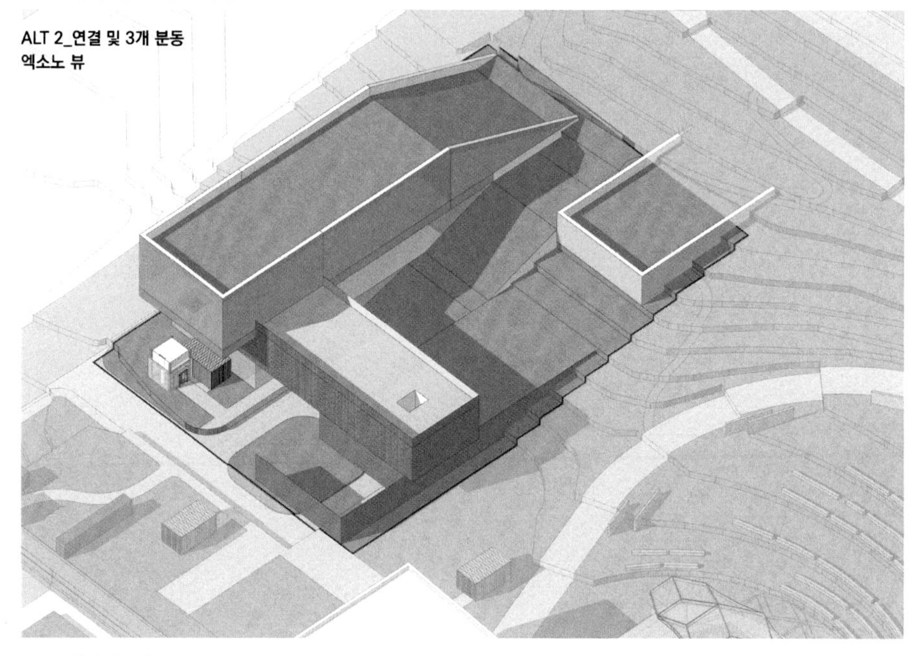

ALT 2_연결 및 3개 분동
후면 조감 뷰

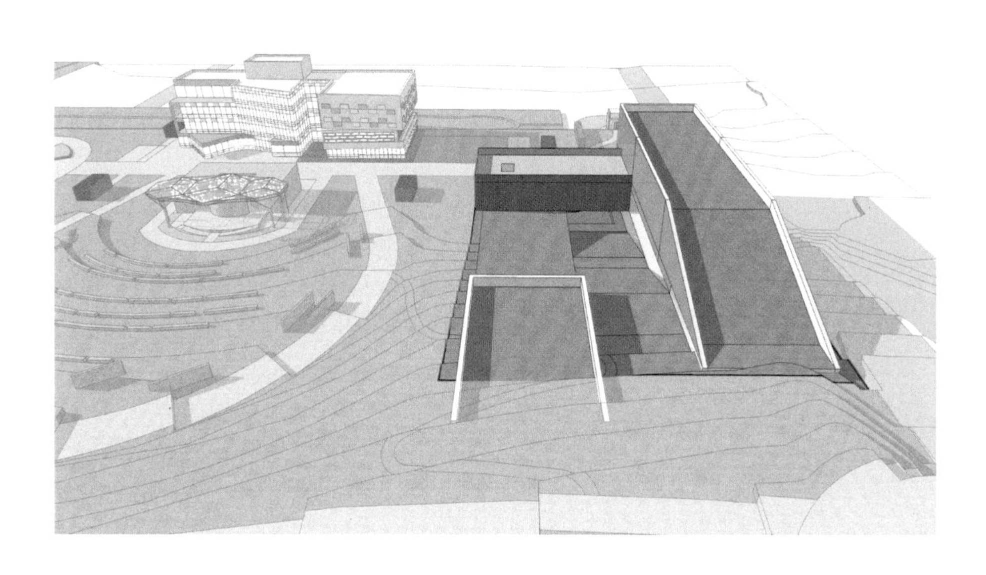

04 배치대안 세부계획 - ALT 3(선정안)

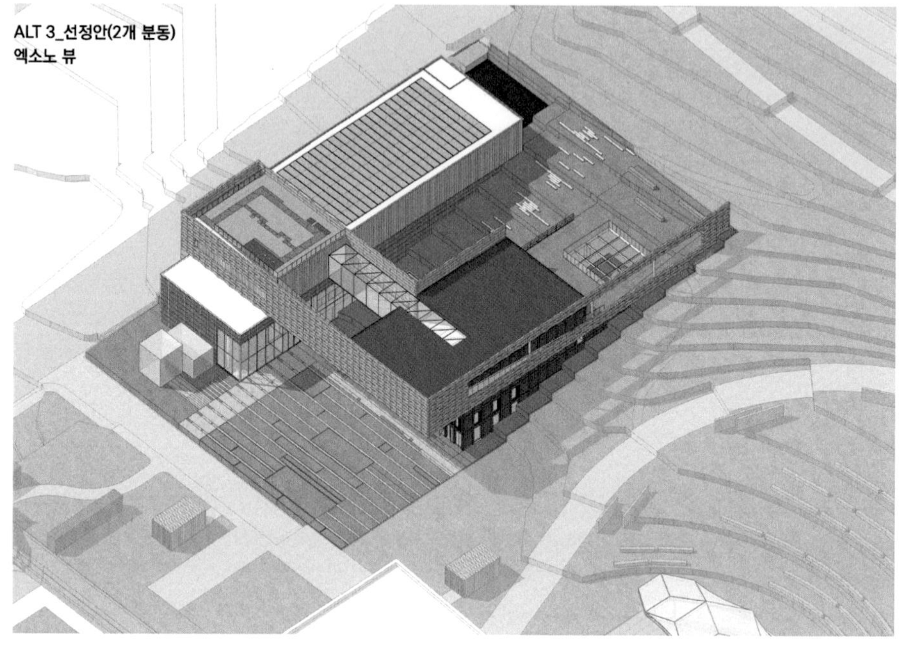

ALT 3_선정안(2개 분동)
엑소노 뷰

ALT 3_선정안(2개 분동)
후면 조감 뷰

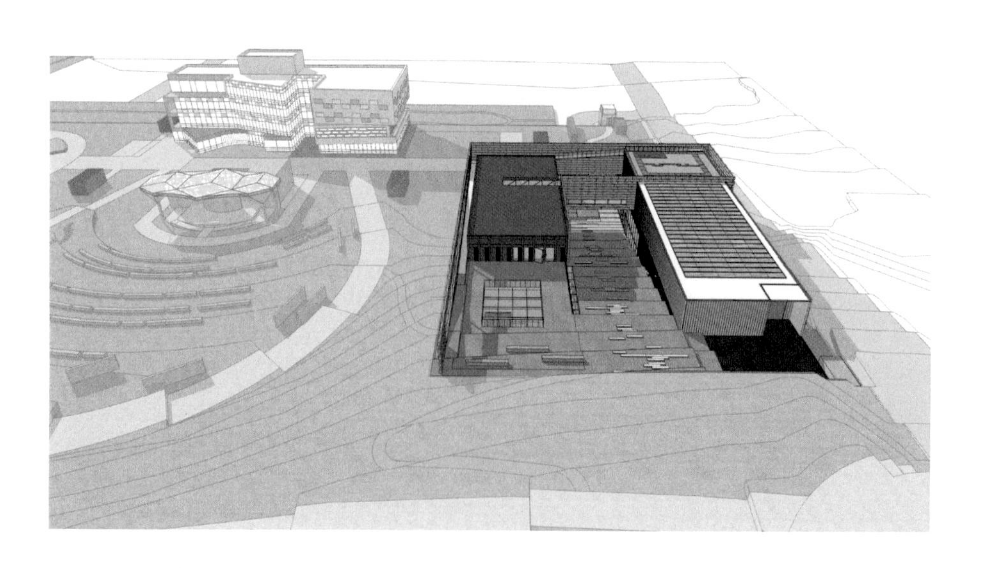

05 디자인 컨셉 #1

도시적, 역사적 맥락을 고려한 계획

성남 구도심과 신도시의 역사가 만나 어우러진다.
성남의 근간이 되는 남한산성을 상징하는 프레임과 함께 역사를 환유하면서 채워나갈 미래를 상징한다.

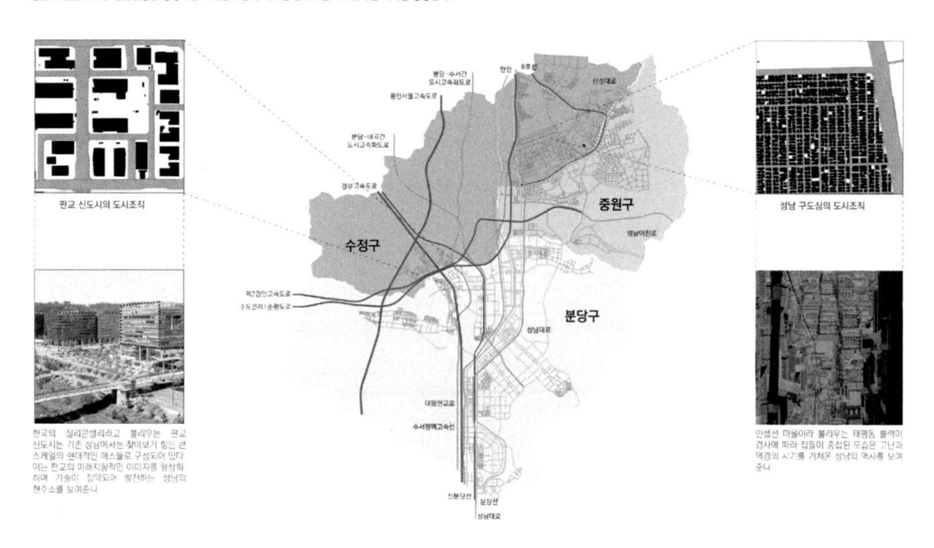

한국의 실리콘밸리라고 불리우는 판교 신도시는 기존 성남에서는 찾아보기 힘든 큰 스케일의 현대적인 매스들로 구성되어 있다. 이는 판교의 미래지향적인 이미지를 형상화하며 기술이 집약되어 발전하는 성남의 현주소를 보여준다.

인셉션 마을이라 불리우는 태평동 블럭이 경사에 따라 집들이 중첩된 모습은 고난과 역경의 시기를 거쳐온 성남의 역사를 보여준다.

05 디자인 컨셉 #2

역사성에 따른 도시 패러다임의 전환과 공공성의 회복

대지가 가지고 있던 잊혀진 장소성을 회복하면서 시민 중심 공간으로 재탄생한다.

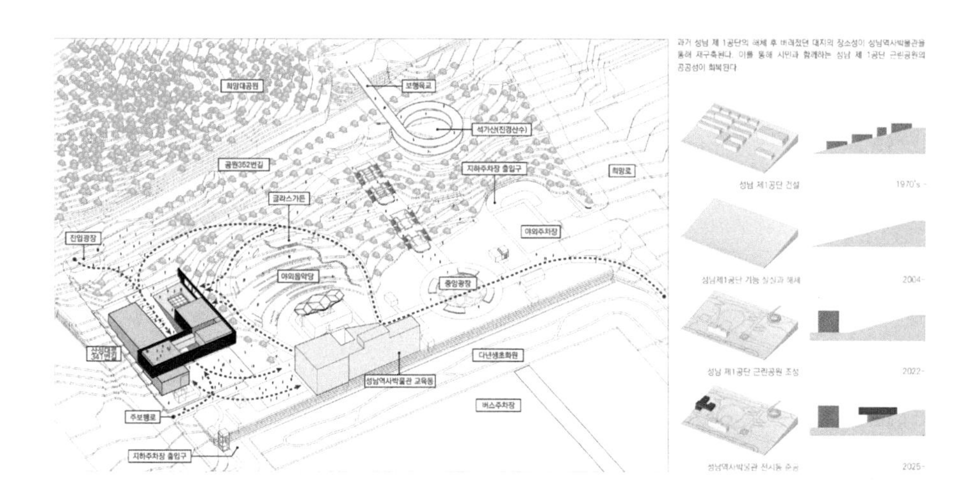

과거 성남 제 1공단의 해체 후 버려졌던 대지의 장소성이 성남역사박물관을 통해 재구축된다. 이를 통해 시민과 함께하는 성남 제 1공단 근린공원의 공공성이 회복된다.

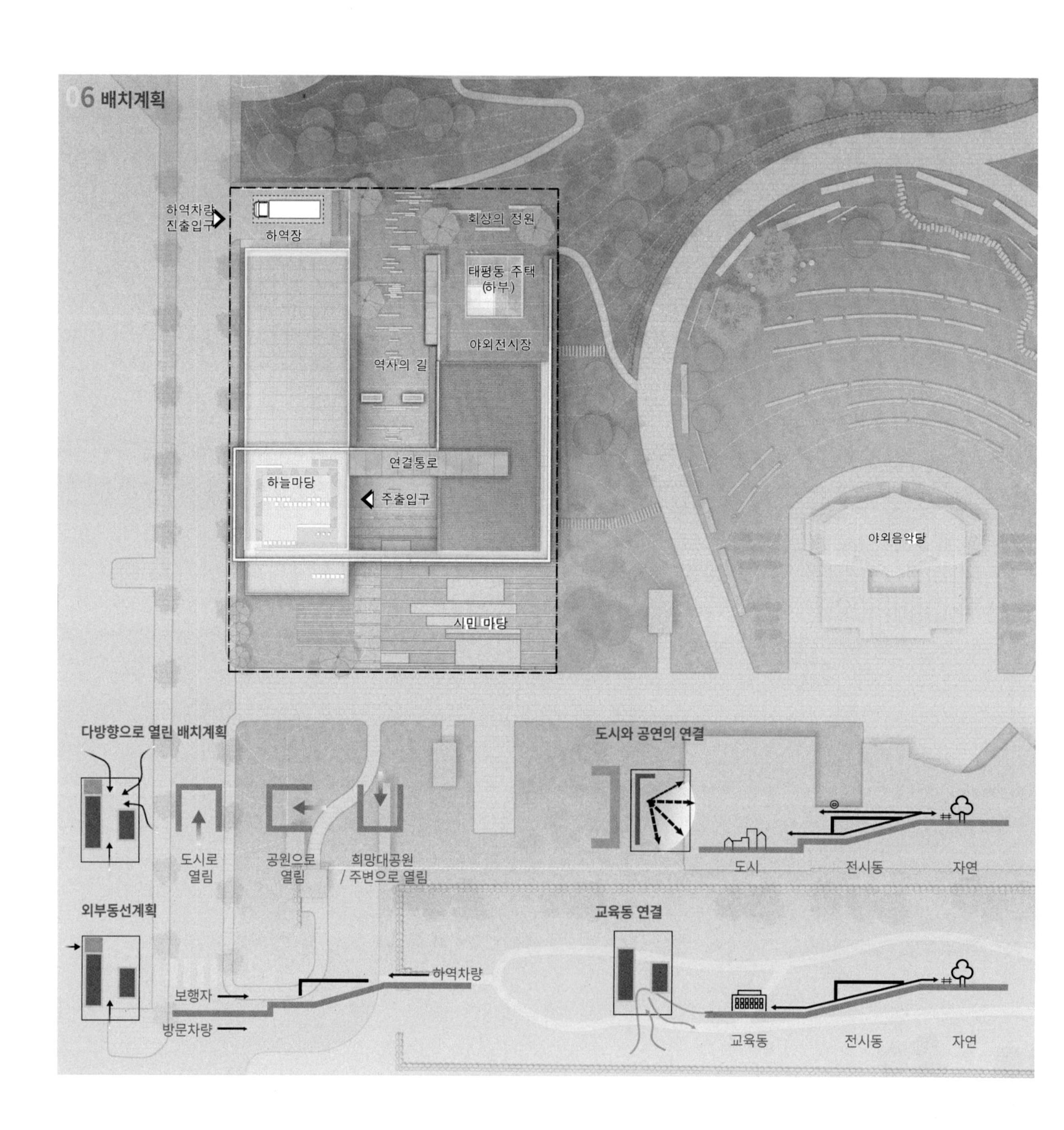
06 배치계획
하역차량 진출입구
하역장
회상의 정원
태평동 주택 (하부)
야외전시장
역사의 길
연결통로
하늘마당
주출입구
시민 마당
야외음악당
다방향으로 열린 배치계획
도시로 열림
공원으로 열림
희망대공원 / 주변으로 열림
도시와 공연의 연결
도시
전시동
자연
외부동선계획
하역차량
보행자
방문차량
교육동 연결
교육동
전시동
자연

■ 실제 프로젝트 2 - 준공된 프로젝트 Real Projects 2 - Completed Project

▌인왕산 숲 속 쉼터

건축개요

주소
서울특별시 종로구 청운동 산4-36

용도지역
도시지역, 자연녹지지역, 공원, 개발제한구역 등

용도
기존: 군보안시설(군초소) / 변경 후: 근린생활시설

건축면적
218.95㎡

연면적
236.82㎡

층수
지하1층(통신실), 지상1층

구조
목구조+일부 철근콘크리트조

외부마감
알미늄그레이팅, 규화목, 반강화 복층유리

내부마감
수프러스 집성목, 스프러스집성판, 원목마루, 타일, 자작합판

설계자
조남호 솔토지빈건축사사무소, 김은진+김상언(에스엔건축사사무소)

시공사
㈜수피아건축, ㈜이지건설

사진작가
김용순

| 서사적 풍경

연속적인 시간의 흐름 속에서 자연환경과 새로운 시설, 사람의 활동이 서로 대립 관계가 아니라 조화롭게 덧 씌워져 감으로서 총체적으로 드러나는 풍경이다.

• 인왕산, 서촌, 위항문학

서울의 정체성은 산과 한강이 이루는 특성에서 비롯된다. 인왕산은 수려한 모습과 사이사이 작은 계곡마다 오랜 거주지의 연결된 삶의 이야기가 담겨있다. 우리는 인왕산과 조선 시대 중인들의 거주지였던 서촌에 존재했던 위항문학에 주목했다. 지역을 거점으로 한다는 점에서 역사와 장소적 의미가 결합된 문화적 산물이다. 위항문학은 계급사회 산분의 속박 속에서도 지식인으로 성장한 중인들이 만들어낸 문화의 역설이다.

• 인왕산 숲속쉼터

1968년 1.21사태 이후 북악산과 인왕산에 30여개의 군초소가 들어서면서 오랫동안 시민들의 출입이 통제되었다. 점차 그 수를 줄여오다가 2018년 현 정부는 한양도성 성벽에 설치된 20개 경계초소 중 18개를 철거하고, 2개소는 훼철과 복원의 역사를 기록하기 위해 보존했다. 초병의 거주공간이었던 인왕3분초도 철근콘크리트조 필로티 위 상부구조물을 철거하고, 시민들을 위한 쉼터로 재구성됐다. 오랜 반목과 통제의 상징인 인왕산 숲속쉼터는 개방의 시대, 교류를 상징하게 되는 또 하나의 역설이다.

서울-인왕산, 오용길 그림

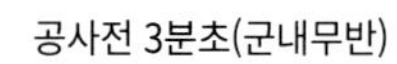

공사전 3분초(군내무반)

• **부지의 조건과 공사**

부지는 종로구 청운동에 속하며, 북쪽 성곽길과 남쪽 등산로 사이 계곡경사지에 입지한다. 기존 인왕3분초의 하부 철근콘크리트 피로티 구조물을 남겨두고 상부에 목구조 쉼터를 만들었다. 불리한 공사조건을 고려해 건식 목구조를 적용했고, 주요 자재는 헬기로 운송했다.

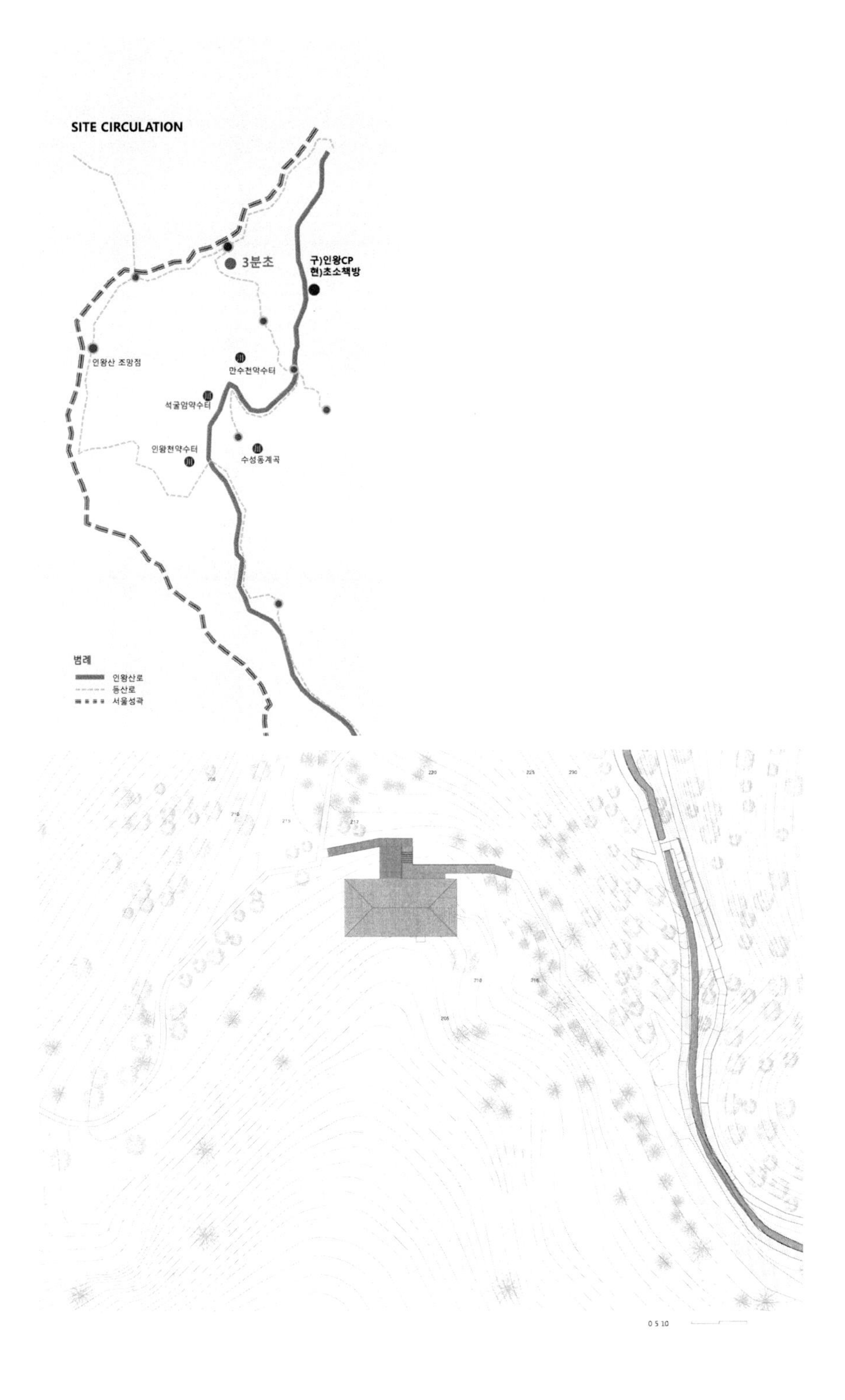
SITE CIRCULATION
3분초
구)인왕CP
현)초소책방
인왕산 조망점
만수천약수터
석굴암약수터
인왕천약수터
수성동계곡
범례
인왕산로
등산로
서울성곽
0 5 10

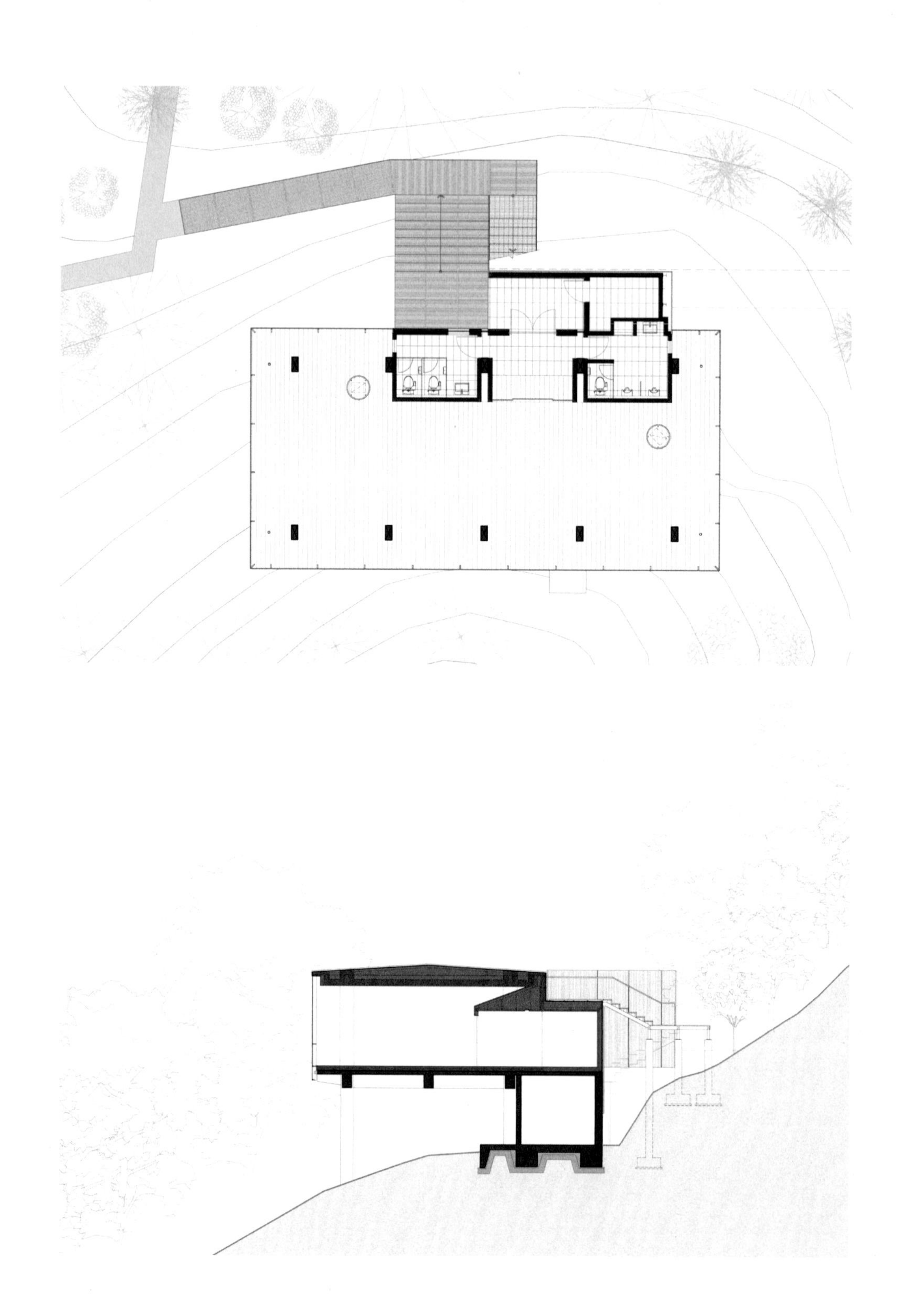

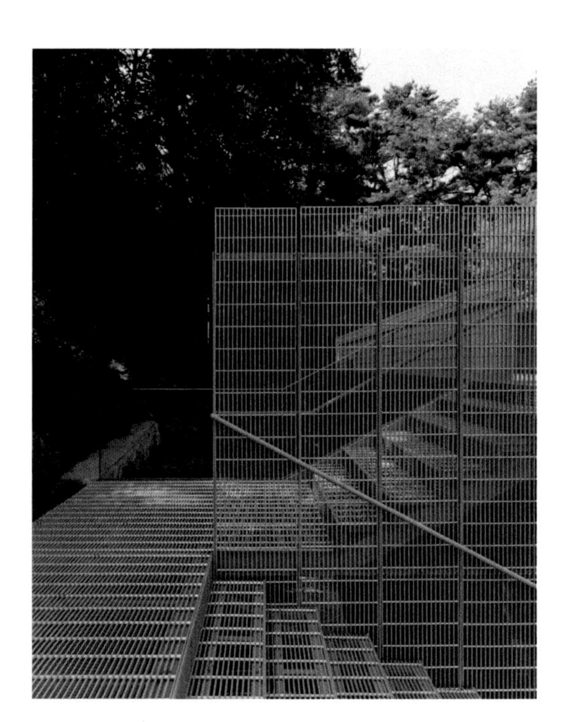

• 건축적 산책로

쉼터는 본래의 시설인 군 내무반 특성상 등산로로 부터 비껴나 숨겨진 계곡에 면해 있다. 성곽을 따라 이어지는 북쪽 등산로와 인왕산로에서 올라오는 남쪽 등산로가 쉼터 후면으로 반층 레벨차를 두고 연결되며, 이곳에서 반층 더 내려가면 쉼터의 진입로가 된다.

| 구축적 풍경

• 비결구적 결구

목조의 구법은 부재들을 입체적으로 조립하여 3차원의 구조물을 조립하는 방법이다. 다양한 크기의 선부재들은 위계에 따르는 맞춤과 조합을 통해 구조물을 이룬다. 인왕산숲속쉼터의 인상은 목구조의 전형적인 원리에서 벗어나 보인다.

철근콘크리트조 필로티 기둥 모듈의 ½간격으로 목재(glulam)기둥을 세우고, 그 사이에 지붕판(4,000 × 10,000 × 500mm)을 끼워넣는 형식이다. 거대한 크기의 지붕판이 목재 기둥 위에 얹히지 않고, 그 사이에 끼워짐으로써, 하중 전달을 위한 일반화된 논리에 순응하지 않는다.

기둥에 의해 비워진 틈의 간접조명은 분리된 효과를 강조한다. 두텁고 커다란 지붕판이 주는 '무거운' 인상은 구축방법의 차이에 의해 마치 떠 있는 듯한 '가벼운' 인상으로 변환된다. 구축적 역설을 물리적으로 보여준다.

| 문화적 풍경

이 시설은 인왕산을 즐겨 찾는 이들을 위한 작은 쉼터가 되고, 서촌의 다양한 문화활동 모임들이 시간과 공간을 공유하는 시설로 활용된다. 쉼터이자 작은 생태 테마관으로, 소규모 집회장으로 활용될 수 있다. 시간이 더해감에 따라 자연과 새로운 시설, 사람의 활동이 조화롭게 덧씌워져 가는 장소가 되길 기대한다.

땅... 태고적부터 존재해 왔고 사람과 관계를 가지며 대지라는 성격으로 변화해 왔다. 건축물이 대지에 도입되면 대지와 주변풍경에 시각적 공간적으로 관계하게 되는데 대지와 건축물은 하나가 되어 조화를 유지해야 한다. 양자의 조화는 경관적 아름다움을 이룰 핵심요소이며, 설계과정에서 중요한 목표가 되어야 한다.

사이트 디자인 수업을 시작할 때 항상 학생들에게 하는 말이 있다. 땅이 하는 말에 귀기울이라고.. 건축은 땅과의 관계에서 출발한다고... 그리고 나서 사람과 자연, 도시와의 관계를 아우르고 사회와 관계를 맺는다고. 관계맺기가 어디서나 중요한데 책을 쓰며 그 부분에 대해 많은 생각을 하게 되었다. 세상은 혼자 살 수 없고 항상 다른 사람들 입장에서 돌아봐야하고 등등...

사이트 디자인 교재를 쓰겠다고 결심한 건 2010년 교수 임용이 돼서 한국에 처음 돌아왔을 때 서점에 가서 관련 교재를 찾았는데, 내게 딱 맞는 책을 찾을 수 없었던 순간부터이다. 그 후 국내교재, 해외교재 5권을 합쳐 짜깁기한 강의노트를 나름대로 만들어 십년 넘게 강의를 해오면서 계속 교재 출판에 목말라 있었다.

이러한 나의 갈증을 해소하게 해주고, 교재를 완성할 수 있을까 반신반의하던 내게 힘이 되어준 고마운 분들이 있다. 지난 겨울 주말 사무실에 나오셔서 열심히 감수해 주시고 자료 제공까지 해주신 에이앤유건축의 강경호 부사장님을 비롯해서 바쁘신 가운데 실제 프로젝트 자료를 제공해주신 (주)건축사사무소아크바디, (주)해안종합건축사사무소, 에이앤유디자인그룹건축사사무소(주), (주)토문건축사사무소, (주)신한종합건축사사무소, (주)시아플랜건축사사무소, (주)다인그룹엔지니어링건축사사무소, (주)현신종합건축사사무소, (주)건축사사무소오, 그리고 교재를 완성할 수 있도록 꾸준히 도움을 주신 인하대 박지영 교수님, 이화여대 유다은 교수님, 건국대 김영석 교수님, 서원대 전원식 교수님, 고려대 오상헌교수님께 진심으로 감사드린다. 그리고 어설픈 원고를 꼼꼼하게 감수해 주셨던 연세대 이제선 교수님께 한편으론 죄송하다는 말씀과 함께 깊은 감사의 마음을 전한다.

무엇보다 지난 겨울부터 이 책이 완성되기까지 옆에서 한 땀 한 땀 도와주면서 든든하게 의지가 되어준 김지민, 김지환, 홍주성, 소재준, 김정혁, 이경헌 군, 그리고 무한한 열정과 똘기어린 생각으로 힘들지만 보람있게, 어나더(another)설계수업이라고 불리우는 사이트 디자인을 수강했던 홍익대학교 세종캠퍼스 건축공학부 졸업생과 재학생들에게 이 책을 바친다.

2022년 8월

정 재 희

참고문헌 REFERENCES

1 James A. LaGro Jr. Site Analysis: A Contextual Approach to Sustainable Land Planning and Site Design Second Edition, wiley & Sons, 2008

2 Jan Gehl, Cities for People, Island Press, 2010

3 John Ormsbee Simonds and Barry W. Starke. Landscape Architecture: A Manual of Enuironmental Planning and Design, McGraw-Hill, 2006

4 Kevin Lynch, The Image of City, The MIT Press, 1984

5 Kevin Lynch and Gary Hack, Site Planning, The MIT Press; 3rd edition, 1984

6 Lester Weertheimer and Thomas Wollan, Site Planning, Kaplan AEC Education, 2006

7 Matthew Carmona, Steve Tiesdell, Tim Heath, and Taner Oc. Public Places Urban Space : The Dimensions of Urban Design, Architectural Press, 2010

8 대한국토·도시계획학회, 단지계획, 보성각, 2020

9 김영환, 도시설계·단지계획: 도시계획 문제와 해설 시리즈4, 보성각, 2009

10 김철수, 단지계획, 기문당, 2011

11 이경회, 건축환경계획, 문운당, 2000

12 장성준, 건축설계를 위한 부지계획, 기문당, 2008

13 한국도시설계학회, 도시경관계획, 발언, 2009

14 한국도시설계학회, 지구단위계획의 이해, 기문당, 2020

15 국토교통부, 도로의 구조 시설 기준에 관한 규칙 해설, 2009

16 동신대학교 산학협력단, 정온한 도시환경 조성을 위한 소음지도 제작 기술개발, 2014

17 서울시, 하수 냄새지도 작성방안 연구, 2014

18 한국환경정책평가연구원, '국가 해수면 상승 사회·경제적 영향평가' 보고서, 2012

19 6-3 생활권 개발계획 및 실시계획, LH, 2017

20 6-3 생활권 지구단위계획, LH, 2017

21 5-2 생활권 지구단위계획, LH, 2020

주석 ANNOTATIONS

1 대한국토·도시계획학회, 단지계획, 보성각, 2020, p.112
2 김철수, 단지계획, 기문당, 2011
3 대한국토·도시계획학회, 단지계획, 보성각, 2020, pp.120-121
4 대한국토·도시계획학회, 단지계획, 보성각, 2020, pp.120-121
5 대한국토·도시계획학회, 단지계획, 보성각, 2020, pp.118-119
6 대한국토·도시계획학회, 단지계획, 보성각, 2020, p.125
7 대한국토·도시계획학회, 단지계획, 보성각, 2020, p.125
8 대한국토·도시계획학회, 단지계획, 보성각, 2020, p.127
9 대한국토·도시계획학회, 단지계획, 보성각, 2020, p.123
10 대한국토·도시계획학회, 단지계획, 보성각, 2020, p.113
11 대한국토·도시계획학회, 단지계획, 보성각, 2020, p.132
12 장성준, 건축설계를 위한 부지계획, 기문당, 2008, p.128
13 장성준, 건축설계를 위한 부지계획, 기문당, 2008, p.129
14 김영환, 도시설계·단지계획, 보성각, 2009, p.270
15 한국도시설계학회, 지구단위계획의 이해, 기문당, 2020, p.18
16 서울특별시 도시계획국, https://urban.seoul.go.kr, 2020.12.
17 장성준, 건축설계를 위한 부지계획, 기문당, 2008, pp.140-141
18 김영환, 도시설계·단지계획, 보성각, 2009, p.282
19 대한국토·도시계획학회, 단지계획, 보성각, 2020, pp.156-157
20 장성준, 건축설계를 위한 부지계획, 기문당, 2008, p143
21 장성준, 건축설계를 위한 부지계획, 기문당, 2008, p.150
22 김영환, 도시설계·단지계획, 보성각, 2009, p.289
23 김영환, 도시설계·단지계획, 보성각, 2009, p.291
24 김영환, 도시설계·단지계획, 보성각, 2009, pp.306-307
25 대한국토·도시계획학회, 단지계획, 보성각, 2020, p.194
26 대한국토·도시계획학회, 단지계획, 보성각, 2020, pp.204-205
27 김영환, 도시설계·단지계획, 보성각, 2020, p.50
28 김영환, 도시설계·단지계획, 보성각, 2020, p.50
29 Kevin Lynch, Gary Hack, Site Planning, MIT Press, 1984, p.157
30 장성준, 건축설계를 위한 부지계획, 기문당, 2008, p.152
31 장성준, 건축설계를 위한 부지계획, 기문당, 2008, p.161
32 장성준, 건축설계를 위한 부지계획, 기문당, 2008, p.162
33 장성준, 건축설계를 위한 부지계획, 기문당, 2008, p.155

SITESCAPE

도시·건축·사람을 위한 사이트 디자인

초판 1쇄 인쇄 2022년 8월 25일
초판 1쇄 발행 2022년 8월 31일

—

지은이 정재희
펴낸이 김호석
펴낸곳 도서출판 대가
편집부 주옥경 · 곽유찬
마케팅 오중환
경영관리 박미경
영업관리 김경혜

감수 이제선 · 강경호 · 박지영 · 유다은 · 김영석
그래픽 및 교정 김지민 · 김지환 · 홍주성 · 소재준 · 이경헌
표지 디자인 김정혁

—

주소 경기도 고양시 일산동구 무궁화로 32-21 로데오메탈릭타워 405호
전화 02) 305-0210
팩스 031) 905-0221
전자우편 dga1023@hanmail.net
홈페이지 www.bookdaega.com

—

ISBN 978-89-6285-361-2 (93540)